NEUROCIENCIA PARA LA VIDA REAL

ANA IBÁÑEZ

NEUROCIENCIA PARA LA VIDA REAL

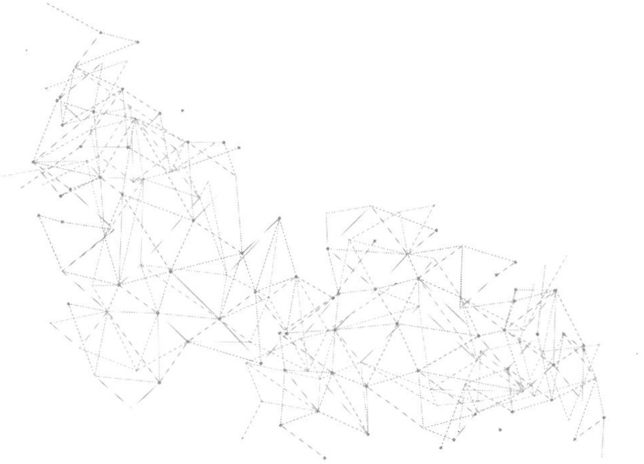

LOS 10 PASOS QUE MEJORAN TU CEREBRO

Planeta

Título original: *Neurociencia para la vida real*

Av. Diagonal, 662-664, 08034 Barcelona (España)
www.editorialplaneta.es
www.planetadelibros.com

Diseño de interior: Rudy de la Fuente
Ilustraciones de interior: © Carlos Beceiro Paredes / archivo de la autora

Primera edición: marzo de 2026
Tercera impresión: septiembre de 2026
Depósito legal: B. 351-2026
ISBN: 978-84-08-31721-0
Composición: David Pablo
Printed in Spain - Impreso en España

PEFC Certificado
El papel de este libro procede de bosques gestionados de forma sostenible
PEFC
PEFC/14-38-00305
www.pefc.es

A todos los que dicen sí a la vida
y se esfuerzan por generar un mundo mejor.
En especial a mis padres, Javier y Ana,
que son el maravilloso origen del mío.

Y de esta forma, con una mezcla de reserva y audacia, de sometimiento y rebelión cuidadosamente concertados, de exigencia extrema y prudentes concesiones, he llegado finalmente a aceptarme a mí mismo.

MARGUERITE YOURCENAR,
Memorias de Adriano (1999)

ÍNDICE

He creado esta lista de reproducción para invitarte a un viaje sonoro que te lleve desde la concentración serena hasta la relajación profunda: comienza con música de baja fidelidad para favorecer la concentración, continúa con paisajes sonoros ambientales y calmantes, y finaliza con sonidos y ritmos pensados para desconectar y conciliar el sueño. Escúchala a volumen bajo y disfruta de cómo tu cuerpo y tu mente se relajan de manera gradual al conectar con las distintas ondas cerebrales.

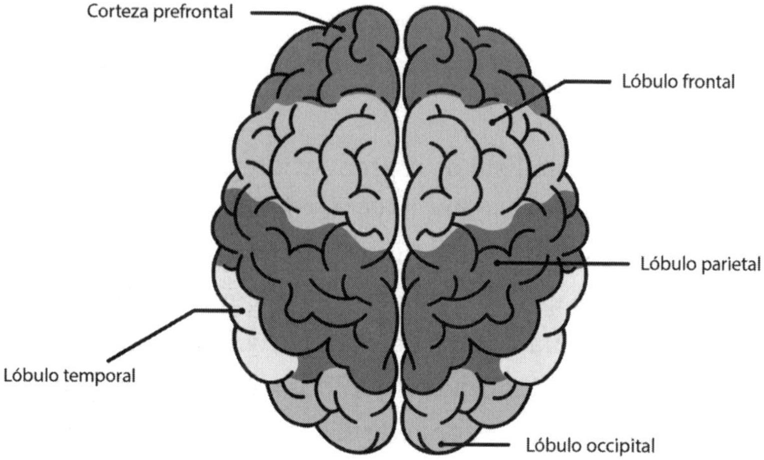

Organización lobular de la corteza cerebral: vista superior

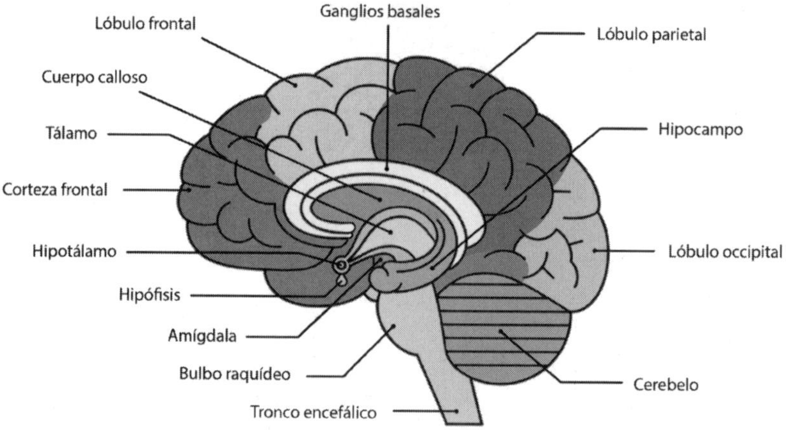

Estructuras subcorticales y corticales del encéfalo: vista sagital medial

Ondas cerebrales y sus estados funcionales

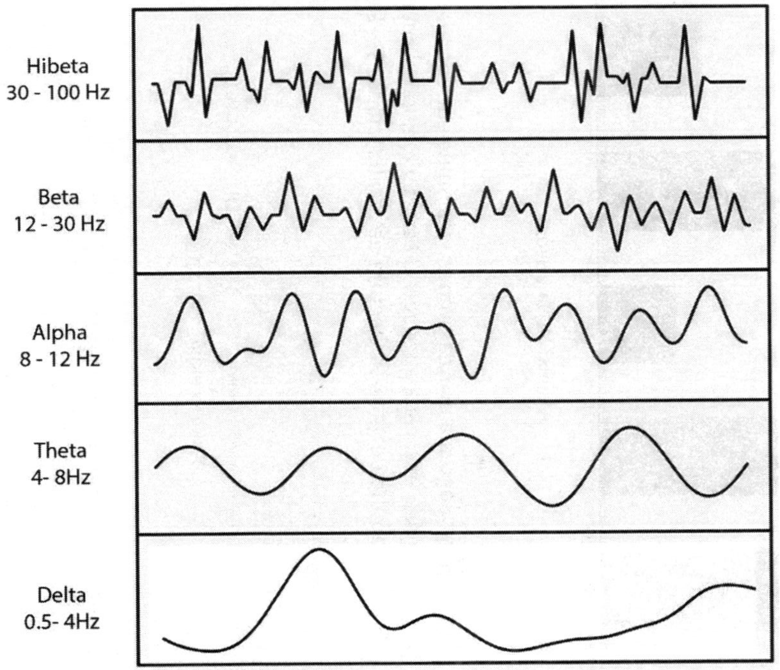

Estado de máxima activación mental. Se asocia con atención muy intensa, análisis rápido e integración de mucha información, como en situaciones de alta exigencia o estrés cognitivo.

Propias de la vigilia activa. Aparecen cuando pensamos de forma lógica, tomamos decisiones, resolvemos problemas y nos concentramos en tareas cotidianas.

Relacionadas con una relajación consciente y despierta. Favorecen la calma mental, el equilibrio emocional y una atención tranquila sin esfuerzo excesivo.

Vinculadas a la somnolencia y la imaginación. Facilitan la creatividad, la introspección y el acceso a recuerdos y emociones profundas.

Predominan durante el sueño profundo. Son esenciales para la recuperación física, el descanso del cerebro y los procesos de reparación del organismo.

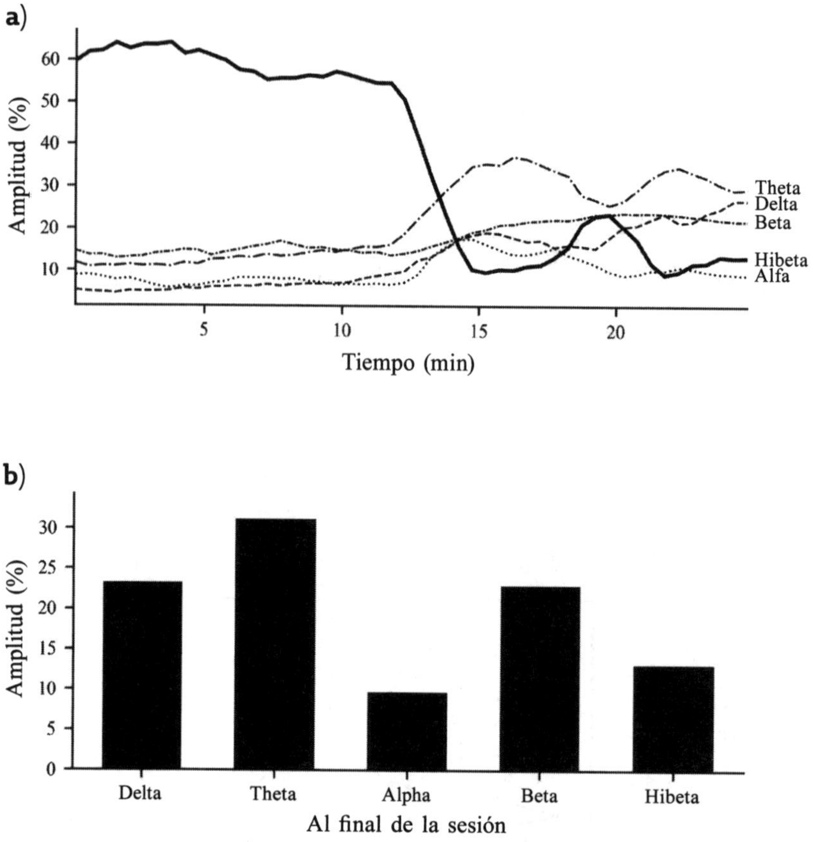

Electroencefalograma de una primera sesión de entrenamiento de frecuencias, enfocada a reducir el estrés y mejorar el sueño. Hombre adulto de 35 años. Lectura de localizaciones T4-P4.

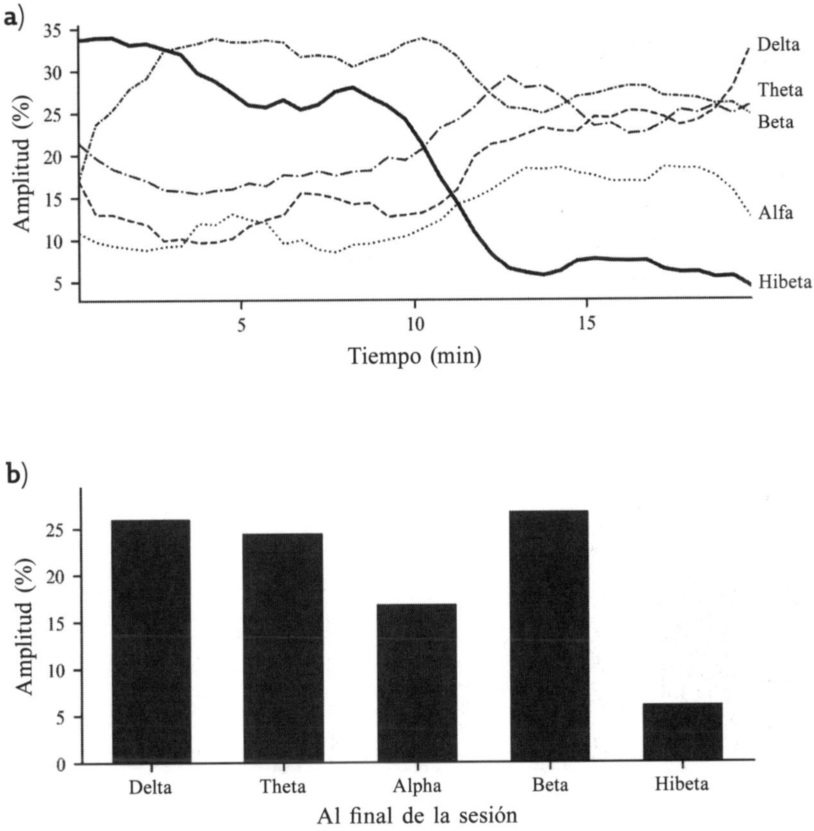

Electroencefalograma de una tercera sesión de entrenamiento de frecuencias, enfocada a reducir el estrés y mejorar el sueño. Hombre adulto de 35 años. Lectura de localizaciones T4-P4. Disminución clara de las ondas cerebrales hibeta, aumento de alpha y delta.

INTRODUCCIÓN

Cuando comencé la escritura de mi anterior libro, *Sorprende a tu mente*, no tenía muy claro cuál debía ser el tono. La inspiración me llegó cuando miré a mis hijas y conecté con lo que me gustaría que supieran sobre el cerebro humano, de una forma sencilla, práctica y útil. Y así lo hice. Me ayudó mucho tener un propósito tan concreto y más aún si involucraba a las personas que más quiero en este mundo. La intención tan clara de ser de ayuda para ellas activó mi creatividad y compromiso, habilidades cerebrales que brotan de forma natural cuando tienes un objetivo definido y, sobre todo, si lo diriges hacia los otros.

Y ese primer libro fue un viaje maravilloso. Mientras escribo estas páginas cumple su 17.ª edición, algo inimaginable para mí cuando empezó aquella aventura.

Pero más sorprendente aún ha sido el diálogo constante que ha generado con tantos lectores que se han acercado a mí para intercambiar impresiones, para agradecer la conexión que sus páginas les han proporcionado con ellos mismos y para hacerme preguntas extraordinarias sobre la neurociencia y nuestro sistema nervioso.

Este segundo libro nace gracias a ellos. El propósito que

me mueve esta vez es muy claro. Responder a las cuestiones que me habéis planteado, a esas preguntas que en realidad todos nos hacemos. Acercar esta ciencia a la vida cotidiana y entregar pautas y explicaciones a muchas de las dudas que se han suscitado. Es mi manera de conversar con cada uno de vosotros, de destilar mi conocimiento de la forma más práctica y útil que se me ocurre.

La mente es apasionante, y sus procesos también lo son. Mi intención es que puedas disfrutar con ello. Inspirarte con explicaciones sencillas pero poderosas, que te permitan jugar mucho más con tus posibilidades y, sobre todo, que te animen a mirarte con curiosidad e ilusión. Nuestra capacidad de transformación es extraordinaria. Los cambios que podemos lograr fácilmente en nuestra arquitectura neuronal van mucho más allá de lo que creemos posible. Lejos de lograrlos desde el esfuerzo y la sofisticación de estrategias o ejercicios, llegamos a ellos relacionándonos de forma natural con rutinas simples, bellas, que se vinculan con nuestra esencia y deseos.

Nuestro cerebro se modifica y mejora cuando realmente queremos que lo haga. Y para que queramos algo nos tiene que resultar atractivo. Esta fascinación debe ser nuestro punto de partida.

En las siguientes páginas te voy a mostrar que es mucho más poderoso movilizarnos desde el deseo de conquista que desde la necesidad de huir o protegernos.

He resumido diez pasos que considero imprescindibles para poner a funcionar tu sistema en un círculo virtuoso que lo convierta en tu aliado, para que saque a la luz muchas de las potencias que ya tienes dentro de ti, pero que solo salen a la superficie cuando activas tu química y electricidad cerebral de forma adecuada.

Me deleito a diario en mis centros MindStudio entrenando frecuencias cerebrales y viendo la evolución que experimentan las personas. Me emociona siempre la sorpresa y esperanza que se vive cuando se desbloquean nuevas habilidades, es la materialización de que somos seres en gerundio, construyéndonos, diseñándonos.

Estoy convencida de la importancia del cuidado y del ejercicio cerebral para construir no solo individuos más plenos, sino también mejores personas. Cuando te sientes bien es más sencillo pensar, actuar e influir en los otros. Sacar lo mejor que tenemos es la forma idónea de contribuir al bien común. Vivimos momentos en los que se necesita nuestra mejor humanidad y aporte. Ojalá este libro te abra nuevos caminos y despierte nuevos debates en los que estaré feliz de participar.

Ahora te dejo para que navegues por sus páginas. En el orden que quieras. Paso a paso. Empieza tu viaje y disfruta.

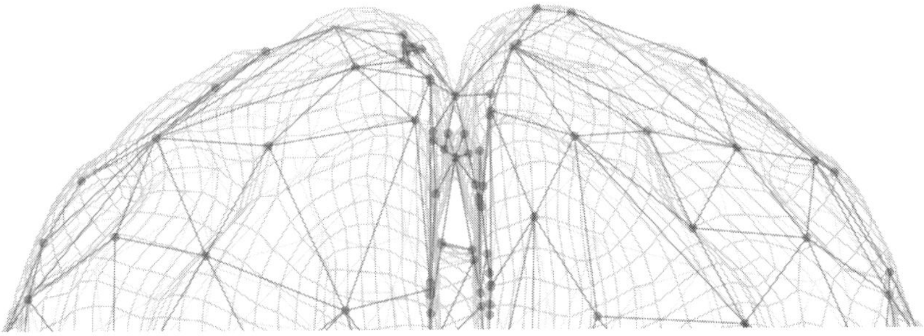

1

HAZ POSIBLE LO IMPOSIBLE

LA CONFIANZA NOS PERMITE ESCULPIR NUESTRO CEREBRO

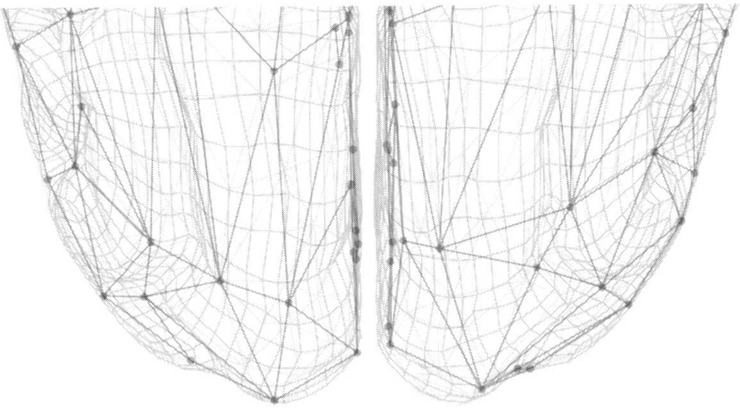

1. ¿Cómo puedo superar las barreras mentales que me pongo?
2. ¿Cómo puedo mejorar mi autoestima?
3. ¿Cómo puedo cambiar algo de mi personalidad que no me gusta?
4. ¿Cómo puedo identificar mis talentos?
5. ¿El síndrome del impostor lo tienen solo las personas inseguras o también la gente exitosa?
6. ¿Cómo puedo ayudar a un niño a tener buena autoestima?
7. ¿Por qué no puedo dejar de medirme con los demás, aunque sepa que no me hace bien?

1. ¿CÓMO PUEDO SUPERAR LAS BARRERAS MENTALES QUE ME PONGO?

Si existe una prueba mítica en la historia del atletismo, y del deporte en general, son los cien metros lisos. Durante décadas, esa recta tan corta fue un desafío extraordinario entre el cuerpo humano y el reloj. Los más veloces del planeta se lanzaban como flechas, con los músculos tensados al límite y el alma empujando hacia la meta para lograr la hazaña de recorrer esa distancia en menos de diez segundos. Y, sin embargo, el cronómetro parecía burlarse: 10.0... 10.1... 10.2... La barrera de los diez segundos no era solo un número, era una muralla invisible e insalvable. Los expertos decían que era imposible, que ningún cuerpo estaba diseñado para ir más allá de esa frontera.

Y entonces apareció él.

Jim Hines. 1968. Juegos Olímpicos de México.

Era un día de muchísimo calor. Hines se agachó en los tacos de salida, el disparo rompió el aire y, en ese instante, ya no corrió: explotó. Fue pura electricidad, furia contenida hecha velocidad.

Cuando cruzó la meta el reloj marcó 9.95. El mundo contuvo la respiración. Lo había conseguido. La historia había cambiado para siempre. Era posible correr cien metros en menos de diez segundos.

Lo más impresionante fue lo que vino después. Era como si se hubiese roto un hechizo colectivo. Como si de pronto el planeta entero hubiese visto que sí, que se podía. Y los cronómetros empezaron a mostrar un «9» al inicio como si fuese lo más natural. Un registro que parecía intocable se convirtió en un nuevo punto de partida.

Me surge inevitablemente esta pregunta: ¿qué ocurrió realmente? ¿Por qué un límite inalcanzable durante tanto tiempo se tornó alcanzable no solo por una persona, sino por varias?

La respuesta es brutalmente simple: lo imposible dejó de serlo.

En el instante en que una mente humana aceptó que se podía, los cuerpos del resto encontraron el camino. Cuando el cerebro rompe una limitación, es capaz de reorganizar sus circuitos, activar nuevas conexiones, nuevas sinapsis y convertir lo imposible en posible.

En MindStudio trabajo con esta misma fuerza cada día para entrenar nuevas conexiones neuronales. Cuando conectamos a una persona a nuestros sistemas de lectura cerebral, vemos que hay un margen de mejora enorme: ondas que pueden ser más coherentes, patrones que pueden reorganizarse para liberar más de su potencial. Pero he descubierto algo todavía más poderoso y es que, cuando el usuario cree que ese cambio es posible, su sistema responde antes, mejor, con más intensidad. La creencia abre la puerta, y la mente se atreve a cruzarla.

Hace poco, mi equipo y yo trabajamos con una traumatóloga brillante, pero atrapada en una ansiedad que la devoraba.

Cada vez que asumía una responsabilidad como entrar en quirófano, organizar su agenda o cuidar a sus niños pequeños, su cuerpo reaccionaba con opresión en el estómago, respiración cortada, dolor de cabeza. Sus ondas cerebrales mostraban un exceso de frecuencias hibeta, típicas del estrés y el agotamiento. Para ella, vivir sin ansiedad era tan imposible como para los corredores romper la barrera de los diez segundos.

Empezamos a trabajar en la armonización de sus frecuencias, pero su evolución no era tan rápida como esperábamos. Nos dimos cuenta de que había algo más, necesitaba creer que la calma era posible. Había normalizado tanto vivir en permanente ansiedad y angustia que no podía imaginar que pudiera ser de otra manera. Queríamos ver un cambio en ella que ella misma consideraba imposible. Así que la pusimos en contacto con otras personas que ya habían vivido esa transformación y que le contaron su experiencia positiva en la conquista de la serenidad. A partir de ese momento, algo hizo «clic» en su sistema. Su particular muro de bloqueo se resquebrajó. En la cuarta sesión, sus hibeta cayeron en picado, como si su mente, por fin, hubiese recibido el permiso para cambiar. Lo que ocurrió es que se activó su neuroplasticidad, despertada por esa nueva convicción.

Hoy sabemos que el cerebro puede esculpirse, moldearse, expandirse. Que la confianza es el interruptor que enciende los mecanismos de cambio.

Cuando crees que algo es posible, alteras tu propia química, disparas tus neuronas en nuevas frecuencias, activas zonas cerebrales que te impulsan hacia ese objetivo.

Lo que ayer parecía un límite, hoy se convierte en un nuevo comienzo. Con esfuerzo, con entrenamiento, claro, pero es posible. Cuando tu mente y tu organismo trabajan a favor tuyo, el potencial que habita en ti se libera.

En este intento de sacar lo mejor de nuestro cerebro, de ponerlo en marcha para que sea nuestro motor, nuestro aliado para hacernos brillar, hay tres pasos o aceleradores que nos ayudan a lograrlo. Estas tres claves nos permiten mejorar nuestros pensamientos y nuestras acciones para orientarnos hacia lo que queremos conseguir, para ser expansivos, agradecidos, más felices, en un estado cerebral más calmado y sereno, para vivir con más salud y aproximarnos a quienes quisiéramos ser.

PRIMER PASO: SENTIR QUE LO QUE VAS A REALIZAR ES SEGURO

Nuestro sistema necesita sentirse a salvo. Solo así abre la puerta hacia lo posible. Fue lo que ocurrió cuando Hines rompió la barrera de los diez segundos; el resto de los atletas vieron que podrían repetirlo y entendieron que hacerlo era un lugar seguro. Es la señal que les dice: «Esto no es una amenaza, es tu oportunidad». Un cerebro seguro libera todo tu talento.

Por ello, para romper un límite y lograr lo que *a priori* parece difícil, el primer paso es que tu cerebro identifique eso que quieres lograr como algo seguro, que lo puede hacer y le conducirá a algo bueno.

Cierra los ojos, imagina esa situación terminada con éxito, visualízate disfrutándola y con un beneficio para ti.

Al dotarte de seguridad estás activando las áreas cerebrales de la acción coordinada con motivación y minimizando la actividad del circuito de alerta. Estás dando un empujón a tu cerebro para que confíe en sí mismo y en su capacidad de lograrlo.

SEGUNDO PASO: QUERER LOGRARLO DE VERDAD. LA MOTIVACIÓN INTRÍNSECA

Para poder cambiar es necesario querer hacerlo. Nuestra mente es una arquitecta de caminos neuronales. Los construye, los repite, los automatiza. Y, claro, modificarlos exige energía. Para que se atreva a romper o reelaborar algo que sabe que ha funcionado (y para que considere que algo «funciona» basta que sigas vivo), tienes que darle una razón poderosa, un porqué que la encienda. Curiosidad, ilusión, deseo profundo. El paso necesario de cualquier transformación es querer transformarse. Cuando sientes que hay algo que ganar se pone en marcha, derriba viejas conexiones y comienza a crear otras nuevas.

Reflexiona por qué quieres hacer eso que te has propuesto, qué vas a ganar con ello, por qué vale la pena ese esfuerzo y deja que ese pensamiento te conquiste, que conquiste hasta tus células.

Querer de verdad, decirlo abiertamente y recordártelo es el segundo paso para que tu cerebro se vuelva tu aliado para el cambio.

TERCER PASO: ESTAR DISPUESTO A ADAPTARSE

Adaptarse es la llave maestra del bienestar. Disfrutar de la flexibilidad de esculpirte a ti mismo. No hablo de «trabajarse» como si fuera un castigo, sino de vivir el proceso como un viaje de aprendizaje y creación.

Un cerebro que disfruta, se expande.

Y cuando lo hace, riega mejor sus redes neuronales, potencia sus recursos, convierte el miedo en curiosidad. Sí, al principio da vértigo hacer algo distinto, pero en ese salto está la verdadera expansión. Estar abierto a la novedad, aceptar con gusto que vas a tener que modificar algunos aspectos y comportamientos para traspasar fronteras es el tercer paso imprescindible para que tu mente se convierta en tu aliada.

Si en vez de bloquearte por la incomodidad que puedas sentir en este periodo donde hay incertidumbre porque estás haciendo algo nuevo, te sientes como un explorador de sensaciones, con curiosidad, con apertura a adaptarte a nuevas versiones de ti, verás que tu forma de pensar, tu organismo, tus acciones se alinean con tu objetivo.

Seguridad. Querer. Flexibilidad. Tres catalizadores, tres interruptores, tres llaves que encienden el motor cerebral. Son la chispa entre lo que hoy crees imposible y lo que mañana puede ser tu nueva realidad.

2. ¿CÓMO PUEDO MEJORAR MI AUTOESTIMA?

—No soy una persona completa. Me falta algo. Y no sé qué es. Solo sé que lo necesito.
—¿Y crees que esa persona puede dártelo?
—Sí. Porque cuando estoy con ella, me siento... suficiente.

GUS VAN SANT,
El indomable Will Hunting (1997)

Hablar de autoestima es abrir una puerta a muchas de las dudas que nos acompañan silenciosas, acechantes. Es posible que te las hayas repetido tantas veces que, incluso, te has acostumbrado. Quizá te reconozcas en preguntas como estas, que nos rondan a todos, de vez en cuando: «¿Por qué me cuesta tanto quererme a mí mismo?», «¿por qué no puedo dejar de medirme con los demás, aunque sepa que no me hace bien?».

Seguramente también te ocurran cosas tan humanas como recordar más tus fallos que tus aciertos o, en un momento dado, recibir halagos que sientes que no mereces.

Hablar de autoestima es hablar del aprecio que sientes por ti mismo. Es la medida de cuánto te valoras, de cuánto te quieres y de la seguridad que tienes en tu propio derecho a existir tal y como eres.

Aunque no siempre lo pienses de manera consciente, tu cerebro conecta de forma automática ese aprecio interno con lo «querible» que te percibes a ojos de los demás.

La forma en que te quieres a ti mismo determina la manera en que crees que los demás pueden quererte.

Cuando tu autoestima está bien asentada, sientes que hay para ti un lugar en el mundo y que eres digno de ser querido sin tener que demostrar nada. Puedes atravesar momentos de duda, etapas de incomodidad o incluso de soledad, pero, en general, sabes que tienes recursos para reponerte y crear un entorno donde sentirte bien. Te atreves a expresarte, a tomar decisiones y a mostrarte sin máscaras porque confías en que, pese a tus fallos o tropiezos, sigues siendo valioso.

Sentirte digno de amor es lo que te permite vivir con libertad, fiel a ti mismo.

En cambio, cuando la autoestima es frágil, el mensaje interno que se instala es muy distinto: «Tal y como soy, no merezco ser querido». Este pensamiento tu cerebro lo interpreta como una amenaza. Esto ocurre porque, para tu sistema nervioso, que te quieran es una condición básica de supervivencia. Desde que naciste, tu organismo aprendió una verdad elemental, «si me quieren, me cuidan; si me cuidan, sobrevivo». Por eso, percibir que no eres digno de afecto activa dentro de ti un estado de alarma.

Para tu cerebro, no ser querido equivale a estar en peligro.

Es importante entender que la autoestima es el eje central desde el cual tu mente determina si estás en un estado de seguridad o de peligro. Si te falta, lo que traduce es que no te has «ganado» el derecho a que te quieran, y eso es como decirle a tu cuerpo que no te has merecido el derecho a vivir porque tu programación desde la infancia es que si no te quieren, no te cuidan y si no te cuidan no sobrevives. Venimos así codificados desde hace cientos de miles de años.

La autoestima es una necesidad vital.

La infancia es determinante en el establecimiento de cómo nos valoramos. Desde pequeños adquirimos una forma de estar en el mundo observando a quienes nos rodean. Nuestros cuidadores son el primer espejo en el que nos miramos, la primera referencia sobre lo que significa ser querido, protegido y aceptado. Para nuestro cerebro infantil, ellos son héroes y salvavidas. Por eso damos por hecho que la manera en que nos ven es la medida de nuestro valor. Aprendemos lo que está bien o está mal a través de las reacciones que provocamos en los adultos.

Los ojos que nos miraron de niños son el molde en el que aprendimos cuánto valemos.

Pero el tiempo pasa y, hacia los siete años, el cerebro comienza a trabajar de otra manera: aparece la capacidad de pensar por uno mismo, de descubrirte como un ser y una personalidad diferente a la de los otros, y con ello la posibilidad de distinguir entre lo que te enseñan y lo que realmente sientes. Surge tu propia forma de observar el mundo, que puede coincidir en parte con lo que muestran los adultos, pero no siempre. En ese punto, tu mente empieza a comparar lo que percibe internamente con lo que ha aprendido que «debería» sentir. Sin que seas del todo consciente, empieza a librarse una batalla dentro de ti: decidir si tiene más peso lo que tú piensas o lo que piensan los demás. En muchas ocasiones seguiremos la visión de los que nos rodean, pero en otras tantas no estaremos de acuerdo y veremos las cosas de otra manera. Ahí es donde empezamos a sufrir.

La pregunta es inevitable: ¿qué es mejor, seguir la opinión del adulto que te quiere y te cuida, o escuchar tus propias interpretaciones? Para tu cerebro, que asocia ser querido a supervivencia, llevar la contraria a quien te quiere genera el riesgo de que deje de cuidarte, y eso podría poner en peligro tu vida. Esto suena exagerado, pero él es muy dramático en este aspecto, diciéndose estas cosas, la mayoría de las veces, desde el subconsciente. Necesitamos sentirnos queridos para sentirnos a salvo.

La autoestima es el equilibrio entre quien eres y quien crees que deberías ser para que te quieran.

La autoestima es ese puente entre tu autenticidad, entre quién eres, cómo miras, sientes y reaccionas, y tu necesidad de adaptarte a la mirada de otros para pertenecer. Todos lo construimos de niños y lo seguimos cruzando cada día de nuestra vida adulta. Y ahí está la clave, no se trata solo de cuánto te quieres, sino de cuánto te reconoces como digno de amor por el simple hecho de existir, cuando tu forma de ver el mundo y la de los otros no coinciden.

Esa certeza de ser un individuo absolutamente querible por el simple hecho de ser tú mismo es algo que ojalá hayas podido programar desde tu niñez porque significará que tienes una buena autoestima. Pero si no ha sido así, es el mayor regalo que puedes hacerte ahora. Impregna en ti el derecho a sentirte digno de tu amor y del de los demás por el simple hecho de existir, tal y como eres.

La verdadera autoestima se reconoce en el disfrute de estar vivo.

Es normal sentirse bien, muy bien, cuando percibes que otros te quieren. Es un asunto biológico de base. El problema surge cuando esa necesidad te ciega y la antepones a valorarte y quererte a ti.

Aquí aparece la dificultad, porque arrastras esta codificación desde tu infancia hasta el día de hoy si no has hecho la actualización correspondiente. Ya no eres un ser vulnerable y necesitado de atención y cuidados como sí lo fuiste en tu edad más temprana.

La programación correcta de tu cerebro sería que tienes valor, eres querible y puedes estar bien incluso cuando nadie te mira, pero también lo puede traducir erróneamente como que nadie te quiere. Como adulto, ya no dependes de otros para sobrevivir. Es maravilloso sentirse amado y cuidado, pero no es una cuestión de vida o muerte. Puedes no tener nada de lo anterior y vivir bien, muy bien. No dependes de la mirada ajena. Tu sensación de valor no está secuestrada por el afecto de terceros.

Seguimos «anhelando» esa necesidad de ser queridos que una vez nos salvó la vida.

Por eso esta actualización debe hacerse de una manera consciente y con propósito, simplemente porque ser más objetivo y dueño de tu valía te hará vivir con más salud y felicidad. Te deseo que estés rodeado de afectos, cuidados y personas que te acompañen y disfrutes, pero si no es así, si tienes épocas en las que te sientes solo y menos querido, no te asustes, no te va a pasar nada. Aunque tu mente se llene de pensamientos de fracaso, miedo y abandono, eso es porque está funcionando aún con tu programa de la infancia; no ha hecho el paso de reprogramarse al adulto independiente. Cuando haga la transición a esa madurez sana, consciente de lo que vale por sí misma, será tu aliada en los momentos de mayor soledad afectiva. Los aprovechará para hacerte crecer, te volverá más reflexivo, ayudándote a saber qué necesitas y qué pasos dar para conseguirlo.

Cuando no hemos hecho esa reprogramación cerebral, somos mucho más susceptibles de sentirnos con poca valía y tener problemas de autoestima.

Si tu autoestima es sana, puedes entender que no gustas a todo el mundo o que, incluso, puedes gustar a poca gente aparte de tu familia (a veces ni eso). Que la base de la seguridad en ti mismo no depende de la opinión de otros, sino de tu mirada, de ti hacia ti, que te reconoce en tus aciertos y desaciertos, en tus éxitos y tus fracasos y, sobre todo, en el entendimiento amable de que eres un ser en construcción durante toda tu vida.

Pero si no pasamos por este proceso de reprogramarnos, si tenemos problemas de autoestima y no nos sentimos bien con nosotros mismos, el deseo de ser queridos por los demás se vuelve más urgente. Así que nos agarramos a un gesto amable, a una palabra de aprobación, a un «estoy orgulloso de ti» como si fueran salvavidas.

Escuchar la propia voz requiere valentía.

Cuando eres niño es más difícil forzar a tu cerebro a que haga cambios si no ves un disfrute o beneficio claro. Por tanto, pequeños y jóvenes que son capaces de hacer escuchar su voz y se desmarcan de patrones establecidos, sin sentirse por ello menos queribles, responden a dos situaciones: o bien su genética, educación, entorno adulto y su programación previa tienen un buen impulso inicial y seguridad para evolucionar con su mirada sobre el mundo, o pertenecen a otro grupo de personas que han crecido en circunstancias muy desfavorables, donde no se han sentido seguras y donde su sistema ha entendido que protegerse y sacar su propia voz forma parte de su supervivencia, por lo que les ayudará a desligarse de los patrones heredados de sus mayores, en búsqueda de contextos vitales más estables que puedan controlar por ellas mismos.

Muchos de los casos de baja autoestima responden a una situación intermedia, cuando no tienes la seguridad e ilusión necesarias para ser valiente y alejarte de los patrones aprendidos, o tu entorno no es lo suficientemente difícil como para no tener más remedio que dar un paso al frente y escapar.

La buena noticia es que esta reprogramación, que resulta tan difícil de lograr cuando somos niños, es mucho más sencilla cuando somos adultos. Lamentablemente, a menudo nos sentimos víctimas irreparables de la autoestima que hemos configurado en otras etapas de la vida. Sin embargo, esto es un error, tenemos la capacidad de aparcar la cobardía y hacer la transición, incómoda, de romper patrones anteriores que nos dan una falsa sensación de ser queribles solo si seguimos haciendo «lo que se espera de nosotros».

Ejercicio para mejorar tu autoestima: diálogo entre tu yo adulto y tu yo niño

Este ejercicio busca crear un puente interno entre dos partes de ti: la adulta que hoy sí tiene recursos, conciencia y fortaleza, y la infantil que en su momento se sintió pequeña, insegura o necesitada de aprobación. No se trata de luchar contra esa parte que conservamos de la infancia, sino de **escucharla, comprenderla y actualizarla desde el presente.**

1. Primero ponte cómodo, siéntate con calma y cierra los ojos, e imagina a tu yo niño. Visualízalo con detalle: su postura, su rostro, su forma de mirar el mundo. Observa qué emoción predomina en él. Tal vez busca validación, tal vez teme equivocarse, tal vez se siente solo o insuficiente. No intentes corregirlo. Solo pregúntale, con respeto interno: «¿Qué necesitabas en ese momento para sentirte querido, visto o seguro?». Deja que la respuesta aparezca sin forzarla.
2. Después, imagina a tu yo adulto. Elige una versión tuya en un momento real en el que te hayas sentido capaz, firme, orgulloso. Puede ser una decisión importante, una etapa de superación, una situación difícil que atravesaste con dignidad. Observa cómo se mueve, cómo habla, cómo respira. Esta es la parte de ti que **sí sabe**, que **sí puede**, que **sí ha aprendido**.

Ponles un nombre si te ayuda. Por ejemplo, «Laura, la que necesitaba hacerlo todo bien» o «Laura, la que ya confía en sí misma». Esto permite que el cerebro diferencie bien ambas voces. A partir de aquí, cada vez que surja tu autocrítica, tu inseguridad o ese pensamiento que te minimiza, **reconócelo como la voz del yo niño**. No lo ataques. Simplemente recuerda que es una parte antigua que aprendió a protegerse así. Y, en ese mismo momento, permite que **aparezca la voz del yo adulto**. Esa voz responde con calma, perspectiva y verdad actual; le dirá que ya no está solo, que el valor no depende de hacerlo todo perfecto, que hoy sí hay recursos, opciones y sostén.

Este diálogo interno, repetido con suavidad día tras día, va haciendo algo muy profundo: **reeduca el cerebro emo-**

cional. La parte infantil deja de sentirse sola frente al mundo, y la parte adulta deja de vivir secuestrada por viejas alertas.

Por qué funciona

Desde la neurociencia sabemos que muchas de nuestras inseguridades no nacen del presente, sino de **redes emocionales aprendidas en etapas tempranas**, cuando el cerebro aún no tenía capacidad de análisis ni de regulación. Esas redes quedan grabadas principalmente en estructuras como la amígdala y el sistema límbico, que gobiernan la memoria emocional y la sensación de peligro.

Cuando haces este ejercicio, ocurre algo clave:

- Activas el **córtex prefrontal**, la zona encargada de dar sentido, regular las emociones y tomar perspectiva.
- Al mismo tiempo, entras en contacto con la memoria emocional antigua, esta vez desde un lugar seguro.

Esto genera una **actualización interna**, tu cerebro aprende que aquellas amenazas emocionales ya no son reales en el presente. Es literalmente una reprogramación afectiva. Las viejas creencias empiezan a perder fuerza porque ahora existe una voz más madura que lidera el sistema.

Cada vez que tu yo adulto calma a tu yo niño, **se debilita la red neuronal de la autocrítica y se fortalece la red de la autocompasión, la confianza y la seguridad interna.** La autoestima no sube por repetirte frases positivas, sino porque el cerebro siente, por primera vez, que hay alguien dentro que lo protege de verdad.

Y esto es lo más importante: **ya no necesitas ganarte tu valor, tu mente empieza a sentir que tu valor es un punto de partida, no una meta.**

3. ¿CÓMO PUEDO CAMBIAR ALGO DE MI PERSONALIDAD QUE NO ME GUSTA?

Cuando existe algo de ti que no te gusta y sientes la necesidad de cambiarlo, en realidad ya has dado el primer paso, el más importante. Has podido mirarte desde fuera, reflexionar y reconocer que esa manera de ser ya no te funciona.

«El hombre se convierte en lo que piensa de sí mismo»,
MAHATMA GANDHI.

Estas palabras de Gandhi van más allá de una metáfora inspiradora: tu cerebro literalmente se moldea en función de los pensamientos que repites y de las creencias que sostienes.

Cada vez que imaginas una nueva versión de ti mismo y la piensas con claridad, tus neuronas empiezan a disparar en nuevas direcciones, creando conexiones que refuerzan esa posibilidad. Cuando sientes rechazo por un rasgo tuyo, ya has sembrado la semilla del cambio: significa que en tu interior existe la ilusión de hacerlo distinto y que tu sistema intuye que puede lograrlo. Esa ilusión activa la dopamina, abre la plasticidad y convierte lo que parecía una carga fija de tu personalidad en un terreno fértil para transformarte.

Tu personalidad no es un estado fijo, es la suma de muchas programaciones: genética, educación, experiencias y vivencias. Son caminos neuronales que se han hecho más fuertes a base de repetirse hasta que se han vuelto automáticos. Tu hipocampo almacena recuerdos y emociones y empuja para volver a hacer lo mismo de siempre, porque lo interpreta como más seguro, incluso aunque no te haga feliz. Por eso tanta gente permanece en patrones dañinos: no porque les den paz, sino porque les resultan familiares.

El problema es que tu mente odia gastar energía. Prefiere quedarse en lo ya programado. Y aquí es donde entra tu oportunidad: no eres esclavo de esas rutas. Gracias a la plasticidad cerebral, puedes abrir caminos nuevos. Pero para conseguirlo, necesitas activar los tres catalizadores que te mencioné: seguridad, deseo de cambio e ilusión, y flexibilidad.

Primero, la seguridad. Para que tu cerebro deje el piloto automático, tienes que convencerlo de que ese nuevo yo no es una amenaza. La mejor manera de hacerlo es engañarlo un poco. Imagina con todos tus sentidos que ya eres como quieres ser, visualízalo con tanta intensidad que él lo viva como real. Hemos visto en resonancia magnética y en electroencefalograma (EEG) que, cuando esta proyección es lo suficientemente vívida, se activan las mismas áreas que si estuviera ocurriendo en realidad. Tu mente no distingue bien entre lo real y lo que imaginas con intensidad. Así que dale esas imágenes de éxito y bienestar: que sienta el cambio sin peligro, con satisfacción.

Segundo, la ilusión. Frente al temor a lo desconocido, siempre necesitas poner una emoción aún más grande. El miedo activa la amígdala y dispara tu sistema de alerta, pero la ilusión enciende tu sistema de recompensa, libera dopamina y reorganiza tus circuitos hacia lo nuevo. No basta con huir de lo que no quieres: tu sistema necesita avanzar hacia lo que sí deseas. Si lo que quieres cambiar es tu terror a hablar en público, el simple hecho de evitar esa sensación no basta. Pon al lado una razón más grande —como poder inspirar a otros, compartir tu mensaje, sentir la satisfacción de expresarte—, le darás motivos a tu sistema para elegir ese camino nuevo.

Decide que lo que hagas marque una diferencia, y tienes que decidir qué diferencia quieres hacer.

Aquí está la clave: para lograrlo necesitas convencerle de que esa nueva forma de ser te va a aportar más beneficios que la anterior. No se trata solo de eliminar lo que no te gusta, sino de tener muy claro qué quieres poner en su lugar.

Tenemos más potencia para avanzar hacia lo que nos ilusiona que para escapar de lo que nos incomoda. Esto es algo que he podido ver claramente en los entrenamientos de frecuencias cerebrales: las personas tienden a mejorar su actividad neuronal de manera más rápida y eficiente cuando conectan con las «ganas» y el beneficio del cambio que quieren realizar en ellas, que cuando el enfoque está en rehuir ciertos aspectos. Esto ha sido sometido a estudio en diversas experiencias y el resultado es que el córtex prefrontal, la parte que nos permite tomar perspectiva y acción, presenta una mayor activación cuando nos conectamos con objetivos concretos y positivos, frente a una mayor actividad límbica de alerta cuando nos conectamos con los aspectos que nos molestan.

Tercero, la flexibilidad. Cambiar implica atravesar un periodo de transición en el que te sentirás extraño, incluso incómodo. Tu entorno puede preguntarte: «¿Qué te pasa?, tú no eras así». Ese desajuste que sorprende a propios y extraños es normal, se trata de tu mente saliendo del camino viejo y tanteando el nuevo. Si lo sostienes, si aguantas ese tramo en el que te sientes raro, poco a poco lo nuevo dejará de ser reactivo y se volverá natural. Esa es la magia de la plasticidad: lo que al principio se siente artificial termina haciéndose automático.

Así que recuerda: no basta con rechazar lo que no te gusta. Tienes que darte un destino atractivo, una ilusión clara y poderosa. Convéncete de que el esfuerzo vale la pena, activa la motivación y acepta la incomodidad del proceso. Con cada paso estarás debilitando las rutas antiguas y reforzando las nuevas.

Porque, al final, como dijo Aristóteles: «Somos lo que hacemos repetidamente. La excelencia no es un acto, sino un hábito».

Y hoy sabemos que esos hábitos no son cadenas, son caminos neuronales. Caminos que tú puedes elegir, abrir y recorrer hasta convertirte en quien decides ser.

4. ¿CÓMO PUEDO IDENTIFICAR MIS TALENTOS?

Para mí, los talentos son regalos divinos que todos llevamos dentro. De hecho, la propia palabra «talento» tiene un origen precioso: viene del griego *tálanton*, que significa «balanza» o «peso», y más tarde pasó a designar una moneda, una medida de gran valor. En la famosa parábola, aquel que recibió las monedas y las hizo fructificar fue elogiado, mientras que el que enterró las suyas por miedo a perderlas fue reprendido. La enseñanza es clara, los talentos no están hechos para esconderlos, sino para multiplicarlos y compartirlos.

Los tuyos funcionan igual, la vida los ha puesto en tus

manos. Si los entierras, nadie los ve, nadie se beneficia; tú tampoco creces. Pero si los cultivas y los inviertes, no solo creas riqueza para ti, sino también para los demás.

Un talento es una chispa única, la combinación entre capacidad innata y pasión que, cuando se enciende de verdad, se convierte en una llama poderosa capaz de inspirar, transformar y dejar huella.

Tus talentos no están escondidos en un lugar lejano ni dependen de que alguien venga a señalártelos. Ya están en ti. Solo esperan a que les prestes atención. Se muestran en esos momentos en los que pierdes la noción del tiempo porque disfrutas tanto lo que haces que lo demás deja de importar. O en aquellas cosas que te salen de forma natural, mientras a otros les resultan dificilísimas.

Y aquí hay una clave: muchas veces tú no valoras tus talentos porque no les das importancia. ¿Por qué? Porque te resultan fáciles. Tu cerebro está programado para asociar esfuerzo con valor. Si algo cuesta, entonces merece la pena; si algo fluye sin más, lo da por hecho y ni lo premia ni lo destaca. Y, sin embargo, lo que te sale con facilidad suele ser precisamente tu mayor don.

Por eso, uno de los caminos más valiosos para identificar tus talentos es escuchar a los otros. Pregunta a la gente que te quiere, fíjate en lo que destacan de ti una y otra vez y que tú no sueles valorar porque te parece «normal». Eso que admiran y tú ignoras... Lo que haces sin darte cuenta y que inspira a los demás, eso es oro puro.

A nivel cerebral, la explicación es fascinante. Cuando conectas con una habilidad, entras en lo que llamamos estado de *flow*. Tu corteza prefrontal se activa para organizar la atención y la toma de decisiones, mientras tu sistema límbico libera dopamina, la molécula del placer y la motivación. Tus ondas entran en frecuencia alpha, un estado relajado y despierto a la vez que favorece la creatividad, la claridad y la conexión profunda contigo mismo. Es como si tu cerebro se afinara como una orquesta perfecta.

En mis centros, cuando hacemos sesiones de alpha-theta *training*, se ve claro: al predominar las ondas alpha y theta, la persona se relaciona más fácilmente con su subconsciente, y de repente empiezan a emerger esas pasiones y talentos que estaban ahí, esperando. Entonces se sorprende: «No sabía que esto era un talento, no sabía que esto era mío». Y lo era. Solo necesitaba que su mente se relajara lo suficiente para mostrarlo.

Sin embargo, hay un riesgo que quiero señalar. Cuando descubres una de estas aptitudes, puede que quieras perfeccionarla. Esa pasión que despierta puede mezclarse con miedo a no estar a la altura, a defraudar, a que lo que amas no sea suficiente. Y ahí aparece el perfeccionismo, el ladrón de talentos. Apaga la chispa que los enciende, convierte la alegría en presión, el juego en exigencia, la libertad en rigidez.

Tus habilidades florecen de verdad cuando las vives con libertad, con curiosidad, con apertura al error y al aprendizaje. No necesitan ser impecables para tener valor. Lo que las hace únicas es que son auténticas. Y es en esa autenticidad, no en la perfección, donde se convierten en un verdadero regalo para el mundo.

Ejercicio para identificar tus talentos

Realiza estos tres sencillos pasos:

1. **Escucha a tu cerebro.** Fíjate con qué cosas disfrutas tanto que te llenan de energía en vez de agotarte.
2. **Escucha a tu vida pasada.** Recuerda qué actividades te atrapaban de niño, qué momentos de tu historia te hicieron sentir elevado y pleno.
3. **Escucha a tu entorno.** Presta atención a lo que los demás te dicen que haces bien, incluso si tú lo das por sentado. La información que proviene de alabanzas y admiración de terceras personas suele contener información valiosa sobre nuestros talentos.

Por qué funciona

Ahí, en esa suma de señales, descubrirás que tus talentos no solo existen, sino que siempre han estado contigo. Y cuando los abrazas, no solo creces tú, haces que otros brillen a tu lado. **Tus talentos son un regalo que solo cobra sentido cuando lo compartes.**

5. ¿EL SÍNDROME DEL IMPOSTOR LO TIENEN SOLO LAS PERSONAS INSEGURAS O TAMBIÉN LA GENTE EXITOSA?

La respuesta a si el síndrome del impostor lo tienen solo las personas inseguras es que no. Y aquí viene lo sorprendente: le pasa a todo el mundo, incluso, y muchas veces de forma más reiterada, a las personas exitosas. Directivos, deportistas de élite, científicos brillantes, artistas..., todos, en algún momento, sienten que no están a la altura, que su éxito no es real, que no lo merecen.

Pero ¿qué es exactamente el síndrome del impostor? Es esa voz interior que te susurra: «Te fue bien, pero no porque seas bueno, sino porque tuviste suerte... y en cualquier momento se van a dar cuenta de que no sabes tanto, de que no eres suficiente». Esa voz que convierte tus logros en casualidades, que te roba el orgullo de lo que has conseguido y te llena de miedo a que descubran «quién eres realmente». Y aunque por fuera todo parece dorado, por dentro se siente como si estuvieras estafando al mundo.

Ahora bien, quiero que entiendas de dónde viene esta sensación, porque no aparece por arte de magia. Una vez más, es tu cerebro moviendo los hilos. Y, cuando lo entiendes, dejas de sentirte víctima y empiezas a ver que lo puedes entrenar.

Esto es lo que sucede en realidad. Desde pequeños, se nos educa con una ecuación muy clara: esfuerzo = valor. Por supuesto, esforzarse es esencial para crecer, para salir de la comodidad y llegar a nuevas metas. Pero nuestra mente, experta en simplificar, cae en una trampa: confunde «me costó esfuerzo» con «lo hice bien». Y confunde asimismo «no me costó esfuerzo» con «no es válido».

Lo ilustraré con un ejemplo sencillo: conducir. ¿Recuerdas tus primeras veces al volante? Cada giro, cada cambio de marcha, cada mirada al retrovisor te exigía toneladas de energía y atención. Y cuando conseguías llegar a destino sin un accidente, sentías orgullo. Ahora conduces sin pensarlo, de forma automática, mucho mejor que antes. Pero ya no te felicitas cada vez que aparcas. Has dejado de recompensarte porque ya no te supone un trabajo significativo.

Esto mismo ocurre con nuestros talentos. Cuando algo se nos da de forma natural, cuando fluye sin más, nuestro sistema no lo celebra. Lo pasa por alto. Y ahí nace el síndrome del impostor. Crees que lo que haces bien no cuenta porque no te cuesta. Pero la verdad es exactamente la contraria: si no te cuesta es porque lo has dominado, porque tu cerebro ha creado redes tan fuertes que ya no necesita gastar un extra en hacerlo.

Por eso, las personas más exitosas son, paradójicamente, las que más sufren este síndrome. Porque cuantas más habilidades tienen, más cosas les salen «con facilidad». Y su mente, en lugar de premiarles, les dice: «Cuidado, porque si no te ha costado hacerlo, probablemente sea porque no está bien hecho». Una conclusión que no tiene por qué ser cierta.

Se observa muy bien en gente perfeccionista o altamente sensible al reconocimiento externo: como está entrenada para medir el valor en función del esfuerzo, cuando algo fluye de manera natural, le genera desconcierto. Y en ese vacío aparece el pensamiento: «Estoy engañando a los demás. No soy tan bueno como creen. Soy un fraude».

Pero fíjate bien, lo que tú llamas «fraude» suele ser tu mayor talento.

La pregunta es: «¿Qué hacemos con esto?». Lo primero es desenmascarar al verdadero impostor: tu cerebro. Ese mecanismo automático que te ha convencido de que solo vale lo que te hace «sudar». Una vez que lo entiendes, puedes empezar a entrenarlo para que también reconozca y valore lo que fluye con naturalidad.

Así que, cuando vuelva la voz de la impostura, recuerda: no es que seas un fraude, es que eres un conductor experto que ha olvidado lo extraordinario que es conducir con tanta destreza.

6. ¿CÓMO PUEDO AYUDAR A UN NIÑO A TENER BUENA AUTOESTIMA?

La infancia es la etapa principal de construcción de la autoestima. Muchas de las bases de tu solidez, seguridad y sensación de aceptación se crean en estos primeros años de vida. Podemos pensar en esta fase y también en la adolescencia como el laboratorio donde tu mente aprende quién eres y cuánto vales. Los gestos, las palabras y las miradas de tus cuidadores van moldeando la arquitectura de tu autoestima y coinciden con los momentos de mayor plasticidad cerebral, es decir, mayor capacidad de adaptarse y también de programarse. Las conexiones neuronales se refuerzan o debilitan según las experiencias emocionales que vives.

Si creces sintiéndote querido, tu sistema límbico (o cerebro emocional) tiene una buena activación. Es capaz de mantener un medio saludable en el que la imagen que tienes de ti mismo es flexible, te reconoces como un ser cambiante, te gustas más unas veces que otras, pero te aceptas razonablemente como eres. Has aprendido eso de tu entorno, donde has visto y sobre todo sentido que te quieren por el simple hecho de ser, de existir, con independencia de que tus acciones influyan en la aprobación o no de algún comportamiento puntual.

Una autoestima saludable asocia tu valor al simple hecho de existir, no a tus acciones.

Pero si recibes rechazo, crítica constante o indiferencia, la amígdala y la corteza prefrontal aprenden que tu valía depende de lo que haces, no de quién eres. Así, la autoestima no nace de un pensamiento aislado, sino de un patrón repetido de interacciones que, cuando aún eres un niño, se graba a fuego.

Si en la infancia y adolescencia no has tenido un vínculo seguro con tus cuidadores, si no te has sentido visto o protegido, lo que se ve afectado no es solo tu forma de relacionarte con los demás, sino la forma en que aprendes a relacionarte contigo mismo.

Por desgracia, ya como adultos, muchas veces no ayudamos a construir autoestimas sanas a pesar de nuestros esfuerzos y buenas intenciones. Desde luego, no es porque no queramos a los niños que estamos educando; todo lo contrario. Pero en medio de ese amor cometemos graves errores fruto de no conocer cómo funcionamos realmente.

La prioridad de un niño es sentirse seguro. Su mente, todavía inmadura, está constantemente midiendo si será cuidado o abandonado y, para el cerebro infantil, amor equivale a supervivencia. Si percibe que aquel depende de lo que haga o lo que deje de hacer, vivirá en estado de alerta, tratando de ajustarse a lo que los demás esperan de él.

Un niño que se sabe querido sin condiciones crece con la certeza de que el mundo no es un lugar peligroso, sino un espacio para explorar.

¿Cómo hacer entonces que un niño se sienta «a salvo»? La respuesta es sencilla, aunque pocas veces se practica: diciéndoselo. Palabras claras, contundentes, repetidas tantas veces como sea necesario: «Te voy a querer siempre, pase lo que pase, hagas lo que hagas. Mi amor está siempre contigo».

Cuando escucha esto de manera reiterada y coherente, su cerebro entiende que el amor no es una moneda de cambio, que no sube ni baja dependiendo de sus notas, de su comportamiento o de su carácter. Entonces ocurre algo extraordinario y es que se empieza a construir una autoestima sólida, estable, valiosa.

El mejor regalo que puedes dar a un niño no son certezas sobre el futuro, sino seguridad sobre tu amor en el presente.

El mejor regalo que puedes hacerle no es un juguete, ni un viaje, ni siquiera un futuro brillante planeado al detalle. Solo asegúrate de que sepa, sin ninguna duda, que siempre será querido por el simple hecho de ser él mismo.

Y no basta con pensarlo. Decirlo es importantísimo. No hay que subestimar el poder de las palabras, sobre todo en los primeros años. Lo que se le dice a un niño queda grabado en su inconsciente con una fuerza que cuesta imaginar.

Imagina a una niña que rompe un vaso. Si solo escucha un «¡qué torpe eres!» y nunca escucha un «no pasa nada, sigues siendo igual de valiosa para mí», su sistema puede empezar a asociar que equivocarse la hace menos querible. Ahora imagina lo contrario, que tras romperlo escucha: «Claro que da rabia, pero yo te quiero igual, aunque te equivoques». Esa frase, sencilla y aparentemente banal, siembra en su interior una semilla de seguridad que crecerá con ella.

Lo mismo ocurre con el colegio. Puede volver a casa con un suspenso y con miedo a decepcionar. Si solo encuentra reproches, puede interpretar que el cariño de sus padres depende de un resultado. Pero si escucha: «Me importa que lo intentes y aprendas, pero nada de lo que hagas hará que deje de quererte», recibe un mensaje radicalmente distinto; el amor no está en juego.

Los errores no destruyen la autoestima de un niño, lo que la destruye es creer que su valor depende de no equivocarse.

Ese tipo de mensajes convierten los errores en aprendizajes, no en amenazas. Y esa diferencia marca toda la vida. Cuando a una edad temprana el niño asume que la batalla de ver el mundo desde distintos puntos de vista no es peligrosa, sino parte del viaje, gana libertad. Sabe que puede equivocarse, opinar distinto o probar caminos nuevos sin perder lo esencial. Esa certeza abre la puerta a una autoestima firme, a un aprecio auténtico por uno mismo.

La autoestima se construye cada vez que un niño descubre que sigue siendo querido incluso en su error.

Ejercicio para una buena autoestima desde la infancia: el archivo de valor

1. Cada noche, antes de dormir, dedica 3 minutos con tu hijo a crear su propio «archivo de valor». Pídele que recuerde **tres cosas que haya hecho, sentido o vivido ese día** que le hayan producido bienestar. No tienen que ser logros, puede ser algo que ha disfrutado, un gesto amable que ha recibido o un momento en el que se ha sentido querido.
2. Mientras lo dice, míralo con atención, sonríe y valida lo que comparte. No lo corrijas ni lo compares. El objetivo no es mejorar su respuesta, sino reforzar que **su valor no depende del resultado, sino de existir, sentir y compartir.**

Por qué funciona

Este ejercicio activa el hipocampo y la corteza prefrontal medial, fortaleciendo los circuitos de memoria emocional positiva. Cuando se repite, el cerebro comienza a asociar la autoimagen con sensaciones de aceptación y seguridad. Investigaciones de la Universidad de California han mostrado que estas rutinas nocturnas de validación incrementan la resiliencia frente a las emociones y reducen la autocrítica en niños, incluso muchos años después. Se convierte en una programación cerebral que guardan para su edad adulta.

Este gesto cotidiano es muy poderoso. Se transforma en una brújula que le muestra al sistema nervioso que no hay que conquistar el derecho a ser querido, que estás a salvo. Si logramos que nuestros niños crezcan con esta seguridad en sí mismos y sientan su extraordinaria valía por el simple hecho de ser, estaremos ayudando a que las próximas generaciones gocen de mucha más autoestima y felicidad de la que posiblemente hemos tenido nosotros. Ayudémosles a que su cerebro se programe para que se sientan siempre queribles. Qué mejor que eso.

7. ¿POR QUÉ NO PUEDO DEJAR DE MEDIRME CON LOS DEMÁS, AUNQUE SEPA QUE NO ME HACE BIEN?

La comparación es el ladrón de la alegría.

THEODORE ROOSEVELT

Compararnos con los demás es algo casi inevitable: estamos diseñados para hacerlo. Desde niños aprendemos a mirarnos en los otros para medirnos, para saber si «estamos bien» o si encajamos. El problema aparece cuando esa comparación se convierte en un juez implacable que mide nuestra valía en función de lo que hacen, tienen o logran los demás. Ahí es cuando la autoestima empieza a tambalearse.

La comparación no es el problema, el problema es utilizarla para olvidarte de tu propio valor.

Lo curioso es que, a nivel cerebral, compararnos se procesa como una especie de alarma. La amígdala se activa como si estuviera en juego nuestra supervivencia: «Si el otro brilla más, ¿significa que yo valgo menos?». Esa es la interpretación automática. Pero justo aquí es donde entra en juego la corteza prefrontal, la parte más racional y flexible del cerebro, que puede darle un nuevo significado.

Imagina que estás en una reunión de amigos y uno de ellos cuenta que ha empezado a correr maratones. Tu reacción automática puede ser un nudo en el estómago: tu mente lo percibe como una amenaza, como si su disciplina deportiva dejara en evidencia tu falta de constancia. Pero si das un paso atrás y lo miras desde otra perspectiva, la historia cambia, no es un ataque a tu valía, es una invitación a inspirarte. Tal vez no quieras correr maratones, pero sí puedes recuperar esa idea de moverte más, a tu ritmo, en tu estilo. La energía de la comparación se convierte entonces en motor, no en carga.

La comparación puede hundirte o impulsarte: tú decides en qué dirección orientar la energía.

Otro escenario posible lo puedes encontrar, por ejemplo, cuando abres una red social y ves que alguien está de viaje en un destino espectacular. Tu sistema dopaminérgico actúa de inmediato, pero mezclado con la frustración, porque tu vida de repente parece menos emocionante. Si no pones atención, el yo niño interpreta que «ellos sí disfrutan, yo no». Pero tu yo adulto puede entrenarse para verlo de otro modo y entender que la dopamina también se enciende en lo cotidiano, en cosas pequeñas que generan placer y conexión. Un paseo al aire libre, preparar una comida que disfrutas, compartir una charla profunda. Reconocerlo es clave, porque tu sistema nervioso aprende a no depender solo de lo extraordinario para sentir que tu existencia merece la pena.

Lo cotidiano también enciende tu cerebro: no subestimes la fuerza de lo simple.

Al final, la comparación no tiene por qué ser un enemigo. Es un mecanismo natural que utilizas para orientarte en el mundo. Lo importante es entrenarte para que no sea un martillo que te aplasta, sino un espejo que te sugiere posibilidades. Cuando tu sistema nervioso entiende que no necesitas ganar el derecho a existir o a ser querido en cada comparativa, tu autoestima se fortalece.

Compararte con otros es inevitable, pero dejar que esa comparación defina tu valor es una elección. Tu cerebro está diseñado para medir, para orientarse a través de espejos externos, pero no para condenarte en cada diferencia. Si logras entrenarlo para que vea la comparación como un punto de referencia y no como una amenaza, tu autoestima deja de tambalearse. Porque la verdad es que tu vida no es un podio en el que tengas que demostrar constantemente que mereces estar, sino un camino único que solo tú puedes recorrer. Cada vez que eliges recordarlo, ganas libertad.

La verdadera libertad llega cuando la comparación deja de dictar tu valor.

Ejercicio para evitar caer en la comparación destructiva

1. **Detente un momento.** Piensa en una situación reciente en la que te comparaste con alguien y eso te hizo sentir más pequeño. Tal vez fuera en el trabajo, o en tu grupo de amigos.
2. **Ponle nombre a la reacción.** Cierra los ojos y reconoce lo que pasa en tu cuerpo. ¿Un nudo en el estómago, tensión en el pecho, un pensamiento insistente? Dite en voz baja o mentalmente: «Esto es mi cerebro activando la alarma de comparación». Al hacerlo, le estarás dando la señal a tu corteza prefrontal para que tome el mando.
3. **Haz la pregunta clave.** Pregúntate: «¿Qué me está mostrando esta comparación sobre lo que yo valoro?». Quizá lo que envidias de esa persona sea disciplina, libertad, creatividad o reconocimiento. No se trata de lo que tienen ellos, se trata de lo que tienes tú y de lo que tu cerebro desea experimentar.
4. **Redirige la energía.** Imagina que la incomodidad que sientes es como un chorro de energía en bruto. Visualiza cómo esa energía cambia de dirección y se convierte en combustible. Elige un gesto pequeño, algo que puedas hacer hoy mismo, a tu manera. Si alguien viaja mucho y eso te removió, tal vez tu acción sea planear una excursión cerca de casa. Si lo que viste fue que alguien había logrado un objetivo físico, quizá tu acción sea salir a caminar 20 minutos cada mañana.
5. **Ancla la nueva interpretación**. Al terminar, repite mentalmente: «Su éxito no me quita nada. Mi valor no depende de la comparación, sino de lo que yo elijo

hacer con mi energía». Respira hondo y siente cómo tu sistema nervioso se relaja.

Por qué funciona

Esta técnica enseña a tu cerebro a distinguir entre **la alarma automática de la amígdala** y la **interpretación flexible de la corteza prefrontal,** sustituyendo el miedo de «yo valgo menos» por una brújula que señala lo que realmente deseas cultivar.

La verdadera libertad y la paz interior solo se encuentran cuando nos atrevemos a mirar hacia dentro. Al final del día, lo único que tenemos es nuestra autenticidad. Compararnos con los demás es como tratar de medir nuestra existencia con una regla que no fue hecha para nosotros. Cada persona tiene su propio camino, sus propios desafíos y su propia esencia.

Al abrazar nuestra individualidad y dejarnos ser, nos liberamos de la constante necesidad de aprobación externa. La vida no está en ser lo que otros esperan que seamos, sino en ser quienes realmente somos, sin filtros ni máscaras. El mundo está lleno de voces que nos dicen lo que debemos ser, pero la única voz que realmente importa es la que proviene de nuestro interior.

Así que suelta las comparaciones, **deja ir las expectativas impuestas** y comienza a vivir con la certeza de que lo más valioso es tu forma genuina de ser quien eres. No hay nadie más como tú, y eso es lo que te hace único.

Ser fiel a ti mismo es el acto más rebelde y liberador que puedes hacer en este mundo.

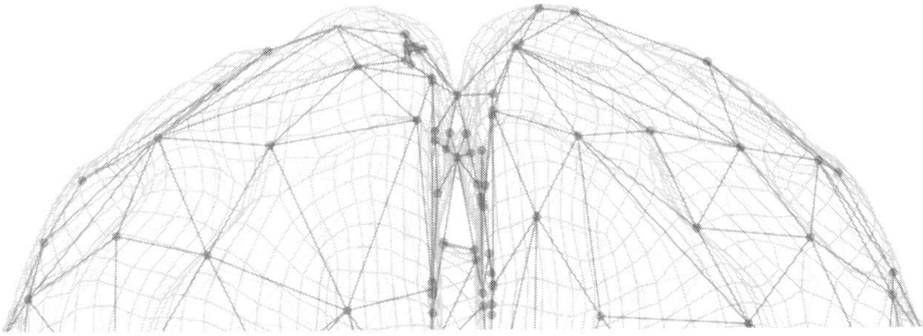

2

FABRICA MEJORES SENSACIONES

PROGRAMA TU CEREBRO PARA DISFRUTAR DE UN BUEN ESTADO DE ÁNIMO

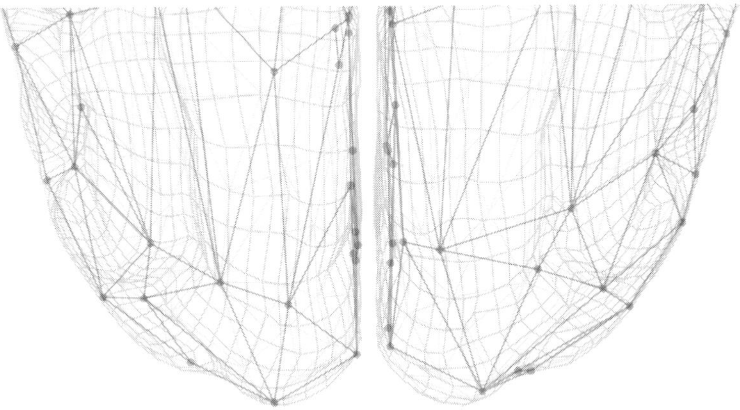

1. ¿Cómo puedo tener pensamientos más positivos?
2. ¿Puedo mejorar mi estado de ánimo utilizando solo mi cuerpo?
3. ¿Es importante el placer para mi estado emocional o le doy demasiada importancia y debería aguantarme y aceptar que la vida es dura?
4. ¿Cómo influye el humor en el estado de ánimo? Por qué reírse es salud
5. ¿Qué le ocurre al cerebro en la depresión?

1. ¿CÓMO PUEDO TENER PENSAMIENTOS MÁS POSITIVOS?

> La calidad de tus pensamientos determina la calidad de tu vida.
>
> MARCO AURELIO

Estoy muy de acuerdo con Marco Aurelio. La calidad de tus pensamientos define tu vida. Frente a una situación concreta los pensamientos que te invaden, ya sean de seguridad, alegría u oportunidad, o de miedo, rechazo, alerta o amenaza, te llevan a actuar de una manera u otra. Hacen que diseñes tu interacción con el mundo desde lugares distintos que finalmente determinan cómo vives e interpretas tu entorno.

Es curioso, si pudiéramos elegir qué pensar creo que nos decantaríamos por ideas expansivas, que nos animen y que despierten impulsos vitales constructivos en nosotros. Sin embargo, me encuentro muy a menudo en mi práctica profesional en MindStudio con lo contrario. Muchas personas declaran estar invadidas por aquellas que menos les gustan, que no les aportan nada de lo anterior, y se sienten atrapadas en ellas.

La clave para entender por qué pasa esto se encuentra en el verbo que he utilizado, «invadir».

Los pensamientos nos llegan, conquistan nuestro espacio mental y acampan libremente dentro de nosotros. ¿Te ha sucedido estar dando vueltas a una conversación que ya pasó y que sigues recreando porque con más tiempo hubieras respondido distinto, aunque en realidad lo que quieres es olvidarte de ella? ¿Te molesta quedarte en bucles de frases negativas que no te hacen sentir bien cuando preferirías pensar de una manera más constructiva y positiva? ¿Te sorprendes con la cantidad de dudas que te atacan antes de hacer algo nuevo que da un poco de temor?

Todo lo anterior es normal, nos pasa a todos. Sobre todo cuando estamos cansados, preocupados o con poca energía. Te lo explico.

En este sentido, los pensamientos se parecen a los sueños que tenemos cuando dormimos. No podemos elegir lo que soñamos por la noche, se escapa a nuestro control racional. Te pido por favor que NO pienses ahora en un perro enorme que se ha puesto enfrente de ti y que te mira directamente a los ojos. Es grande y no sabes muy bien sus intenciones.

Ahora olvídate del perro y de sus ojos. Deja de pensar en él. ¿Lo estás consiguiendo? Es posible que no, que una parte de tu mente se haya quedado buscándolo e imaginándolo. Cuanto más te fuerces a no hacerlo, más va a aparecer. Perdóname por haberte invadido con un pensamiento que no querías. Sigue leyendo y se irá. Solo fíjate en lo siguiente: basta con que te llegue una idea y que intentes apartarla para que se quede alojada en tu mente con más fuerza.

Si quieres sacarla de ti vas a tener que sustituirla por otra. Dejar que se vaya apagando mientras tú llevas la atención consciente hacia un lugar distinto.

Como neurocientífica, determinar cómo podemos mejorar la calidad de nuestros pensamientos, sabiendo que son invasivos, ha sido desde hace años uno de mis principales ámbitos de estudio. Después de trabajar con tantos cerebros y de leer su actividad con EEG, donde puedo ver lo que ocurre a nivel de ondas cerebrales cuando una persona está llena de pensamientos expansivos o destructivos, he podido llegar a una conclusión clara. Los pensamientos son paquetes energéticos que están estrechamente relacionados con nuestras emociones. De hecho, están afectados por la calidad de la energía que tiene nuestro organismo y en especial nuestro cerebro. Cuando nuestro nivel de activación es el adecuado, los pensamientos que nos inundan son más constructivos y en consecuencia más acordes a lo que necesitamos en cada momento.

Tener un nivel de activación adecuado significa que nuestras ondas cerebrales tienen coherencia, es decir, que existe una flexibilidad idónea para que se vayan produciendo en función de la actividad que queremos realizar. Si necesitas descansar, se producirán unas ondas acordes, cuya frecuencia será del rango alpha (de 8 a 12 Hz), que hacen que sientas calma, tranquilidad y que pienses cosas que te permitan estar en ese estado.

Si lo que necesitas es salir de una situación amenazante, como defenderte de alguien que viene directamente hacia ti para darte una patada, requieres que tu cerebro sea flexible y deje de producir las ondas que había producido hasta ese momento, que podían ser de concentración y calma en el rango de frecuencias beta (de 12 a 30 Hz) para producir aquellas que activen dentro de ti el pensamiento de defensa, de apartarte y de hacer frente a esa amenaza. Para ello, necesita producir ondas en el rango de frecuencias hibeta (superiores a 30 Hz). Vas a correr o apartarte de esa patada si tu mente tiene el nivel de energía adecuado para producir esa acción en ti. Si se quedara anclada en la calma que sentías antes, verías la patada venir, pero tu cuerpo no reaccionaría y te golpearían sin que pudieras hacer nada para evitarlo.

Con este ejemplo puedes observar que nuestra energía, que define el grado de activación cerebral, tiene un efecto directo en cómo piensas y cómo actúas. En momentos de amenaza inminente no da tiempo a pensar de forma consciente, lo que te «mueve» es el acceso a la información que ya tienes guardada de forma inconsciente, instintiva. Lo vas a entender muy bien con estos ejemplos.

Identifica qué tipo de pensamientos tienes cuando estás cansado, tienes hambre y sientes que no puedes más. Los pensamientos que te inundan en esa situación serán, casi con total seguridad, más negativos, más complicados, más destructivos. Simplemente tu sistema y tu cerebro no tienen la energía suficiente para que puedas fabricar pensamientos de mayor calidad.

Fíjate en el tipo de ideas que te inundan en una noche en la que no puedes dormirte y empiezas a pensar en algo que te preocupa. En ese tipo de situaciones solemos montarnos unas películas dramáticas y enrevesadas que al despertar por la mañana nos sorprenden. ¿Cómo he podido verlo todo tan negro? Es lógico que al día siguiente esa misma situación nos parezca que tiene más posibilidades y no sea tan terrible. ¿Qué es lo que ha cambiado entre el dramatismo de la noche y esa visión más clara de por la mañana? La energía que tiene tu cerebro y con ello las áreas cerebrales que pone a tu disposición para pensar sobre ese tema.

Por la noche, nuestra mente no tiene la energía suficiente para activar tu centro de reflexión y de toma de perspectiva (córtex prefrontal) y tampoco para encender bien el hipocampo (centro de las memorias), haciéndote ver que ya has pasado por situaciones difíciles y no ha sido el fin. Al no tener la electricidad necesaria, se queda conectada a nivel límbico y con tus núcleos amigdalinos (centro de alerta de peligros) activados, aquellas zonas que funcionan cuando no llega energía a ninguna otra. Pero el precio a pagar es que no estimula las áreas de la corteza prefrontal que sí nos permiten reflexionar con claridad sin hundirnos en el catastrofismo. Hazte a la idea de que le pasa como al sistema eléctrico de un edificio. Cuando hay un apagón, se va la luz de todas partes y solo quedan iluminados los carteles de salida de emergencia para que puedas abandonarlo, dejando de lado todo lo que estabas haciendo en ese momento. Solo le interesa que veas el camino para salvarte, sin pensar, poniéndote en alerta para que corras hacia el exterior.

Cuando se le va la energía, el cerebro solo enciende su sistema de alarma y te dará todo el dramatismo posible para que sobrevivas. Esa es la razón por la que, cuando estamos cansados, nos vemos invadidos por pensamientos más destructivos, menos elevados. Se trata de nuestro sistema encendiendo solo los carteles luminosos de emergencia.

Tu cerebro necesita mucha más energía para fabricar un pensamiento positivo que para fabricar uno negativo.

Producir pensamientos positivos requiere que tengas la energía suficiente para hacerlo, por eso es importante que puedas aumentarla y, lo mejor de todo, es algo que se puede ejercitar. A lo largo de mi carrera he podido comprobar los cambios extraordinarios que se producen en la forma de pensar de una persona cuando trabaja a nivel de frecuencias cerebrales. Cuando logramos una mayor coherencia entre sus ondas, es decir, cuando logramos que active y optimice mejor su energía, la consecuencia directa es que tiene mejores pensamientos, ve la realidad desde más ángulos, de manera más constructiva y encuentra más posibilidades. Se siente mejor con lo que piensa y por ello actúa también mejor.

Yo misma me beneficio de este procedimiento. De forma regular me hago sesiones de este tipo de entrenamiento para asegurarme un nivel base de energía que me permita vivir con muy buena calidad de pensamientos por muy difícil que sea el entorno.

Pero, si no puedes hacer un entrenamiento de frecuencias, ¿cómo puedes aumentar tu energía para pensar en positivo?

Ejercicio para activar pensamientos positivos

Hace años que lo practico en el ámbito del alto rendimiento deportivo (imagínate la importancia para un atleta olímpico o un astro del tenis o el fútbol de tener pensamientos positivos antes de enfrentarse a un reto en su trabajo). En este ejercicio vamos a utilizar dos de los catalizadores o aceleradores más potentes que existen para aumentar nuestra energía: la música y los recuerdos.

La música que te hace moverte solo con escucharla y los recuerdos de situaciones pasadas donde te sentías fuerte y optimista son elixires para activar tus pensamientos positivos.

1. **Selecciona una canción que te traiga buenos recuerdos.** Puede ser aquella de un verano que fue especialmente alegre, la que te pones como himno porque significa algo para ti o una que, sin más, te da «subidón» al escucharla.
2. **Busca un lugar tranquilo.** Uno donde no te vayan a molestar por unos minutos y donde puedas estar sin ser visto, para que puedas soltarte.
3. **Pon la música a un volumen elevado, cierra los ojos y busca con tu mente un momento donde disfrutaste y te lo pasaste bien, el primero que aparezca.** Una situación en la que te sintieras lleno de alegría, despreocupación, seguro, y te dejaras llevar. Puede que sea de hace tiempo o reciente, pero tiene que llegarte de forma natural cuando conectas con esas emociones.
4. **Recréate en esas sensaciones.** Puedes adoptar la postura que quieras: puedes bailar, moverte o vivirlo desde la quietud. Lo único que necesitas es revivir en tu mente esos momentos como si te estuvieran pasando ahora. Concentra todos tus sentidos en aquel recuerdo; trata de notar las vibraciones de la música; de visualizar lo que tenías delante entonces, las caras de las otras

personas si estabas acompañado; trata de sentir cómo estaban los músculos de tu cara, si reías, toma consciencia de tus gestos e intenta sentirlos. ¿Qué tiempo hacía, frío o calor? ¿Era de día o de noche? Reproduce cada una de las sensaciones que evoques.
5. **Cuando acabe la canción, quédate un poco más ahí con los ojos cerrados, disfrutando de esa sensación.** Percibiendo los cambios de tu cuerpo, fijándote en la energía que sientes.
6. **Abre los ojos y sonríe.** Qué maravilla tener esos momentos dentro de ti.

Si te cuesta recordar este tipo de vivencias, invéntalas. Diseña una a tu medida. Elige una situación que te haría sentirte así.

Por qué funciona

Con este ejercicio tan simple y, además, agradable conseguimos activar la energía de tu cerebro y ponerlo en movimiento. Y esto ocurre por una razón fascinante de la que ya te he hablado, pero que voy a explicar ahora con mayor detenimiento.

Tu mente no distingue del todo bien entre lo real y lo que imagina con intensidad. A nivel neuronal, se ponen en marcha los mismos circuitos. Esto lo sabemos gracias a las técnicas de neuroimagen, como la resonancia magnética funcional (fRM). Cuando una persona imagina una acción con detalle, se iluminan prácticamente las mismas áreas cerebrales que cuando la realiza de verdad. Es una especie de «truco» natural de nuestro sistema nervioso que, bien utilizado, juega a nuestro favor.

Al entrenar con imágenes vivas en las que nos recreamos, el cerebro recibe una señal clara de acción, de movimiento, de cambio. No vive la experiencia como algo abstracto, sino como algo que está ocurriendo ahora mismo. Por eso este tipo de ejercicios son tan potentes: ponen en marcha la química del cambio sin que aún hayamos dado el paso en el mundo externo. Por eso se utiliza mucho en el alto rendimiento deportivo y profesional para poder entrenar mentes y lograr que lleguen a niveles de activación altos y positivos, donde conecten con la autoconfianza.

Para tener pensamientos más positivos lo hacemos de la misma manera. Engañamos a nuestro cerebro llevándole a recrear niveles de energía que ya fabricó en ese momento que recuerdas. Aumentando su nivel energético logras que de forma rápida encienda el córtex prefrontal, lo que te conectará con tu capacidad de reflexión, de recordar tu valía. Y así estarás alimentando a tu sistema de fuerzas renovadas. Volviendo a la analogía del edificio, harás que vuelvan a encenderse todas las luces y que no funcionen solo las de emergencia.

Con esta información te animo a que, la próxima vez que te veas inmerso en un mar de pensamientos negativos, en vez de llevar tu atención solamente a lo que te rodea y las circunstancias, te mires y reflexiones sobre cómo es tu energía, es probable que tenga mucho más impacto en lo que piensas que el entorno mismo.

2. ¿PUEDO MEJORAR MI ESTADO DE ÁNIMO UTILIZANDO SOLO MI CUERPO?

—Primero aprendes a mantener el equilibrio. Todo en la vida es equilibrio.
—¿Incluso el karate?
—Especialmente el karate. El cuerpo y la mente deben moverse juntos.

JOHN GUILBERT AVILDSEN,
Karate Kid, el momento de la verdad (1984)

Me gusta pensar en nuestro cuerpo como un mando a distancia de nuestro cerebro. Verlo así me ayuda a utilizarlo a mi favor cuando quiero cambiar mi estado mental. Yo lo utilizo mucho y me funciona muy bien.

Cuando nos hacemos conscientes de que la forma en la que nos movemos, respiramos o cambiamos de postura afecta directamente a los mensajes de nuestras redes neuronales, de repente contamos con herramientas extras para alterar nuestra actividad cerebral.

El movimiento corporal genera impulsos eléctricos que modifican la actividad cerebral y reconfiguran tu estado emocional.

Las sensaciones físicas son la base sobre la que el cerebro construye las emociones. Cuando el corazón late rápido o el estómago se encoge, esas señales suben y le dicen cómo interpretar lo que pasa.

«El cuerpo siente antes de que
la mente entienda por qué»,
ANTONIO DAMASIO.

Ahora sabemos que pensamos y sentimos con todo el cuerpo. Lo que emitimos desde lo corporal se recibe a nivel cerebral. Esto es lo que se conoce como «cognición encarnada». Investigadores como Francisco Varela, Vittorio Gallese y Anna Borghi dedicaron su carrera a demostrarlo. Varela, biólogo y neurocientífico chileno, integró la biología y la experiencia interna para estudiar la conciencia. Gallese, neurofisiólogo italiano, retomando el trabajo realizado por Giacomo Rizzolatti, el «padre» de las neuronas espejo, descubrió que estas se activan tanto cuando tú haces algo como cuando ves a alguien hacerlo, incluso en el ámbito de la emoción y de la empatía. Y Borghi, psicóloga cognitiva, demostró que incluso los pensamientos más abstractos se apoyan en experiencias corporales. Todos ellos coincidieron en lo mismo: el cuerpo no obedece a la mente, forma parte de ella.

Aunque no hayas oído hablar de la neurofisiología del movimiento, es algo que todos hemos vivido en ejemplos cotidianos. Si estás encorvado, con los hombros caídos, tu cerebro lo interpreta como cansancio o desánimo; es decir, esas posturas cerradas las lee como un momento de bajo ánimo y energía, con emociones de pesar, duelo, tristeza, desaliento. Si quieres cambiar cómo te sientes, puedes utilizar la postura de tu cuerpo para que tu mente identifique esa nueva posición con otro estado emocional. Así que si te enderezas, abres el pecho y respiras profundo, el mensaje cambia: «Estoy bien, estoy presente, tengo las pilas cargadas». Con nuestra forma de colocarlo, el cuerpo está comunicándose continuamente con nuestra cabeza.

Tenemos programadas posturas con estados emocionales. Cambiando tu postura cambias cómo te sientes. Si te sientes inseguro, muy posiblemente tengas la cabeza agachada, el pecho cerrado, ojos que no hacen contacto visual directo con las otras personas. Tu cerebro asocia y fabrica más inseguridad porque entiende que eso es lo que tu cuerpo le pide que haga. Si decides conscientemente cambiar esa colocación a una mucho más abierta, abriendo tu pecho, levantando tus ojos, haciendo contacto visual y apoyando con firmeza los pies en el suelo, entrará en un dilema, como si pensara: «Aunque internamente estoy fabricando inseguridad, el cuerpo me envía señales musculares y posturales de que siente seguridad, me estoy equivocando». Entonces cambiará su neuroquímica para concordar con la nueva que se le dicta, y empezará a sentirse seguro.

Cada vez que caminas, bailas o simplemente cambias de posición, tu cerebro reorganiza su actividad. Esto ocurre porque áreas como el cerebelo, la corteza motora, el sistema límbico y el córtex prefrontal trabajan juntas no solo para coordinar el movimiento, sino también para ajustar el estado emocional. Tu cuerpo está hablando todo el tiempo con tu cerebro.

El psicólogo Paul Ekman descubrió algo fascinante: las expresiones corporales no solo muestran lo que sentimos, también pueden generarlo.

Demostró que, al sonreír aunque no tengas ganas, los músculos de tu cara activan las mismas zonas cerebrales, de manera muy similar a cuando la emoción es real. Se libera dopamina y endorfinas, y tu estado de ánimo empieza a cambiar. Esta es una prueba clara contra los escépticos, y los buenos actores lo saben muy bien.

Todo esto ocurre acompañado por una intensa bioquímica del bienestar. Cuando te mueves, respiras o ríes, tu cuerpo libera dopamina (motivación), serotonina (estabilidad emocional), endorfinas (bienestar) y BDNF (una proteína que ayuda a regenerar y fortalecer las neuronas). Esta combinación transforma tu química y crea las condiciones para que te sientas equilibrado, más lúcido y con más energía.

Cuando mi equipo y yo leemos el cambio de activación que experimenta una persona al hacerle consciente de posturas y patrones de respiración para alterar estados emocionales, podemos comprobar cómo se consigue un ajuste de frecuencia eléctrica cerebral. Al iniciar la sesión, si está estresada o alerta, predominan ondas hibeta, rápidas y desordenadas, pero al pedirle que se mueva soltando tensión o que respire de manera consciente, entra en ondas alpha, que combinan calma y enfoque. Si mantiene ese estado, puede incluso llegar a frecuencias theta, donde aparecen la creatividad, la introspección y la sensación de conexión con uno mismo. El poder de alterar nuestro estado de ánimo desde lo corporal es fascinante, rápido y está al alcance de todos.

Ejercicio para reiniciar tu frecuencia

1. **Ponte de pie.** Con los pies separados al ancho de las caderas. Cierra los ojos y siente el contacto con el suelo.
2. **Respira profundamente.** Inhala por la nariz en cuatro tiempos, exhala por la boca en seis. Hazlo tres veces.
3. **Empieza a moverte despacio.** Suelta los hombros, deja que los brazos se balanceen, gira el tronco con suavidad.

4. **Observa lo que pasa dentro.** Nota el calor en las manos, el ritmo del corazón, la ligereza que aparece.
5. **Quédate quieto unos segundos y escucha.** Disfruta la calma que se ha instalado.

Por qué funciona
Lo que estás notando es real: tu postura ha bajado el nivel de alerta, tus ondas cerebrales han pasado a un ritmo alpha, se activa tu nervio vago, el que conecta tu cerebro con tu cuerpo y activa la respuesta de calma y equilibrio del sistema nervioso. Y tu química del bienestar se pone en marcha.

Nosotros, los humanos, no somos cerebros que usan cuerpos. Somos cuerpos que piensan, sienten y recuerdan.

Cuando te mueves, tu mente se aclara. Cuando habitas tu cuerpo de manera consciente, ayudas a que tu mente encuentre equilibrio. Logras que lo físico y lo emocional se sincronicen y la vida se vuelve más simple.

3. ¿ES IMPORTANTE EL PLACER PARA MI ESTADO EMOCIONAL O LE DOY DEMASIADA IMPORTANCIA Y DEBERÍA AGUANTARME Y ACEPTAR QUE LA VIDA ES DURA?

Esta pregunta siempre me ha gustado, porque el sano equilibrio entre esfuerzo y placer suele ser la respuesta para lograr estados emocionales aceptablemente buenos y que te proporcionen una vida agradable sin caer en extremos.

La búsqueda de placer es una necesidad inherente al ser humano, nos impulsa, nos motiva y nos da sentido. No tengo duda de que juega un papel crucial en nuestro bienestar emocional, porque está directamente relacionado con el circuito de recompensa. Y es que, cuando lo experimentamos, liberamos una neuroquímica que genera sensación de satisfacción, motivación y bienestar. Provoca que utilicemos de una manera más sólida las conexiones neuronales que activan la comunicación entre el hipocampo, nuestro centro de las memorias, y nuestro córtex prefrontal. Al hacerlo, evitamos que nuestro sistema emocional, el cerebro límbico, nos secuestre y nos haga funcionar desde un modo de alerta.

Al experimentar placer, liberamos una serie de transmisores, entre ellos, la dopamina. Estos momentos no solo mejoran nuestras emociones de manera temporal, sino que ayudan a reforzar los circuitos neuronales asociados a la felicidad y al equilibrio. Aprendemos qué caminos neuronales debemos activar para que nos sintamos dentro de ese estado que nos proporciona bienestar. Esto es importante, porque podemos ayudar de forma activa a una nueva programación.

Por extraño que parezca, en nuestra sociedad actual hay muchas personas que acostumbran a su cerebro al esfuerzo y están desprogramando de su actividad lo que supone disfrutar. Estamos de acuerdo en que entregarnos solo al hedonismo sería contraproducente, pero del mismo modo lo es entregarnos solo al trabajo; tenemos que hacer una defensa de nuestros momentos placenteros y experimentarlos sin culpa. Solo así la mente se convertirá en una aliada a la hora de equilibrar momentos de tensión, resiliencia y desgaste con otros de recuperación y satisfacción.

El placer ayuda a reducir el cortisol, la hormona del estrés. Esto genera una contrabalanza neuroquímica que mejora la capacidad de regular las emociones y nos hace más fuertes frente a las dificultades que vendrán. De alguna manera, nos proporciona las reservas para poder ser más resilientes ante los problemas al ayudar a que nuestro sistema no se queme. Con los momentos placenteros también se activan otros neurotransmisores como la serotonina, que es fundamental para el control del estado de ánimo y la regulación emocional.

Introducir placer en nuestra vida no tiene que ver con hacer locuras o grandes cosas. Simplemente, después de un día difícil de trabajo, de estudio, de esfuerzo en general, salir a caminar por un parque o ver una película que te gusta o pasar un rato haciendo algo que te resulta agradable es suficiente para liberar dopamina, y que puedas tener una sensación de alivio. Estos pequeños actos no solo te hacen sentir mejor en el momento, sino que también reducen el estrés acumulado.

El placer actúa como una válvula de escape emocional, permitiéndonos gestionar mejor los momentos difíciles y recuperarnos más rápidamente de situaciones estresantes.

Una de mis labores en MindStudio es hacer experimentar seguridad a los cerebros junto a la sensación de placer, activando las frecuencias que la muestran como un lugar cerebral «a salvo», agradable y que además le ayuda a ahorrar energía, ya que al reducir las ondas hibeta del estrés se disminuye la actividad límbica. De esta forma, esa persona tendrá mucha más facilidad para buscar situaciones placenteras en su vida cotidiana y que su mente le ayude a quedarse en ellas, y las utilice como una manera de regenerarse. Cuando tenemos miedo a pasarlo bien porque solemos asociar un sentimiento de culpa, lo anterior no ocurre y esa falta de placer afecta muy negativamente a nuestra salud mental.

Ejercicio para producir placer a nivel cerebral: placeres culpables

Este ejercicio te ayudará a programar placer y a que tu cerebro equilibre mejor el esfuerzo y disfrute en tu día a día. Es una forma sencilla de recordarle que aquel también es saludable.

Consiste en reservar 15 o 20 minutos al día para hacer algo que te encante, sin remordimientos ni excusas. Puede ser cualquier actividad que ya has experimentado que te genera placer, como bailar una canción que te levante el ánimo, pasear sin rumbo, ver una serie, hablar por teléfono con alguien o, simplemente, no hacer nada.

La clave está en que, hagas lo que hagas, no tenga otra finalidad que el placer en sí mismo. Estamos tan acostumbrados a realizar actividades con un objetivo concreto que, al no poner una meta más allá de pasarlo bien, solemos experimentar una sensación de culpa. Por eso lo llamo «placeres culpables». Sabes que estás en el camino correcto de este ejercicio si sientes una pequeña cuota de culpabilidad porque, en el fondo, para tu sistema este pasarlo bien sin más puede parecerle una pérdida de tiempo.

Por qué funciona
Lo importante no es lo que hagas, sino cómo lo sientas. Cuando disfrutas de verdad, tu cerebro activa la dopamina, la oxitocina y otras sustancias que construyen rutas del bienestar. Así, aprende a asociar placer con calma, y no con culpa o prisa.

Es un entrenamiento invisible pero poderoso: enseñas a tu mente que **la felicidad no necesita permiso, solo presencia.**

4. ¿CÓMO INFLUYE EL HUMOR EN EL ESTADO DE ÁNIMO? POR QUÉ REÍRSE ES SALUD

> La risa es el sol que ahuyenta el invierno del rostro humano.
>
> VICTOR HUGO, *Los miserables* (1862)

Reír, sonreír o simplemente ver algo que nos hace gracia modifica la química de nuestro cuerpo y la actividad eléctrica cerebral en cuestión de segundos. Es un gesto espontáneo que tiene el gran poder de realizar una autorregulación emocional como muy pocos. Me sigue fascinando la capacidad de transformación que provoca la risa.

¿Te ha pasado alguna vez que estabas serio en una situación y de repente alguien te susurra algo al oído, una ocurrencia tan absurda y fuera de lugar que no puedes evitar reírte? ¿Intentar contenerla y no ser capaz, que se te escape la risa y que se contagie a los demás hasta que todos acaban desternillándose?

El humor rompe patrones. Sorprende a nuestra mente y la descoloca. No le permite quedarse pegada a la activación que tenía hasta ese momento, la saca de ahí y establece nuevas conexiones neuronales.

El neurocientífico británico Dean Mobbs ha sido uno de los pioneros en demostrar que el humor no solo mejora el ánimo, sino que activa los mismos circuitos cerebrales del placer que se encienden con la música, el amor o la recompensa. En sus estudios con fRM, realizados en el University College de Londres y publicados en *Neuron* (2003), observó que al escuchar chistes se activan regiones como el núcleo accumbens y la corteza prefrontal medial, responsables de generar sensación de alegría.

Su trabajo sentó las bases de la neurociencia del humor, mostrando que la risa no es solo una reacción emocional, sino una respuesta biológica compleja que reorganiza la actividad cerebral, libera dopamina y refuerza la conexión social. Desde entonces, Mobbs ha continuado explorando cómo el cerebro gestiona las emociones, desde el miedo hasta la empatía, para entender cómo el cuerpo y la mente cooperan en la creación del bienestar.

Años después, en un estudio más reciente con fRM, se descubrió que el humor tiene dos fases cerebrales bien diferenciadas: primero, la comprensión del chiste, que activa áreas asociadas al análisis e interpretación, un proceso que se extiende desde la sorpresa inicial al entendimiento. La segunda fase es la de la apreciación, la de disfrute, que ocurre cuando se asienta la broma y el cuerpo responde generando placer y risa, aparece la carcajada o te doblas sobre ti mismo para poder reírte. En otras palabras: entendemos el humor con la mente y después lo sentimos y disfrutamos con el cuerpo.

Pero lo curioso es lo que ocurre a nivel cerebral cuando disfrutamos del humor y los cambios internos que suceden. ¿Te has dado cuenta de que después de reírte te sientes más ligero e incluso puedes pensar con más claridad? Esto se debe a que, durante la risa, el cerebro cambia de ritmo. Pasa de las ondas hibeta, rápidas y asociadas al esfuerzo mental o al estrés, a las ondas alpha, más lentas y coordinadas, que te hacen sentir calma y relajación. En este estado, las conexiones neuronales fluyen mejor y el pensamiento se vuelve más flexible. Por eso, después de reír, lo que antes parecía un problema se ve como más liviano: tu cerebro se ha reajustado, literalmente, a otra frecuencia.

Estos cambios eléctricos también alteran y mejoran nuestra bioquímica. La risa reduce el cortisol, ya sabemos, la hormona del estrés, y activa la liberación de dopamina, serotonina y endorfinas, los mensajeros químicos del placer y la relajación.

Ahora sabemos que el humor no solo mejora el estado de ánimo, sino que fortalece el sistema inmunológico y disminuye la ansiedad. Al reducir la presencia de frecuencias hibeta del estrés, tu cuerpo interpreta la risa como una señal de seguridad y responde relajando los músculos, regulando la respiración y estabilizando el ritmo cardíaco.

Y aún ocurre algo más: al reírnos, nuestro cerebro no solo expresa bienestar, lo crea. «Fabrica» una activación neuronal saludable. Y aquí tenemos que hablar de la dopamina y del circuito de recompensa que esta activa en nosotros. Los picos de dopamina pueden ser cortos e intensos o pueden ser más sostenidos en el tiempo y más estables.

Cuando nos sometemos a estímulos cortos pero intensos como los provocados por las pantallas, las notificaciones y distracciones varias, nos acostumbramos a buscar picos rápidos de dopamina. El problema es que esos picos son fugaces y dejan tras de sí un vacío que pide más. Esto nos lleva a una búsqueda constante de estímulos, como quedarte frente a una pantalla durante horas, dejando pasar información a pesar de que venga acompañada de una sensación de vacío y hartazgo.

La presencia adecuada de dopamina y un circuito dopaminérgico saludable de recompensa se logra con placer real, sostenido y humano. El último término, humano, es fundamental aquí. Nos toca de verdad, nos eleva y nos estimula emocionalmente de forma profunda y duradera aquello que ocurre con una presencia real. Eso es lo que se genera cuando, por ejemplo, compartes una carcajada con alguien y conectas desde el humor y la risa.

Desde el punto de vista de la neurociencia ocurre algo extraordinario. Eres capaz de sincronizar una activación neuronal con esa persona, vuestros circuitos de recompensa se activan simultáneamente y disfrutas de una explosión de satisfacción incontrolable que te inunda y se contagia. Esa es la razón por la que la risa es tan contagiosa. Los organismos entran en la misma coherencia y de forma corporal y mental te «nivelas» con el otro o los otros si es un grupo de personas. Cuando te ríes con alguien tiendes a adoptar la misma postura y te fundes en la misma reacción.

El placer genuino de la risa tiene una base neurobiológica muy distinta a la del pico fugaz de placer ante una pantalla. En lugar de provocar un subidón corto y adictivo, activa el sistema de recompensa de forma más estable, generando una liberación sostenida de dopamina, acompañada de endorfinas y oxitocina, las hormonas del vínculo, la calma y el amor. Es un tipo de disfrute que la mente asocia con seguridad, pertenencia y vida. Entra en un estado de *flow* social, una sincronización espontánea de ondas alpha y theta que une atención plena, conexión y alegría. En ese momento no estás en el pasado ni en el futuro, estás completamente presente.

Cuando te da la risa con un amigo hasta que te duele la barriga, o con esa broma absurda que rompe el hielo después de un día difícil, no estás «intentando» estar bien: ya lo estás, y tu cuerpo es el primero en saberlo. El corazón baja su ritmo, el oxígeno entra mejor, y el cerebro registra el momento como placentero y seguro.

La risa genera dopamina buena, la que no crea dependencia, sino equilibrio.

Por eso es tan importante que nos reeduquemos con pequeñas dosis diarias de diversión consciente: cantar, bailar, salir a caminar sin mirar el móvil, improvisar. Estoy convencida de que no se trata de buscar más estímulos, sino de sentir más vida. De conectarse con el disfrute, de soltar, de permitirte entrar en el mundo de lo absurdo sabiendo que te hará bien. Así es como reprogramamos nuestro sistema de recompensa y devolvemos a nuestro cerebro su capacidad natural de disfrutar. Es importante que recordemos de vez en cuando lo que es tomarse menos en serio y salir de la sensación de amenaza para vivir momentos de puro goce, ligereza y vitalidad.

El humor y la risa no solo alivian lo que nos duele: reorganizan nuestro cerebro, reequilibran nuestra química interna y le recuerdan a nuestro sistema nervioso cómo se siente al estar en calma.

Así que ríete más, con otros o de ti mismo. Mira una comedia, canta sin afinar, juega con tus hijos o salta en la cocina mientras haces el café. No es una pérdida de tiempo, es entrenamiento cerebral.

Cada vez que ríes, tu cerebro recuerda algo esencial: que sabe ser feliz.

Llevémoslo a lo cotidiano. Puedes estar en medio de un día agotador, de esos que parece que todo sale un poco torcido, y de pronto alguien hace un comentario que te saca una sonrisa. Solo con esa sonrisa, aunque nada haya cambiado fuera, tú ya has cambiado dentro. Tu sistema nervioso lo sabe: baja el cortisol, sube la dopamina, tu cuerpo se relaja. Esa pequeña risa ha sido un ajuste neuroquímico que mejora la activación de tu cerebro.

Reír es un acto de regulación emocional, de resiliencia y de salud mental.

El humor también mejora tu interacción con otras personas. Al incorporarlo en tus relaciones, con respeto y con cuidado, eso sí, das a entender, en primer lugar de forma subconsciente, que no supones un peligro. Te acercas, haces que bajen las alarmas y que se relajen.

Si quieres ayudar a alguien a tranquilizarse, introduce humor con cariño y verás qué rápido aprecias un cambio en su postura y en la tensión que recorre sus músculos.

El humor es una forma de inteligencia corporal.

Ejercicio: mi yo más ridículo me gusta, tiene nombre y lo protejo

Te comparto ahora una de las técnicas que, desde hace años, utilizo con los niños y adultos que nos visitan en nuestros centros y que aplico también en mí misma de forma cotidiana. Está basada en tener sentido del humor con nosotros mismos y es poderosa para mantener una buena autoestima.

Todos tenemos alguna cosilla que nos avergüenza y que nos demuestra que, lejos de ser perfectos, hay partes de nosotros que nos hacen sentir vulnerables. Aspectos que no necesariamente podemos controlar y que a menudo intentamos esconder en la imagen pública para que no se nos «desenmascare» en nuestra imperfección.

Curiosamente, estas vergüenzas son una oportunidad extraordinaria de crecimiento y de reprogramación cerebral. Y no requieren tanto esfuerzo como puedas imaginar. Al contrario, la clave está en pasárselo bien. Al menos yo lo disfruto mucho, espero que te pase a ti también.

El ejercicio consiste en crear un personaje que encarne aquello de ti que intentas esconder, y que lo hagas de una manera extrema y con humor. Los pasos son:

1. **Identifica uno o varios aspectos de ti que te avergüenzan.** Cualquier cosa, que seas desordenado, que tengas mal humor, que saltes rápido, que hables de-

masiado o demasiado poco, que se te olviden los nombres de las personas, que oigas mal, que haya algo físico que no te gusta (con estos complejos es más difícil, pero ojalá puedas realizarlo también poco a poco).

2. **Visualízate como una caricatura de ello.** Si eres desordenado, imagínate, por ejemplo, en medio del caos, con los pelos alborotados; si hablas demasiado, puedes verte con una bocaza enorme que no puede parar de hablar alrededor de gente que está intentando dormir. Métete dentro de un personaje ridículo y gracioso que contenga aquello que no te gusta de ti.
3. **Ahora ponle un nombre gracioso a esta caricatura tuya que has imaginado.** Piensa en un mote también, y llámate por tu nombre acompañado de ese mote. Podría ser «Pablo "Caos Apocalíptico"», «Paco "A Ver Si Callas"» o «Noelia "No Me Acuerdo Ni De Mi Nombre"». Lo que sea, pero asegúrate de que cuando te lo dices despierta una sonrisa.
4. **Después, comparte con tu círculo afectivo más cercano esta vulnerabilidad y el mote que te has dado.** Hazlo distendido, gracioso, dando a entender que nadie te puede desenmascarar si tú mismo ya eres consciente e incluso te puedes reír de ello.
5. **Haz la transición del ejercicio a la vida real.** Cuando te encuentres en una situación donde aparece ese aspecto que te avergüenza, recuerda cómo te has visualizado en él, con tu mote, y empatiza. Admite que es una parte de ti, que está ahí, pero que no te domina, de la que, incluso, te puedes reír. No eres perfecto.

Por qué funciona

Cuando identificamos un aspecto de nosotros que no nos gusta y lo ocultamos por miedo a que otros lo descubran, estamos afectando directamente a nuestra autoestima. Nos hace sentir menos queribles, y nuestro sistema sufre y bloquea conexiones neuronales.

Lo que podemos leer en un EEG cuando una persona siente vergüenza es que, en las zonas del hemisferio derecho, en la parte frontal y prefrontal, se aprecia más presencia de frecuencias hibeta relacionadas con el estrés y mayor resistencia a introducir frecuencias beta de concentración activa o alpha de calma. Es decir, nuestra actividad cerebral bloquea aspectos tan importantes como nuestra capacidad para interpretar el entorno como un lugar seguro.

Con esta técnica que te muestro rompemos ese patrón de amenaza, nos convertimos en dominadores de nuestra vergüenza en vez de que ella nos domine a nosotros. Tenemos el control y se lo mostramos a los demás de una forma empática y cariñosa con nosotros mismos. Nos ponemos un mote, no lo escondemos, nos identificamos y reflejamos en él, lo protegemos. Lo nombramos con ternura.

Al hacer esto, reducimos la activación de nuestros núcleos amigdalinos, nuestro hipocampo se expande y funcionan mejor nuestros lóbulos frontales. En definitiva, no nos encontramos secuestrados por el miedo a que descubran nuestra imperfección. Y al reírte de ti mismo y mostrarte en tus aspectos más frágiles, das permiso de forma inconsciente a que los demás también se sientan cómodos con sus vulnerabilidades. De hecho, cuando haces esto en un grupo se suelen abrir conversaciones muy interesantes.

Por último, te animo mucho a que lo hagas si tienes niños y jóvenes cerca. Hazlo tú primero, da ejemplo, y después de forma juguetona invítales a que lo hagan ellos. Les harás un bonito regalo. Que se visualicen de forma divertida, que sean ellos los que acepten en primer lugar aquello de su personalidad que se separa de «lo que deberían ser» y que se sigan queriendo por ello. Es una maravillosa manera de expandir la autoestima.

5. ¿QUÉ LE OCURRE AL CEREBRO EN LA DEPRESIÓN?

La depresión es una experiencia humana profundamente ligada a cómo funciona nuestro cerebro cuando se ve desbordado por el dolor, el estrés, la pérdida o el vacío de sentido y, por eso, en algún momento de la vida, puede tocarnos a todos.

Desde la neurociencia, es un estado global del cerebro y del cuerpo en el que varios sistemas dejan de funcionar de forma coordinada. No solo a nivel de emoción, sino también de energía, motivación, enfoque, memoria, movimiento, deseo, esperanza y capacidad de acción.

La depresión no es solo «estar triste», es un estado global, del cerebro y del cuerpo.

En una mente deprimida observamos varios cambios muy claros. Disminuye la actividad de la corteza prefrontal izquierda, la zona que activa la iniciativa, la toma de decisiones y la capacidad de proyectarse hacia el futuro. Al mismo tiempo, aumenta la activación de redes más profundas relacionadas con la amenaza, el dolor emocional y la rumiación (pensamiento obsesivo y repetitivo sobre problemas). El resultado es un cerebro que piensa mucho..., pero casi siempre en la misma dirección: hacia la culpa, el cansancio, el miedo o la impotencia.

A nivel químico, se produce una disminución de neurotransmisores clave como la dopamina (motivación y placer), la serotonina (estabilidad emocional) y la noradrenalina (energía y activación). Sin estas sustancias funcionando de forma equilibrada, nuestro sistema entra en una especie de «modo ahorro», todo cuesta más, incluso las cosas que antes resultaban fáciles o agradables.

En términos de frecuencias, la depresión suele asociarse a un predominio de ondas lentas, especialmente theta y en algunos casos delta, incluso durante la vigilia. Estas ondas son necesarias para el descanso profundo y el mundo interior, pero cuando dominan durante el día producen una sensación de pesadez mental, lentitud, niebla cognitiva y falta de impulso vital. Al mismo tiempo, las ondas beta —las del enfoque, la acción y la dirección— están debilitadas.

En depresión, no es que la persona no quiera avanzar: es que su cerebro no está generando la energía necesaria para hacerlo.

Por eso, desde dentro, se vive como tristeza y también como agotamiento profundo, desconexión del deseo, pérdida de sentido y sensación de bloqueo interno. Y esto no se soluciona únicamente pensando en positivo, porque el problema no está solo en el pensamiento, sino en cómo está funcionando el sistema nervioso en su conjunto.

Desde una mirada más existencial y vital, la depresión también aparece cuando una persona vive durante mucho tiempo desconectada de su propósito, de su fuerza interna o de la sensación de avance. El ser humano no está diseñado solo para sobrevivir, sino para sentir que progresa, que crea, que aporta, que se mueve hacia algo. Cuando esa sensación se pierde durante demasiado tiempo, el sistema entra en un estado de colapso. No tanto por lo que ocurre fuera, sino por lo que deja de ocurrir dentro.

La combinación es clara: cuando un cerebro deja de anticipar futuro, pierde la recompensa del movimiento, baja la química del bienestar y su energía se repliega. Cuando una persona deja de sentir que su vida tiene dirección, también se apaga su sistema interno de activación.

Neurobiología y experiencia vital van aquí de la mano.

DIFERENCIA ENTRE DEPRESIÓN, TRISTEZA, AGOTAMIENTO EMOCIONAL Y *BURNOUT*

La tristeza es una emoción natural y necesaria. Aparece como respuesta a una pérdida, una decepción o una situación dolorosa. A nivel cerebral, se activan principalmente la amígdala (procesamiento emocional) y el hipocampo (memoria), pero el córtex prefrontal sigue funcionando con relativa normalidad. Esto permite que la persona pueda seguir tomando decisiones, proyectándose y encontrando momentos de alivio incluso dentro del dolor. La tristeza duele, pero no apaga por completo la energía vital.

El agotamiento emocional aparece cuando una persona ha dado demasiado durante demasiado tiempo sin poder recuperarse. Aquí entra en juego el sistema nervioso autónomo, que permanece activado durante semanas o meses. Predominan las frecuencias hibeta, asociadas al estrés, y empieza a resentirse el funcionamiento del prefrontal, encargado de regular las emociones, la atención y la toma de decisiones. Hay cansancio, saturación, irritabilidad, llanto fácil, pero todavía existe capacidad de sentir, de desear, de reaccionar y de imaginar un descanso como posible salida.

El *burnout* es un estado más profundo de colapso por sobreexigencia prolongada, especialmente en el ámbito laboral o del cuidado. A nivel cerebral, el estrés sostenido empieza a afectar de forma clara al equilibrio entre la amígdala, el hipotálamo y el córtex prefrontal. El sistema de recompensa dopaminérgico se desregula y aparece una sensación de vacío, desconexión emocional y pérdida de sentido. La persona ya no solo está cansada: está desvinculada por dentro. El descanso corto no repara porque el sistema nervioso ha perdido la capacidad de volver por sí solo al equilibrio.

La depresión, en cambio, es un estado aún más profundo e involucra una alteración global del funcionamiento cerebral. Afecta al deseo, al cuerpo, al pensamiento, al movimiento y a la energía vital. Se observa una hipoactivación del córtex prefrontal, una hiperactivación de la amígdala, una disminución de la actividad del sistema de recompensa (dopamina) y del sistema serotoninérgico, además de una alteración del eje del estrés (hipotálamo-hipófisis-adrenal). En términos de frecuencias, predominan estados lentos desorganizados o rápidos caóticos, sin estabilidad en beta funcional. La persona no es que no quiera: neurobiológicamente siente que no puede. La motivación no arranca, el cuerpo pesa, la mente se vuelve rígida y el futuro pierde brillo.

En resumen, la tristeza es una emoción que atraviesa, el agotamiento es un sistema cansado, el *burnout* es un sistema colapsado y la depresión es un sistema que ha perdido su capacidad natural de autorregularse.

LA DEPRESIÓN TAMBIÉN ES UN ESTADO QUE SE PUEDE REPROGRAMAR

Desde esta visión integrada, la salida de la depresión no pasa únicamente por analizar el pasado, sino por reactivar el sistema de avance del cerebro, que necesita volver a sentir:

- Que puede moverse.
- Que puede decidir.
- Que puede avanzar.
- Que puede generar pequeños logros.
- Que existe una dirección, aunque sea mínima.

Cuando empezamos a generar movimiento físico, enfoque atencional, microacciones repetidas y estados corporales de mayor energía, el cerebro comienza a modificar su química. Se aprecia un aumento de la dopamina, y una reactivación del prefrontal izquierdo, así como de las frecuencias beta de acción. La persona empieza a experimentar algo esencial: sensación interna de control. Y ese es uno de los antídotos más potentes contra la depresión.

No se trata de esperar a «sentirse bien» para actuar. Se trata de actuar de una forma nueva para empezar a sentir distinto.

En MindStudio abordamos la depresión desde un trabajo directo sobre el funcionamiento cerebral, a través de la armonización de frecuencias. Sabemos que el sistema nervioso queda atrapado en patrones de baja activación y alta rigidez, donde predominan frecuencias lentas asociadas al bloqueo, la apatía y la pérdida de energía vital, junto con una hiperactividad del frontal y prefrontal derecho vinculada al miedo, la rumiación y la sensación de falta de sentido. Por eso nuestro trabajo sigue dos movimientos que suceden en paralelo. Por un lado, activamos de forma progresiva el frontal y el prefrontal izquierdo, estimulando la aparición de beta estables, que están directamente relacionadas con la energía, la motivación, la capacidad de iniciar acciones y el deseo de moverse hacia la vida. Y, al mismo tiempo, regulamos el frontal y el prefrontal derecho, ayudando a que desciendan las frecuencias asociadas al exceso de alerta, al dolor emocional sostenido y a la desesperanza, lo que va generando una sensación creciente de estabilidad, calma interna y propósito.

Cuando el cerebro empieza a salir de ese estado rígido en el que se queda atrapado en la depresión, la persona no «se obliga» a estar mejor, es su propio sistema nervioso el que recupera poco a poco la capacidad de sentir energía, dirección y ganas de vivir. Este es el eje central de nuestro abordaje, acompañar a la mente a reorganizarse para que la emoción, la motivación y el sentido puedan volver a emerger desde dentro.

Ejercicio práctico para activar la salida del estado depresivo

Este ejercicio no busca luchar contra la tristeza ni forzar la alegría. Busca **reactivar el circuito del avance**, que es el que más se apaga en la depresión.

1. **Activa primero el cuerpo (no la mente).** Ponte de pie. Camina durante 2 minutos seguidos con un ritmo ligeramente más rápido de lo habitual. El objetivo es **sacar al cuerpo de la inmovilidad.** El movimiento es la primera señal de «salida» que entiende el cerebro.
2. **Activa la dirección con una pregunta muy concreta.** Mientras caminas, formula esto en voz baja: «¿Qué es lo más pequeño que sí puedo hacer hoy para avanzar un milímetro?». No busques grandes metas. Solo un gesto mínimo: una llamada, una ducha, un correo, salir a la luz, ordenar una mesa.
3. **Ejecuta esa acción antes de pensarla demasiado.** El cerebro depresivo analiza sin parar, pero actúa poco. Aquí se invierte el orden: primero acción → luego emoción → luego pensamiento nuevo.
4. **Registra el cambio corporal.** Tras hacerlo, observa si tu respiración ha cambiado, si tu cuerpo se siente un poco más despierto, si tu mente está mínimamente más clara. No hace falta que estés bien. Basta con estar **un poco menos bloqueado.**

Por qué funciona

Repetido cada día, este gesto tan simple empieza a reeducar al sistema nervioso: deja de vivir solo en modo retirada y empieza a recuperar el modo avance.

La depresión es un estado del cerebro, del cuerpo y de la dirección vital, va mucho más allá de la emoción.

Y, del mismo modo que se ha aprendido ese estado, el sistema también puede aprender otro. Es importantísimo que sepas que esto es así para que puedas darte la fuerza a ti y a tu cerebro para poder transformarse.

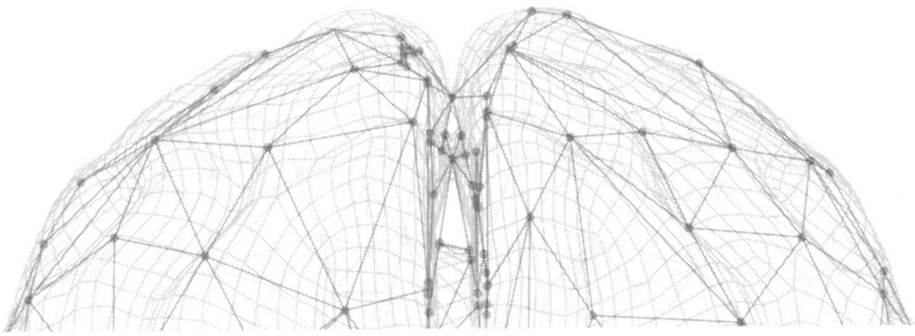

3

TRANSFORMA TU ENERGÍA

DESCUBRE EL PODER DE ELEGIR TU ACTIVACIÓN

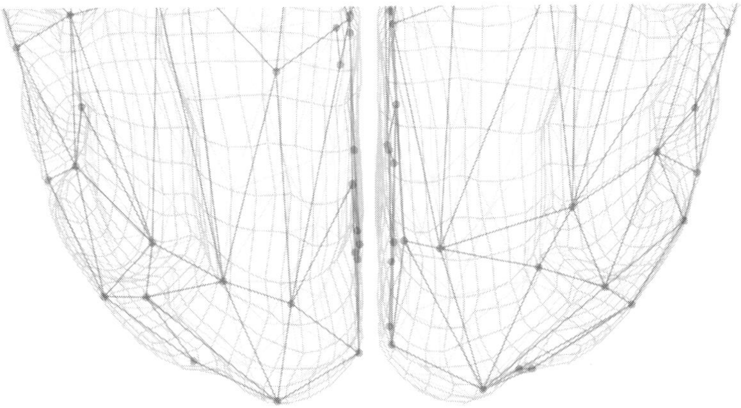

1. ¿Por qué hay días en los que siento que mi energía se apaga sin motivo aparente?
2. ¿Por qué me afecta tanto la energía de los demás?
3. ¿Por qué es más fácil absorber energía negativa que generar una positiva?
4. ¿Qué hago cuando me siento sin energía, sin nada que me ilusione?
5. Aprende a mirarte como ser electromagnético. El ejercicio más poderoso para aumentar tu energía

> Somos las abejas de lo invisible. Incansablemente recolectamos la miel de lo visible para almacenarla en la gran colmena de la energía universal.
>
> RAINER MARIA RILKE,
> *Cartas a un joven poeta* (1929)

Esto que te voy a contar casi nunca nos lo enseñan y, sin embargo, es la base de cómo vivimos, sentimos y nos relacionamos con el mundo: somos energía en movimiento. Desde el nivel más básico, todo en nosotros está formado por átomos. Pero lo más interesante es que lo que realmente mantiene esos átomos funcionando no es la materia en sí, sino la energía que los organiza, los mantiene conectados y les da estructura.

Es esa energía la que permite que nuestro cuerpo tenga forma, coherencia y vitalidad. Hace que algo tan pequeño y aparentemente caótico como nuestros átomos se convierta en células, órganos, pensamientos, emociones y decisiones. Somos un sistema energético en constante movimiento, donde lo invisible, la energía, da sentido y vida a lo visible, nuestro cuerpo.

«La materia es energía condensada en un estado particular»,
WERNER HEISENBERG.

No es algo exclusivo del cuerpo humano: esa misma lógica energética está en todo lo que nos rodea. Una piedra, un árbol, un animal o una gota de agua están hechos de lo mismo: energía en distintas formas.

«No estamos separados del universo; somos una expresión local de él»,
SEAN CARROLL.

No estamos separados del mundo que nos rodea, sino que somos una extensión de él, parte de ese mismo tejido energético, solo que con un nivel distinto de complejidad. La diferencia más clara entre nosotros y el resto de los seres y objetos es que nosotros tenemos acceso a una dimensión más amplia de esa energía. La usamos para mantenernos vivos, pero también la traducimos en pensamiento, en emociones, en lenguaje.

Somos los únicos seres capaces de observar cómo nos sentimos, de analizar lo que pensamos y de cambiar nuestra manera de estar en el mundo. Eso no lo hace una piedra ni un gato. Nosotros sí. Podemos reflexionar sobre nuestras emociones, cambiar de perspectiva, tomar decisiones que nos devuelvan equilibrio o que nos desgasten más. Tenemos acceso a un nivel de conciencia que transforma esa energía en intención, en dirección.

La energía que nos compone no es algo neutro, inamovible. Se modifica con todo lo que hacemos, con lo que pensamos, con lo que sentimos, incluso con lo que callamos. Se acelera, se bloquea, se fragmenta o se fortalece dependiendo de nuestras experiencias. Qué importante ser conscientes de esto, porque influye profundamente en nuestro estado mental, en nuestro equilibrio emocional y en nuestra capacidad de decidir.

Tu nivel energético condiciona casi todo: cómo respondes a una situación, cómo te relacionas con otros, cómo decides, a qué das importancia o incluso cómo te ves a ti mismo. Sentir o no energía no se trata solo de estar cansados o activos físicamente. Hablamos de algo más amplio, de un estado interno que influye en cada aspecto de lo que eres.

Los estados mentales afectan directamente los procesos fisiológicos.

1. ¿POR QUÉ HAY DÍAS EN LOS QUE SIENTO QUE MI ENERGÍA SE APAGA SIN MOTIVO APARENTE?

Hay días en los que parece que no has hecho nada especialmente agotador. No has tenido que correr, ni ir de un sitio a otro, ni enfrentarte a grandes problemas. Y, sin embargo, te sientes vacío, saturado, como si hubieras cargado con algo muy pesado durante toda la jornada. ¿Te suena? Es más que probable, porque es algo que nos pasa a todos en algún momento.

Y es que, aunque no haya habido un gran esfuerzo visible, sí ha habido desgaste. Mucho. Solo que ha sido interno. Tenemos la tentación de pensar que nuestro cerebro es perfecto, pero ya a estas alturas vamos entendiendo que no lo es tanto. Si fuera perfecto a nivel energético, utilizaría sus recursos concentrados en la actividad que está realizando y no los malgastaría en otras. Pero no es así. No es perfecto y decide estar trabajando todo el tiempo.

Tu mente está continuamente usando, recargando y transformando energía, pero lo normal es que no seas consciente de ello. Nos parece lógico sentirnos cansados después de haber hecho un esfuerzo físico porque es algo tangible. Notamos cómo nuestro corazón se ha acelerado, transpiramos o nos duelen los músculos. Son sensaciones inequívocas. Pero recuerda que ni se crea ni se destruye, solo se...

Has acertado. Nuestro organismo es un sofisticado transformador de energía, de forma continuada. Por ejemplo, al hacer deporte sientes cómo tu cuerpo se cansa, sin embargo tu pensamiento parece revitalizado. Lo que ocurre es que conviertes energía corporal motora en energía cerebral.

La energía de movimiento que ha ido disminuyendo ha sido capaz de transformar la que había en tu cerebro, aumentando la presencia de ondas en el rango de frecuencias beta y alpha. De hecho, si el ejercicio ha sido intenso te produce, sobre todo, ráfagas de frecuencia alpha, que proporcionan esa serenidad y calma posteriores. Esa es la razón por la que después de hacer deporte puedes sentirte muy cansado físicamente, pero te sientes con más claridad mental y con mejor ánimo. Tu energía cerebral ha aumentado.

Esto nos ocurre todo el tiempo, no solo cuando hacemos deporte; estamos continuamente transformando energía. Y a pesar de que gestionamos gran parte de nuestra energía con nuestro cuerpo, la parte de nuestro organismo que la transforma y utiliza sin descanso es nuestro cerebro. Es un gran demandante.

Tu mente anticipa, se preocupa, recuerda cosas pendientes, ensaya conversaciones, todo eso desgasta. Mucho. Pensar no es gratis. Cada vez que se engancha a algo sin resolver (una duda, una pequeña tensión), empieza un proceso de gasto interno que quizá no notas hasta que te llega el cansancio de golpe. Analiza y trabaja desde niveles subconscientes todo lo que nos rodea, es un esfuerzo continuo, de fondo.

Cada pensamiento no resuelto es una fuga lenta de energía vital.

Nuestro cerebro convierte mucha de la energía que tenemos en energía mental, y eso cansa. Volvamos al principio, a ese día en que te sientes agotado sin saber por qué. Lo que sucede es que no has hecho el suficiente esfuerzo físico y, como no usaste tu cuerpo para liberar esa energía mental, te quedas con una especie de «sobrecarga» que es pesada y termina tomando el control de tu ánimo sin que te des cuenta.

Ya de por sí el cerebro trabaja sin parar, pero hoy en día le ponemos las cosas aún más difíciles. Le damos muchísimo más para procesar: pasamos horas en redes sociales, saltamos entre mensajes, abrimos mil tareas a la vez, respondemos una mientras hacemos otra... No es solo que «miremos» algo en internet, sino que evaluamos, elegimos, entendemos, comparamos, pensamos si contestar o no, si opinar o no. Todo eso activa partes que requieren concentración, atención, lenguaje y manejo emocional. Si lo hacemos durante horas terminamos drenados, aunque no nos hayamos movido del sillón.

«El cerebro, aunque representa solo el dos por ciento del peso corporal, consume aproximadamente el veinte por ciento de la energía total del cuerpo, y gran parte de ese gasto se destina a procesos como la toma de decisiones»,

DAVID J. LINDEN.

De nuevo, el cansancio interno que esto nos produce se debe a que nuestro sistema se invade mucho de un solo tipo de energía, sin compensar después con una de otro tipo. No pasa nada por estar un rato en las redes o pendiente del móvil, pero si te quedas demasiado tiempo en una actividad de procesar mucha información y estímulos de manera rápida, tu energía se degrada, pierde calidad y pierdes ilusión. Entras en un círculo vicioso donde tu organismo se satura de recompensas rápidas y se agota.

Existe otro cansancio silencioso y es el de tener que decidir todo el día cosas pequeñas. Elegir es extenuante. ¿Respondo este mensaje ya o más tarde? ¿Hago esto primero o lo dejo para mañana? ¿Ignoro ese comentario o digo algo? Son decisiones pequeñas, sí, pero no son inocuas. Cada una activa zonas del cerebro que gestionan la planificación, el autocontrol y la resolución de conflictos. Y cuando se acumulan sin pausa, el resultado es un desgaste mental, aunque no se note al momento. En este caso nuestra energía se tiñe mucho de sensaciones de incertidumbre y de presión.

Otra energía que nos demanda mucho es la sensación de vacío. Esa sensación de haber llenado el día de cosas que no nos han devuelto nada. Tareas que hacemos por obligación, conversaciones que mantenemos por compromiso, actividades que no nos permiten conectar con nada interno. Eso tiñe nuestra energía de un halo de cansancio y oquedad, nos apaga.

Nuestro cerebro necesita un propósito para funcionar bien y, cuando no lo encuentra, entra en modo automático, algo que nos consume más de lo que creemos. No debemos pasar esto por alto, porque uno de los grandes mecanismos de transformación de nuestra energía en una mejor, más constructiva, expansiva y saludable es estar conectados con objetivos, razones internas que nos movilizan a hacer algo y que son nuestro impulso, nuestro horizonte, nuestra motivación.

Cuando vivimos con la sensación de estar «medio disponibles» de forma continua, también estamos transformando nuestra energía en una de mayor tensión. Estamos en modo vigilancia. Por si alguien llama. Por si llega algo. Por si hay que reaccionar. Ese estado medio alerta, aunque no implique moverse, exige un esfuerzo constante en el sistema nervioso.

Así que no, no estás exagerando. Hay días en los que parece que no has hecho «nada», pero por dentro ha pasado de todo. Esa es la razón por la que notas que estás «apagado» sin motivo aparente. En realidad, lo que ocurre es que tu energía se está transformando en otra que no te recarga, sino que te desgasta.

Está bien, nuestra vida es un baile entre actividades que requieren distintos tipos de energía que nos activan o desactivan. Lo importante es saber que podemos ir variándolas en función de lo que necesitamos, que podemos transformarlas y hacerlas evolucionar a otras que nos sean más útiles.

Ser guardianes de nuestra energía es el primer acto real de amor propio.

CÓMO AUMENTAR LA CALIDAD DE TU ENERGÍA

Conquistar nuestra energía en las áreas vitales y momentos en que la queremos es responsabilidad nuestra. Si no lo hacemos, estamos permitiendo que se transforme en tipos que nos vacían en vez de llenarnos de vitalidad y salud.

La manera más directa de aumentar la calidad de tu energía y de que te sientas más fuerte mental y físicamente es con el movimiento corporal. Puede ser deporte, puede ser baile, cualquier cosa que ponga en uso tus músculos y envíe a tu cerebro la señal de que estás pudiendo descargar energía más densa a través del aparato motor.

Los ejercicios de fuerza combinados con ejercicios aeróbicos son un vehículo extraordinario y saludable para regenerar tu energía. Pero no hace falta que sufras haciendo deporte que no te gusta para lograr tu objetivo. Cualquier movimiento corporal, incluso aunque dure un par de minutos, nos modifica y mejora energéticamente.

Otra manera de recargarse es crear un espacio mental dedicado solo a nosotros donde decidimos que no entre nada salvo nuestra presencia. El mero hecho de respirar profundamente conectado contigo, sin forzarte a hacer nada, dejando que tu mirada se extienda a un punto lejano, siendo, sintiéndote en ese momento y no buscando nada más es un lugar enorme para generar equilibrio energético. Sin pensar, solo estar.

Cuando haces eso, paras momentáneamente toda esa necesidad de anticipar, resolver, analizar o llenar vacíos. Solo tú contigo mismo por unos momentos. Entrenando a tu cerebro para parar cuando tú lo decides.

Esto, que *a priori* parece tan simple, es el primer eslabón sobre el que se construye el resto de nuestra estructura de energía. El cimiento de todo es poder parar, sin ningún objetivo más que estar contigo. No hace falta que medites ni que hagas ninguna técnica concreta. Solo respira lo más cómodamente que puedas, mira al horizonte y siéntete.

Tu energía no desaparece. Se dispersa cuando no pones límites, no respiras y no te das espacio para volver a ti.

2. ¿POR QUÉ ME AFECTA TANTO LA ENERGÍA DE LOS DEMÁS?

—Siento una perturbación en la Fuerza.

GEORGE LUCAS,
Star Wars: Una nueva esperanza (1977)

Puedes entrar en una habitación y, sin que nadie haya dicho una palabra, sentirte muy bien o muy mal en ese ambiente. O compartir una comida con alguien que está cabreado y, al terminar, notar que tú también estás tenso, incómodo, cansado. Sin que haya ocurrido nada visible, ni haya habido un conflicto abierto y, sin embargo, algo te ha drenado. Tu energía se ha transformado por entrar en un lugar y estar en contacto con otros.

Esto no es cosa de tu imaginación. Es parte de cómo estamos diseñados. Nuestro sistema está constantemente interpretando señales: tonos de voz, posturas, gestos, pausas, miradas, microexpresiones. Todo eso lo procesa de manera automática y lo traduce en estados internos. A veces, en milésimas de segundo. Es en definitiva una forma de supervivencia que nos viene de lejos: estamos programados para detectar si el otro es amenazante, si está disponible, si es hostil, si está estresado o si es confiable. Poder determinar esto es la esencia para poder sentirnos seguros en la vida en común.

Y no se trata solo de interpretación, sino de sincronización energética. Generamos campos electromagnéticos a nuestro alrededor, desprendemos y absorbemos energía. Si fueran visibles al ojo humano, podríamos ver las ondas que emanan principalmente de nuestro cerebro y corazón.

Estas ondas se solapan con las que emiten las personas que tenemos alrededor. Por eso no es extraño que sintamos «cosas» cuando estamos con gente. Su energía nos afecta y nosotros afectamos a la suya. A veces positivamente y otras de forma negativa. En el primer caso nos sentiremos a gusto con esa persona o grupo y en el segundo nos sentiremos como «intoxicados». Ser conscientes de este impacto que tenemos sobre otros y que al mismo tiempo otros ejercen sobre nosotros es muy importante.

«La persona que no se da cuenta de que está influenciada por el inconsciente colectivo es como una hoja que no sabe que forma parte del árbol»,
CARL JUNG.

Esto nos hace conscientes de algo que creo que todos debemos saber: tenemos una capacidad extraordinaria para afectar la energía de los demás. ¿Eres de los que contagian buena «onda» o eres de los que tienden a «absorber» a los demás? Tenemos una responsabilidad clara como alimentadores energéticos de nuestro entorno. Si quieres vivir mejor, sentirte mejor, tener mejor salud y disfrutar de la vida, no tengo duda de que ser consciente y tener ganas de transformar aquello que recibes en algo más expansivo es el camino para lograrlo.

Esto ocurre también porque nuestro cerebro lee señales sociales y se adapta a ellas. Y lo hace en gran parte a través de las neuronas espejo, descubiertas en los años noventa por Giacomo Rizzolatti y su equipo en Italia. Se activan cuando realizamos una acción y cuando observamos a otra persona hacerla. Pero su función va más allá de imitar movimientos, también replican emocionalmente el estado del otro, permitiéndonos ponernos en su lugar, anticipar su intención o sentir lo que siente, al menos en parte.

Por ejemplo, si alguien que está contigo suspira de forma contenida, aprieta la mandíbula y no dice nada, tu sistema lo registra como una señal de tensión. Las neuronas espejo no solo procesan lo que vemos, sino que activan patrones similares en nuestro propio cuerpo. Nuestro pecho puede contraerse sutilmente, nuestra respiración hacerse más superficial. Es como si, sin proponérnoslo, empezáramos a «acomodar» nuestro estado al del otro. No imitamos de forma consciente, nuestra corporalidad habla sola.

LA IMPORTANCIA DE CONOCER NUESTRO IMPACTO ENERGÉTICO

Algo que siempre me ha impresionado mucho en mi actividad como neurocientífica, en mis centros de entrenamiento, es poder leer a tiempo real, a través de un EEG, cómo la presencia de otra persona altera tu patrón de frecuencias cerebrales. Es decir, cómo el mero hecho de tener a alguien cerca de ti hace que tu cerebro cambie. Incluso cuando solo es presencia física sin necesidad de interactuar o hablar. Nuestra mente inicia un diálogo silencioso con las mentes que tiene alrededor y entre ellas comparten energía sin que nosotros seamos conscientes.

A lo largo de estos dieciséis años he podido apreciar cómo hay presencias que calman la actividad cerebral y otras que la tensionan. Por supuesto esto no queda aquí si impactamos en otros y otros impactan en nosotros cuando no somos conscientes, es lógico pensar que cuando hay una intención en esa comunicación, y se hace de manera consciente, todo se sobredimensiona. Y esto es medible.

Cuando dos personas interactúan de forma cercana y sostenida, ya sea conversando, compartiendo una actividad o simplemente estando presentes una junto a la otra intentando establecer una conexión, sus cerebros tienden a sincronizarse, como si buscaran una frecuencia común. Podemos leer a través de un EEG cómo las ondas cerebrales se alinean, mostrando patrones de actividad eléctrica similares, sobre todo en bandas como alpha y theta. Esto se ha investigado en neurociencia social, como los estudios realizados por el laboratorio de Uri Hasson en Princeton o por la Universidad de Aalto en los que han comprobado que durante la comunicación efectiva los cerebros del hablante y del oyente se acoplan en tiempo real, reflejando una especie de «danza» neurológica compartida. Es asombroso porque esta coherencia sugiere que no solo compartimos ideas y emociones, sino también ritmos eléctricos, lo que revela el poderoso impacto que tienen nuestras frecuencias cerebrales en las relaciones humanas.

Un ejemplo adicional y muy ilustrativo se da cuando varias personas realizan una actividad conjunta, como tocar música en grupo, resolver un problema colaborativamente o ver una película al mismo tiempo. Estudios usando EEG y espectroscopía funcional por infrarrojo cercano (fNIRS) han demostrado que, al compartir la atención en una misma tarea, los cerebros de los participantes tienden a alinearse en tiempo real, sobre todo en zonas relacionadas con la atención, el lenguaje y la percepción.

Un estudio del Instituto Max Planck, por ejemplo, mostró que, durante una clase, los estudiantes cuyos cerebros estaban más sincronizados entre sí (y con el del profesor) también eran los que comprendían mejor el contenido. Una prueba más de que nuestra mente no opera de manera aislada, sino que responde a nuestro entorno social, ajustando y adaptando sus frecuencias al «ritmo» colectivo. Es decir, nuestras ondas cerebrales no solo reflejan nuestros procesos internos, sino que también se ven moldeadas por la presencia y el estado mental de quienes nos rodean, generando una forma de resonancia interpersonal que ocurre incluso sin contacto físico.

Esto es parte de lo que nos permite vivir en sociedad, interpretar intenciones, cuidar al otro, coordinar acciones. Pero también lo que nos vuelve sensibles. En especial cuando estamos cerca de personas negativas, ansiosas o agresivas: su carga emocional nos alcanza, aunque no la expresen verbalmente, y nuestro sistema responde como si fuera propia.

Por eso, regulamos nuestra energía en relación con los demás. No funcionamos como sistemas aislados. Nuestro estado interno se ajusta, a veces por empatía, otras por pura inercia, a lo que ocurre alrededor. Si alguien llega cargado de prisa, frustración o irritabilidad, tendemos a entrar en esa frecuencia.

Esto es especialmente evidente en contextos donde se espera que sostengamos emocionalmente al otro. Por ejemplo, cuando acompañamos a alguien que está atravesando un momento difícil, aunque no lo diga. Entramos en un modo muy receptivo: activamos más que nunca nuestra capacidad de escuchar, mantenemos un equilibrio en nuestras emociones adecuado para no incomodar. Todo eso demanda mucha energía, aunque no hablemos. Pero nuestro cerebro está leyendo el entorno, absorbiendo esa energía y modulándose en función de ella. Un gran trabajo cerebral.

También pesan mucho los ambientes sociales donde hay códigos establecidos. Los códigos imponen un tipo de energía. En algunos entornos hay una presión sutil pero real por sostener el «clima», contener tensiones, suavizar roces. En una comida familiar cargada, en una reunión con silencios densos, en una conversación donde algo está fuera de lugar pero nadie lo nombra, nos vemos regulando no solo lo que sentimos, sino lo que el otro no puede o no quiere expresar. Y eso agota. Es un proceso fisiológico profundo: ocurre sobre todo con personas cercanas o cuando la carga emocional está presente, pero se acalla.

Y ahí encontramos un punto crítico: nos impacta más lo que no se dice que lo que se expresa con claridad. Cuando alguien está visiblemente tenso o dolido, pero lo niega o lo oculta, nuestro sistema entra en alerta. Intuimos la contradicción y eso nos obliga a leer entre líneas. Esa lectura constante desgasta más que una emoción incómoda expresada con honestidad.

Por eso es tan importante entrenar una regulación interna que nos permita distinguir entre lo que es nuestro y lo que es absorbido.

No todo lo que sentimos nos pertenece. A veces simplemente estamos resonando con lo que el otro no puede contener.

Para tener más poder sobre lo que nos pertenece o no, necesitamos fortalecer nuestro cerebro, en concreto los lóbulos frontales, que son las regiones encargadas de tomar perspectiva, modular impulsos, decidir con claridad y protegernos de la reactividad. Estas áreas cerebrales se entrenan mediante distintas técnicas para que puedan amoldarse con mayor facilidad y reduciendo el desgaste. En MindStudio realizamos ejercicios de armonización de frecuencias donde hacemos trabajar las zonas del córtex frontal y prefrontal derecho para que tengan un nivel de activación adecuado. El resultado es una mayor capacidad de percibirse a uno mismo en sus posibilidades, pero también en sus necesidades, y una mayor habilidad para establecer los límites necesarios, cuidando la estabilidad emocional y física. Eso implica relacionarse con los demás de forma empática a la vez que saludable, no entregando ni recibiendo más de lo que mantiene tu sistema estable y sano.

Aprender a devolver al mundo lo que no es nuestro también es una forma de salud.

CASOS MINDSTUDIO: ARMONIZACIÓN DE FRECUENCIAS PARA CUIDAR LA ENERGÍA Y NO INTOXICARSE

Marta, de 39 años, llegó a MindStudio agotada por algo que no sabía nombrar. Me dijo que entraba a reuniones o comidas familiares sintiéndose bien y salía con una tensión que no le pertenecía. Su cuerpo absorbía la energía emocional de los demás como si fuera una esponja. Se daba cuenta de que, cuando alguien estaba irritado o ansioso, ella se contraía de forma automática: su pecho se apretaba, su respiración cambiaba, su mente empezaba a anticipar. Era exactamente el tipo de sincronización energética y neurológica que he descrito: su sistema se alineaba con la frecuencia emocional ajena, en mayor medida con personas de carácter dominante o con cargas que no se expresaban, pero que se «sentían» en el ambiente.

Durante las primeras sesiones de armonización de frecuencias se observó una clara hiperactivación en el lóbulo frontal y el prefrontal derecho, lo cual explicaba esa tendencia a captar señales sociales en exceso, a leer microgestos que el otro ni sabía que hacía y a entrar en sus estados emocionales sin filtro. Trabajamos también el prefrontal izquierdo, clave para la claridad y la capacidad de poner límites sin sentir que estaba haciendo algo mal. La idea era fortalecer las zonas responsables de tomar perspectiva, decidir desde uno mismo y evitar esa intoxicación energética que tanto la desgastaba.

A la tercera sesión empezó a notar algo distinto: percibía la tensión de los demás, sí, pero ya no se le «metía dentro». Su cuerpo reaccionaba menos, como si su sistema hubiera recuperado un pequeño espacio interno que antes no existía. En la cuarta sesión tuvo una conversación importante con una compañera con la que siempre se sentía intimidada. Me dijo: «Pude escucharla sin absorberla». Ese fue el punto de inflexión.

Al terminar la quinta sesión, Marta describió su experiencia con una frase muy precisa: «Por primera vez no me intoxico. Sigo siendo empática, pero no me pierdo». Había aprendido a distinguir lo suyo de lo ajeno, a regular su energía frente a la de otros y a poner límites sin sentir que estaba fallando a nadie. La armonización de frecuencias le permitió fortalecerse sin endurecerse: seguir conectando, pero sin perderse a sí misma.

Daniel, de 28 años, llegó con un patrón distinto, pero igual de doloroso. Me decía que cada vez que alguien estaba triste, preocupado o enfadado, él «automáticamente» sentía que tenía que arreglarlo o que era, de alguna forma, responsable. Notaba cómo se tensaba su cuerpo cuando alguien suspiraba, cuando un silencio se volvía denso o cuando detectaba una emoción que el otro no nombraba. Sentía esa contradicción interna que tanto nos descoloca: lo que la persona muestra no coincide con lo que su cuerpo transmite, y su sistema entraba en alerta sin que él pudiera evitarlo. Era un caso muy claro de hipersincronización energética y de un sistema nervioso acostumbrado a leer entre líneas desde pequeño.

En su EEG se veía con claridad una sobreactivación en el prefrontal derecho, típico en personas que están constantemente escaneando el entorno emocional. Su cerebro se adelantaba a las intenciones, tensiones o silencios ajenos. También se veía una menor activación en el prefrontal izquierdo, responsable de reinterpretar, relativizar y separar responsabilidad emocional propia y ajena. El entrenamiento de armonización de frecuencias buscó equilibrar ambas zonas: fortalecer su capacidad de contención interna y, a la vez, reducir la tendencia automática a absorber los estados de los demás.

El cambio apareció rápido. A la tercera sesión, Daniel me dijo algo que marcó el giro: «Sigo notando cuando alguien está mal, pero ya no siento que tenga que cargarlo yo». Era como si su cerebro hubiera recuperado un límite natural que siempre había estado ahí, pero que nunca había podido usar. Empezó a ver que la tensión que sentía no era suya, sino una resonancia. Y, por primera vez, entendió que no era su culpa: que su sistema simplemente había aprendido a leer demasiado y demasiado pronto.

Este *insight* lo liberó profundamente. Dejó de sentirse responsable de emociones que no le pertenecían y pudo sostener su energía sin que se desbordara hacia la carga de otros. Al final del proceso, Daniel comprendió algo esencial: «No me pasa nada malo. Solo que antes confundía mi sensibilidad con responsabilidad».

Su sensibilidad seguía intacta, pero ahora estaba acompañada de un sistema cerebral fortalecido, capaz de reconocer cuándo devolver al mundo lo que no es suyo.

Ejercicio para que tu cerebro te ayude a marcar los límites

Cuidar de tu energía es necesario para que vivas con salud y extiendas salud a tu entorno. Podemos entrenar la capacidad de separar ámbitos, de saber cuándo acompañamos y cuándo simplemente nos contagiamos.

¿Cómo protegerte mejor de las energías de otras personas que pueden estar afectándote?

1. **Anota cinco personas y/o situaciones que te drenan actualmente de energía porque sientes que necesitan tu cuidado.**
2. **Cierra los ojos**, respira varias veces profundamente, inhalando y exhalando por la nariz.
3. **Imagínate que estás dentro de una burbuja transparente muy grande**, que te deja moverte y respirar con libertad, desde donde puedes ver el exterior y soltar tu energía y aire hacia el exterior. Pero el exterior no puede entrar en tu burbuja, estás en tu espacio protegido.
4. **Ahora, en cada exhalación imagina que el aire que sueltas tiene tu color preferido** y que la burbuja se llena suavemente de este aire; puede tener una temperatura y un olor que también te guste. Es un espacio que has creado para ti.
5. **Conecta con la emoción de autoagradecimiento,** piensa en la persona que te has convertido, después de ser un niño o una niña, de toda la fuerza que has demostrado, de lo valiente que has sido en todo este tiempo cuando lo necesitaste. Date las gracias por

haber llegado hasta aquí y siente un amor profundo hacia ti.

6. **Desde esa emoción, imagina cada una de las cinco personas o situaciones** que te drenan energía, que te desgastan, dentro de sus propias burbujas flotando alrededor de la tuya.
7. **Con suavidad, llama a cada una de esas burbujas,** acércalas a ti una a una hasta que tocan la pared de la tuya y traspásales aire de tu color, ese aire está cargado de amor por ti. Tu aire tiene tu energía amorosa.
8. **Llena una a una esas burbujas mientras te dices, «te paso mi energía, mi amor, pero te dejo ir con ella, te cuido desde la distancia, pero yo me quedo en mi burbuja».**
9. **Empuja con delicadeza cada una de esas cinco burbujas** para que, cuidadas con tu energía, puedan apartarse de ti libremente, sabiendo que tú velas por ellas.

Por qué funciona

Este ejercicio es simple y poderoso, permite a tu cerebro posicionarse en un lugar de cuidado hacia ti y también de cuidado hacia otros desde tu energía amorosa, pero sin traspasar tus límites. Te visualiza en un lugar protegido desde donde tú repartes tu energía, sin permitir que las otras te invadan. Estarás ejercitando de manera directa tu lóbulo cerebral frontal derecho y, con ello, te estarás cuidando.

Tú generas energía para ti con tus respiraciones, con tu emoción, pero nadie puede cambiártela.

3. ¿POR QUÉ ES MÁS FÁCIL ABSORBER ENERGÍA NEGATIVA QUE GENERAR UNA POSITIVA?

> La humanidad tiene una tendencia natural a fijarse más en lo que duele que en lo que ilumina.
>
> WILLIAM JAMES

¿Te has dado cuenta de que tienes días especialmente sensibles en los que todo lo que te sucede te impacta de forma excesiva? En los que una sola frase mal dicha, un gesto un poco cortante o un mensaje ambiguo te provocan una reacción muy intensa que hace que cambie cómo te sientes y entres en una espiral negativa, como si te secuestrara un estado de ánimo más oscuro del que desearías. Tu punto de partida quizá era la calma, con una disposición buena, pero ocurre algo y te cuesta mantener lo positivo, que se vuelve más frágil y efímero. En cambio, la negatividad parece tener mucho más peso y tiempo para desplegarse.

Es normal, nos pasa a todos y la explicación tiene que ver con nuestra energía y mecanismos de supervivencia, que necesitan un bajo consumo para activarse. Si tu nivel energético es bajo, por lo que sea, si estás cansado, no has dormido lo suficiente o estás acumulando semanas y meses con mucha carga, tienes mucha más probabilidad de que estos días «especialmente sensibles» formen parte de tu realidad.

Nuestro cerebro está programado para detectar y priorizar la información amenazante. Esto no es una falla del sistema, es parte de su diseño evolutivo. Durante miles de años, prestar atención al peligro, más que al bienestar, ha sido lo que nos ha permitido sobrevivir. A pesar de vivir en un siglo donde no hay tanto peligro de vida o muerte como los de nuestros antepasados prehistóricos, en gran medida nuestro cerebro sigue manteniendo los mismos patrones y, por eso, ante cualquier señal de tensión, conflicto o incomodidad, activa de inmediato su alerta, enciende la amígdala, nos tensa el cuerpo para que se prepare para defendernos, y todo lo demás queda en segundo plano.

La energía negativa, propia o ajena, tiene ese efecto inmediato: activa el circuito de supervivencia. No necesita ser intensa ni explícita. Puede ser una mirada evasiva, un silencio frío, una crítica. Pero nuestro cerebro tiende a registrarlo como una posible amenaza social y responde con tensión, con hipervigilancia, con irritabilidad. En ese momento, su prioridad no es que te desarrolles ni que te sientas bien, sino que te protejas. Y todo esto lo hace de manera muy rápida, comandado por la amígdala y sin dejar tiempo al resto de las regiones cerebrales de procesar la información a fondo. Lo importante aquí es alertar. Mejor pecar de precavidos que de temerarios, es el pensamiento natural de nuestra mente.

La energía positiva, en cambio, funciona de otra manera. No se impone, no es una respuesta inmediata, sino que nos exige el esfuerzo de construirse. Tenemos que fabricarla. Biológicamente no es una prioridad, así que generarla conlleva un gasto, no sale de forma innata si no has acostumbrado a tu sistema a que lo haga. Necesita intención, tiempo, repetición y contexto seguro. La alegría, el entusiasmo o la gratitud no activan el sistema de defensa, sino el sistema de conexión y recompensa, que está regulado por circuitos más lentos, como los que involucran al córtex prefrontal y al núcleo accumbens. Para que estas emociones se consoliden, nuestro cerebro necesita permanecer el tiempo suficiente en ese estado, sin interrupciones ni sobresaltos. Por así decirlo, son lujos que se puede permitir cuando ve que no hay amenazas, para él siempre van a estar en segundo plano. Quien manda es la supervivencia, no el disfrute.

La neuroquímica de la alerta es más rápida que la del disfrute. Cuando sentimos una amenaza nuestro cuerpo reacciona enseguida liberando adrenalina y cortisol. Son las hormonas del estrés. Se nos acelera el corazón, tensamos nuestros músculos para actuar o huir, y nuestra mente se pone en guardia. Esos días en los que estás tan sensible tu cerebro no tiene energía para evaluar ni dar explicaciones.

Lo positivo, en cambio, funciona de otra manera. Cuando algo nos hace sentir bien, liberamos dopamina, oxitocina y serotonina. Estas hormonas también influyen en nuestro bienestar, pero lo hacen de forma más lenta y sutil. No generan una sacudida inmediata como el estrés, sino una sensación agradable que va construyéndose poco a poco.

Por eso, muchas veces sentimos que lo negativo nos «entra» más fácil, mientras que lo positivo necesita repetirse o mantenerse en el tiempo para notarse de verdad. No es que valga menos, sino que actúa de forma distinta.

Otra razón por la que lo negativo se impone con más facilidad tiene que ver con el modo que tiene la mente de almacenar y recuperar los recuerdos. Las experiencias negativas tienden a quedar más marcadas, no porque sean más importantes, sino porque activan con más intensidad las regiones encargadas de registrar la información emocional.

En concreto, el hipocampo, que es el área clave en la consolidación de la memoria, trabaja junto con la amígdala cuando vivimos algo con alta carga emocional. Si lo que ocurre nos estresa, nos hace pasar miedo o vergüenza, nuestro cerebro lo interpreta como importante para nuestra supervivencia, y lo integra con más fuerza. Esa «prioridad» hace que se nos quede bien grabado, aunque no queramos. Por eso una sola crítica nos suele afectar más que varios halagos.

Nuestro cerebro no graba en su memoria lo más justo o equilibrado, sino lo que considera más útil para protegernos en el futuro.

Absorber energía negativa es más fácil porque está alineado con la parte más antigua y reactiva de nuestro sistema cerebral. Lo positivo requiere tiempo e intención, porque no se impone desde el miedo, sino que se cultiva desde la apertura. Lo uno protege; lo otro transforma. Pero mientras lo primero ocurre por defecto, lo segundo necesita ser elegido. Así que, sin duda, nos afecta más lo negativo y además nos llega más rápido.

La energía positiva es un músculo Y, como tal, necesita que lo ejercitemos para fortalecerse.

4. ¿QUÉ HAGO CUANDO ME SIENTO SIN ENERGÍA, SIN NADA QUE ME ILUSIONE?

A veces el alma se cansa antes que el cuerpo.

FERNANDO PESSOA

Sentirte sin ilusión y desfondado es un claro síntoma de que tu sistema está cansado e intentando comunicarse contigo. Te habla apagándote. Te indica que la energía que contienes no tiene la suficiente intensidad. Entonces es momento de detenerse. No para hacer más, sino para dejar de hacer lo que te aleja de ti. Cuando tu nivel energético está bajo, no siempre necesitas dormir o descansar más, muy probablemente lo que necesitas es recordar lo que te hace sentir vivo.

Aquí tiene mucho que decir la dopamina, el neurotransmisor de la motivación, que no se activa solo con logros sino que también lo hace con dirección y propósito. Soñar, proyectar, imaginar una posibilidad, ya moviliza tus circuitos de recompensa. Por eso, incluso si no tienes claridad, con que sientas un pequeño «sí» dentro de ti, tu sistema empieza a reorganizarse. Esto se llama sesgo de anticipación. Ante la posibilidad del placer, de vivirlo, se libera esta hormona. Esto es muy importante para poder activar nuestra energía vital, te lo explico más adelante.

¿Cuántas veces te has sorprendido respondiendo «bien» cuando alguien te pregunta cómo estás, aunque por dentro no sepas cómo te sientes? Puede que no estés especialmente triste, no estás mal…, pero tampoco estás «bien». Te levantas, haces lo que tienes que hacer, funcionas. Y, sin embargo, te faltan ganas, te percibes apático. Te cuesta encontrar algo que te entusiasme de verdad y es posible que te des cuenta de que los planes que antes te ilusionaban, o las ideas que solían movilizarte ahora no despiertan mucho dentro de ti. Quizá sientas como si tuvieras una especie de neutralidad interna. Como si estuvieras en pausa, sin saber muy bien desde cuándo.

Debes saber que este estado de desconexión no es una señal de debilidad emocional, sino una respuesta inteligente de tu cerebro.

Nuestro cerebro regula constantemente el nivel de energía, atención y motivación en función de lo que percibe como valioso o necesario. Y cuando llevamos demasiado tiempo en modo «cumplir», «responder», «sostener», sin contacto con algo que nos mueva por dentro, nuestro sistema baja la intensidad, se quema. Es su manera de protegerse, para que no le sigamos agotando con días sin un propósito claro que nos haga reconocernos vivos y activados.

Lo que sentimos en esos momentos es literalmente una bajada de ganas, de impulso: el sistema dopaminérgico funciona más lento de lo normal. Esta red conecta regiones clave como el área tegmental ventral, el núcleo accumbens y la corteza prefrontal y no se activa con la rutina ni con la obligación, sino cuando anticipamos algo que deseamos, cuando se atisba una recompensa emocional. Es decir, no podemos forzar la motivación, que se gusta saboreando ganancias futuras. Y cuando todo lo que hacemos responde a lo externo, a lo urgente, a lo que se espera de nosotros, dejamos de proyectar hacia delante. Funcionamos, pero sin impulso, y eso es la desconexión.

Esto seguramente lo percibes en tu vida diaria: un trabajo que antes te entusiasmaba, pero que, después de semanas de prisa, reuniones y tareas automáticas, ya no te hace sentir igual. Puede que tengas tiempo libre y no sepas qué hacer con él. Quizá salgas con amigos y sientas que estás presente, pero no conectado. O que haya días que, aunque estén «en orden», te dejen la sensación de haberlos malgastado.

Esto no es por falta de motivación interna, sino por saturación. Nuestro cerebro, cuando está sobrecargado de estímulos, tareas, pantallas o decisiones, pierde sensibilidad. No distingue lo importante de lo accesorio. Se vuelve eficiente, pero opaco. Responde a lo necesario, pero deja de registrar lo que podría hacernos bien.

Todo esto me lleva al que creo que es el factor fundamental para sentirnos vivos y con ganas de disfrutar nuestros días: nuestro sentido vital, nuestro propósito. La mente necesita comprender para qué hace lo que hace. Si lo que vivimos no se vincula con algo que nos importe de verdad, aunque sea a pequeña escala, nuestro sistema de recompensa no se activa. Lo que hacemos puede estar bien hecho, pero no deja huella interna.

¿Qué tiene valor para nosotros? Aquello que enciende nuestro espíritu, que notamos como una chispa interna que nos conecta con quienes somos y quienes queremos ser en esta transformación continua. Vivir de forma sostenida sin tenernos en cuenta, sin escucharnos, es la principal causa de drenaje energético. Nos vacía, pero no solo eso, sino que también nos enferma. Mi experiencia en estos años es que si tu cerebro y tu organismo viven forzados y de espaldas a lo que realmente te hace sentirte tú mismo, con sentido, alineado con tus valores, con tus deseos, el resultado, antes o después, tiene forma de enfermedad, de bloqueo, de falta de alegría vital.

No siempre estamos cansados porque hacemos demasiado, sino porque hacemos muy poco de lo que nos gusta.

¿Qué hacer entonces? ¿Cómo podemos salir de este estancamiento energético? Pues es más sencillo de lo que parece. Posiblemente al leer la pregunta te ha venido un pensamiento rápido de que hay que esforzarse para lograrlo.

Que la respuesta va a ser una serie de pautas más o menos rígidas que tienes que seguir. Que existe un manual exterior que debes aplicarte. Pero lo cierto es que no es así. En este caso, el «trabajo» para llenarte de buena energía es que no haya trabajo, que tu sistema no sienta presión, sino libertad, que le dejemos hablar y expresarse. Recordarle que él ya sabe cómo hacerlo, que lo ha hecho en el pasado.

A lo largo de nuestra vida todos hemos experimentado lo que es tener buena energía, alegría de vida, ilusión. Si podemos echarla de menos, es justo por eso. Lo importante aquí es saber que todo lo que has vivido se ha quedado registrado en ti. Cada emoción, acción, pensamiento han sido evaluados y procesados cerebralmente, también con el cuerpo, y han dejado una huella. Estamos llenos de esas marcas, incontables pero registradas en nuestro subconsciente. Nuestro cerebro las guarda en ese lugar al que no tenemos acceso de continuo, sería demasiada información como para tenerla a flor de piel. Pero no ha desaparecido.

La información y procesamiento del subconsciente, es decir, de todo aquello a lo que no tenemos acceso de forma racional, que no podemos percibir, es la mayor parte de nuestra actividad cerebral. Se habla de un noventa y cinco por ciento. Es tanto como decir que estamos ciegos a casi todo lo que procesa nuestro organismo. Es como si nuestra mente tuviera un enorme almacén en el sótano de nuestra casa donde guarda la gran mayoría de sus reservas. Solo sube a la zona que habitamos a diario lo mínimo imprescindible. Algo así como el cinco por ciento del total. Además, se acostumbra a lo que ya ha subido y le da pereza bajar a buscar elementos nuevos, así que ese poco con el que vive en el día a día se vuelve una costumbre y se le olvida que puede bajar a buscar nuevas reservas cuando lo que utiliza a diario deja de funcionarle.

Con la energía vital ocurre algo parecido. Tu cerebro se acostumbra a vivir con lo que ha ido utilizando en el último tiempo y se le olvida que puede bajar al sótano del subconsciente a buscar refuerzos si es que se le están acabando, sobre todo después de periodos en los que te has negado a escuchar tus necesidades de pasarlo bien, de sentirte libre, conectado contigo o con ilusiones que cumplir. Total, ¿para qué va a buscar nada si en el día a día solo te fijas en lo que debes hacer y no dejas margen para «jugar» con lo que quieres hacer o ser? Los juguetes del disfrute se quedan guardados, para que no estorben en el piso de arriba.

Creo que ya te estás imaginando cuál es la solución. Vamos a enviar al cerebro al sótano a buscar todas esas emociones expansivas, alegres, energéticas que tiene guardadas y vamos a pedirle que nos las ponga a la vista y nos deje usarlas. Pero le tenemos que ayudar, porque a él se le ha olvidado que las tiene y dónde las ha metido. Y esa es nuestra única misión para volver a experimentar esa energía vital. Recordarle cómo se sentía para que reconozca dónde está y nos la suba a nuestra vida diaria.

Ejercicio para que nuestro cerebro recuerde la energía vital

Esta vez el ejercicio se basa en que lo pases bien y te sueltes. Quizá no deberíamos llamarlo ejercicio, sino juego. Debes transportarte a la sensación que quieres volver a vivir como si de verdad ya estuviera ocurriendo. Consiste en darle a entender a tu cerebro que eso que quieres que te suba del sótano ya lo estás celebrando por anticipado, ya lo tienes en ti. Para ello lo que más puede ayudarte es que **visualices una situación ya vivida donde estabas sintiendo esa energía, ese impulso, esa ilusión de la que quieres llenarte ahora. Ponte cómodo, cierra los ojos y recréate. Navega por tus sentidos**, intenta escuchar, ver, oler, sentir aquello que estaba presente entonces. No tengas presión, no pasa nada porque entres y salgas de ese estado, tampoco porque no lo logres a la primera; solo con la intención de conseguirlo y que puedas verte mínimamente cuando te sentías así, ya es una manera poderosa de darle pistas a tu mente de dónde buscar.

Si no eres capaz de rememorar una situación de este tipo, imagina una, ponte creativo y diséñala a tu gusto. La emoción seguro que la tienes dentro, porque la echas de menos. Solo con imaginarlo ya estás moviendo tu neuroquímica y estructuras cerebrales que empiezan a recordar cómo trabajaban para producirte esas sensaciones.

Se lo puedes hacer más fácil aún en esa búsqueda. Puedes hacerle un pequeño mapa que consiste en escribir qué sentías, que elementos estaban presentes o cuáles quieres que haya. No tienen por qué ser grandes pensamientos, son aspectos muchas veces muy básicos, pequeños detalles que marcan la diferencia entre sentirse muy vivo o sentirse vacío. Escribe todo lo que te venga a la mente. ¿Recuerdas que te comentaba que nuestro circuito dopaminérgico tiene la habilidad de activarse solo con la anticipación del placer? Lo puedes aprovechar a tu favor, porque al ir anotando o imaginando lo que quieres sentir ya lo estás poniendo a trabajar para ti en esta búsqueda de energía.

**La energía que anhelas la tienes dentro,
solo necesitas guiar a tu organismo
para que sepa dónde buscarla.**

Por qué funciona

Cuando empiecen a subir del sótano estas nuevas sensaciones y energía, todo tu sistema empezará a movilizarse, a ilusionarse y cada vez querrá subir más. Es gradual, solo necesitas activar la primera búsqueda, a partir de ahí te resultará mucho más fácil.

Esta energía siempre está unida a que estés viviendo mirándote de frente, a ti y a tus necesidades y deseos. Si no te reconoces en lo que haces o piensas, la pierdes. Siempre que uno de tus propósitos vitales sea proteger la alegría de vivir a través de la presencia de esos pequeños o grandes aspectos que te reconcilian contigo mismo, estarás consiguiendo que tu cerebro no envíe al sótano aquello que es imprescindible para que te sientas vivo y con ilusión. Pónselo fácil: si él se olvida, no permitas que tú te olvides.

CASOS MINDSTUDIO: ACTIVANDO LA ENERGÍA VITAL MEDIANTE PROTOCOLOS ALPHA-THETA

Laura, de 42 años, abogada, llegó a MindStudio con un estado muy frecuente en perfiles de alta responsabilidad: cumplía con todo, respondía bien en su trabajo y mantenía su vida organizada, pero internamente se sentía desconectada. No estaba mal, pero tampoco bien. Había perdido iniciativa, motivación y la capacidad de interesarse por cosas que antes disfrutaba. Su energía era baja y describía sus días como «planos», con independencia de lo que hiciera. Era un patrón típico de un sistema dopaminérgico ralentizado por exceso de funcionamiento automático y poca conexión con lo valioso para ella.

Durante las primeras cuatro sesiones trabajamos la armonización de frecuencias en el lóbulo frontal, el prefrontal derecho (relacionado con la carga emocional y la anticipación constante) y el prefrontal izquierdo (clave para la motivación, la dirección y la activación del propósito). Los cambios iniciales fueron sutiles pero claros: algo más de presencia, un poco menos de ruido mental y momentos puntuales en los que recuperaba pequeñas ganas de hacer cosas que había dejado de lado.

El cambio significativo llegó en la quinta sesión, cuando realizamos el entrenamiento alpha-theta, un protocolo que facilita un estado de introspección profunda y un acceso mayor al subconsciente. En su registro cerebral observamos un aumento estable de ondas theta, asociadas a estados internos profundos, y un patrón alpha más uniforme, reflejo de calma y receptividad emocional.

Al terminar la sesión, Laura notó una sensación interna nueva para ella en los últimos años, una energía vital más clara, una especie de «activación tranquila». No era euforia ni impulso artificial, sino una reaparición natural de dirección interna.

Lo más relevante fue lo que ocurrió en los días siguientes. Laura empezó a actuar de manera distinta, espontánea. Por ejemplo, llevaba meses diciendo que quería retomar el hábito de caminar por las mañanas, pero nunca encontraba el momento. Dos días después de la sesión, se despertó y salió a andar sin pensarlo demasiado. No como obligación, sino porque le apetecía. También volvió a escuchar música mientras preparaba casos en el despacho, algo que antes le daba energía y que había dejado de hacer.

Estos pequeños cambios, levantarse con más claridad, recuperar hábitos que la conectaban, tomar decisiones sencillas sin arrastre emocional, indicaban que su cerebro había reactivado sus circuitos de motivación y anticipación positiva.

Javier, de 35 años, diseñador gráfico, llegó a MindStudio y se sentía sin ganas, con dificultad para disfrutar y con la sensación de que todos los días eran iguales. Hablaba de una especie de «apagamiento» que lo acompañaba desde hacía meses. Sus proyectos personales estaban parados, y aunque sabía que antes le ilusionaban, ahora no encontraba dentro de sí ninguna señal que lo impulsara.

Para empezar, realizamos dos sesiones iniciales enfocadas a estabilizar su estado emocional y reducir la saturación mental. Trabajamos el lóbulo frontal, para mejorar su claridad interna, y el prefrontal derecho, que en su caso estaba sobreactivado, como ocurre cuando una persona lleva mucho tiempo sosteniendo demandas internas sin descanso. Después de esas dos sesiones, Javier notó que su mente estaba algo menos tensa y que podía identificar mejor qué sentía, aunque todavía sin experimentar cambios reales en su energía vital.

El avance significativo llegó en la tercera sesión, cuando realizamos el entrenamiento alpha-theta. En su EEG se vio una regulación mucho más clara de sus frecuencias y un patrón que indicaba que su sistema estaba entrando en un nivel de conexión interna más profundo de lo habitual. Al terminar, Javier comentó que notaba «otra calidad de energía», más limpia, más disponible, aunque aún sin poder describirla del todo.

La diferencia se hizo visible en los días siguientes. Javier llevaba casi un año sin iniciar ningún proyecto personal porque, según decía, «no sentía nada por dentro». Dos días después de la sesión, al llegar a casa, abrió su cuaderno de bocetos. Dibujó durante un rato corto pero suficiente para sorprenderse: hacía meses que no tomaba esa iniciativa sin obligarse. También volvió a leer un poco antes de empezar la jornada, un hábito pequeño que siempre lo centraba y que había abandonado sin darse cuenta.

Estos gestos mostraban lo esencial: su energía vital había empezado a moverse de nuevo, su motivación se reactivaba y su cerebro, que llevaba tiempo en modo automático, estaba recuperando su capacidad natural de anticipar algo positivo.

Estos dos casos, entre muchos otros, muestran algo que vemos con frecuencia en MindStudio: cuando las frecuencias cerebrales recuperan su equilibrio, la energía vital aparece por sí sola y la persona empieza a reconectar con acciones que reflejan quién es realmente.

5. APRENDE A MIRARTE COMO SER ELECTROMAGNÉTICO. EL EJERCICIO MÁS PODEROSO PARA AUMENTAR TU ENERGÍA

> Si quieres entender el universo, piensa en energía, frecuencia y vibración.
>
> NIKOLA TESLA

Uno de nuestros aspectos más mágicos e impactantes es que somos seres electromagnéticos. Cada célula de nuestro cuerpo genera electricidad. Cada latido del corazón, cada pensamiento que cruza nuestra mente, cada impulso nervioso que mueve un músculo implica una descarga eléctrica.

Dos de los órganos más potentes en la generación de campos electromagnéticos son el cerebro y el corazón. Las neuronas, al «hablarse» emiten impulsos eléctricos que se pueden medir mediante EEG. El corazón, por su parte, hace lo mismo para coordinar su latido y se comprueba con un electrocardiograma (ECG).

Estos campos no solo son internos, sino que interactúan con los del entorno y con los de los demás. La ciencia ya ha documentado fenómenos como la sincronización cardíaca: cuando dos personas están en conexión emocional o física cercana, sus ritmos cardíacos tienden a alinearse, sus latidos empiezan a acompasarse, es como si tocaran la misma melodía. En mis entrenamientos puedo observar cómo los ritmos cerebrales de uno pueden entrar en fase con los de otro durante una conversación profunda donde hay conexión emocional. Es lo que se conoce como «entrelazamiento biológico»: nuestros cuerpos, literalmente, se ajustan y responden a los campos energéticos de los demás. Empieza este «baile» entre individuos.

Esto tiene un significado muy profundo: nuestra presencia no es neutra, no pasa desapercibida. Influimos en el estado energético, emocional y fisiológico de quienes nos rodean, tanto como ellos nos influyen a nosotros. La calidad de nuestros pensamientos, emociones y estados internos se traduce en señales eléctricas y ondas que emitimos al mundo, incluso sin palabras. Así, el malestar, el estrés o la calma no solo se sienten, se transmiten.

Interiorizar y sabernos generadores y receptores de energía electromagnética es más que una curiosidad científica, es algo que cambia nuestra vida y nuestras relaciones y es también una invitación a la responsabilidad. No podemos controlar todo lo que sucede a nuestro alrededor, pero sí podemos cuidar la energía que cultivamos dentro. Esto no solo nos beneficia a nosotros, sino que transforma el campo invisible que compartimos.

Te invito a que empieces a jugar con ello, que experimentes. Cuando entres en una habitación, recuerda que tu presencia ya está comunicando antes de decir una sola palabra. ¿Qué estás transmitiendo? ¿Qué querrías transmitir? ¿Ves los cambios que generas a tu alrededor cuando eliges de forma consciente sembrar energía positiva y expansiva? ¿Y cuando, en cambio, te encierras en ti y no compartes energía? Cultivar coherencia entre tu mente, tu corazón y tus actos no es solo un gesto de bienestar personal, es un acto silencioso de impacto colectivo. Cuando cuidas tu energía, ayudas a sincronizar la del mundo que tocamos. Puedes teñir la energía de tu entorno con la calidad de energía que tú decides que predomine en ti.

Ejercicio para mejorar tu vida y la del resto. Sé una buena máquina de transformación de energía

Si aceptamos que somos seres electromagnéticos capaces de emitir y recibir información energética en todo momento, entonces tenemos frente a nosotros una posibilidad inmensa: convertirnos en transformadores conscientes de energía. Este es quizá el ejercicio más poderoso que podemos practicar en nuestra vida cotidiana, y no requiere de un lugar especial ni de una gran preparación. Solo necesita una decisión firme: la de ser una fuerza positiva en el campo que compartimos con los demás.

La idea es simple: cualquier energía que recibas, transfórmala en una mejor. **Si alguien te transmite tensión, tú respondes con calma. Si sientes rechazo, tú ofreces respeto. Si te enfrentas al desánimo, tú aportas aliento.** No porque seas ingenuo ni porque todo te valga, sino porque eliges no ser un simple eco de lo que recibes. En cambio, decides convertirte en un centro de transmutación, alguien que cambia el mundo sin perderse.

Esto no significa que debas permitir abusos o desconectarte de tus emociones. Significa que eliges no propagar más dolor, miedo o frustración y, en su lugar, cultivar una frecuencia más alta, más ordenada, más útil. Es una forma de amor activa y poderosa.

Por qué funciona

Cuando practicas esta transformación interna, estás literalmente reprogramando tu campo electromagnético. Estudios directos del corazón, de su frecuencia y su variabilidad, han demostrado que emociones como la compasión, el aprecio o el amor generan un estado fisiológico llamado coherencia cardíaca, en el cual el ritmo del corazón se armoniza con las ondas cerebrales. En este estado, el cuerpo opera con más eficiencia, el sistema inmune se fortalece y la energía que emana con tus latidos se vuelve más estable, más fuerte y más amplia.

De hecho, el amor, no entendido solo como emoción romántica, sino como actitud consciente hacia el bien, genera patrones de onda coherentes y expansivos que van más allá de nuestro cuerpo y tienen efectos positivos en los demás. Por el contrario, el miedo, la ira o el rencor generan campos más erráticos, de menor alcance y desorganizados. Es decir, cuando eliges amar, tu energía literalmente se expande.

Practicar esta forma de transformación energética puede empezar con pasos muy sencillos. Cada vez que notes una emoción densa o una energía reactiva en ti o a tu alrededor, haz una pausa consciente. Respira. Observa sin juicio. Luego, lleva tu atención al corazón y pregúntate con honestidad: ¿cómo puedo responder desde un lugar más elevado? A veces será con una palabra, otras con silencio, o simplemente con una actitud que no repita lo que acabas de recibir, sino que lo eleve. Hazlo una y otra vez. Conviértelo en una práctica, no en una excepción.

Lo que descubrirás es extraordinario: empiezas a generar más energía de la que consumes. Y ese es el verdadero poder de este ejercicio. Porque no solo mejora el mundo a tu alrededor, te transforma a ti.

Cada vez que eliges responder desde el amor y la coherencia, tu cerebro se reorganiza, tu corazón se alinea y tu campo energético se fortalece.

Vivir así es vivir con una energía real, renovable y contagiosa. El amor, entendido como conciencia elevada y acción consciente, es la energía más expansiva que existe. Cuando eliges esta frecuencia como tu punto de partida, te conviertes en una fuente. No solo estás más vivo: haces que el mundo vibre un poco más alto.

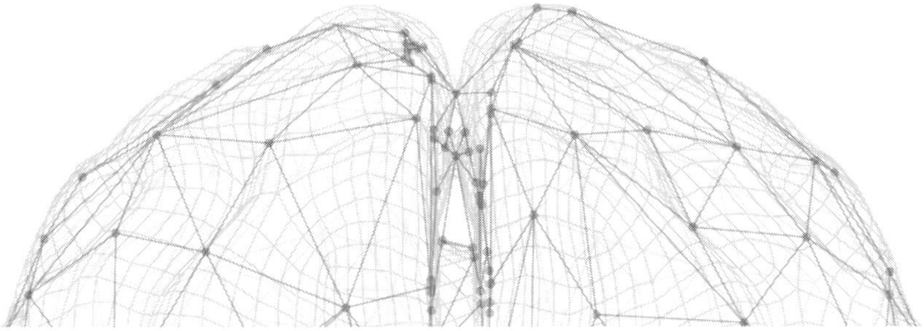

4

MANTÉN EL ESTRÉS A RAYA

APRENDE A REGULAR EL ESTADO DE ALERTA Y USARLO A TU FAVOR

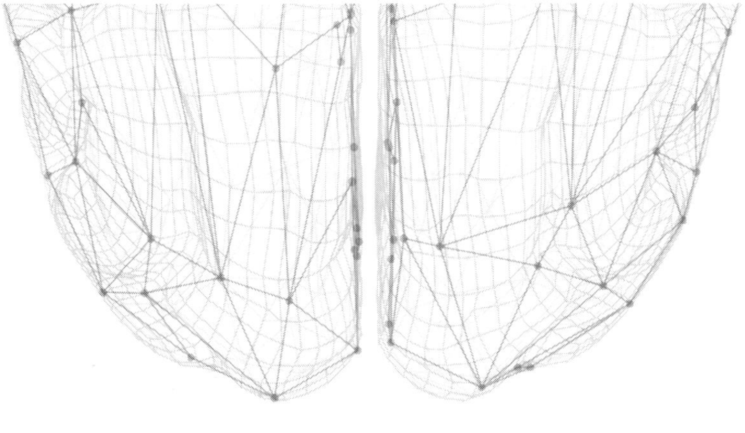

1. ¿Por qué nos estresamos? El estrés: una respuesta antigua en un mundo moderno
2. ¿Qué diferencias hay entre el estrés bueno y el malo? Cómo convertir el estrés en nuestro aliado
3. ¿Es lo mismo el estrés que la ansiedad?
4. ¿Podemos usar el estrés para volvernos más fuertes? La hormesis: una nueva forma de entender el estrés
5. La adversidad positiva, la gran conquista del bienestar y la salud

1. ¿POR QUÉ NOS ESTRESAMOS? EL ESTRÉS: UNA RESPUESTA ANTIGUA EN UN MUNDO MODERNO

> La respuesta de estrés fue diseñada para salvarnos la vida ocasionalmente, no para activarse todo el día.
>
> BRUCE MCEWEN

El estrés, en su forma más básica, es una respuesta de supervivencia que todos necesitamos. Es el mecanismo que nos ha permitido adaptarnos, reaccionar y seguir adelante durante miles de años. Está diseñado para activarse cuando algo amenaza nuestro bienestar o rompe nuestro equilibrio.

Aparece en los momentos más simples. Cuando suena el despertador antes de que estemos preparados para empezar el día, cuando el móvil vibra sin parar y se nos acumulan los mensajes, cuando estamos atrapados en el tráfico y vamos con el tiempo justo o cuando intentamos concentrarnos pero alguien nos interrumpe por tercera vez. En todas esas pequeñas escenas cotidianas, nuestro cuerpo reacciona como si algo importante estuviera en juego. Se nos acelera el pulso, nuestra respiración se vuelve más corta, se nos tensan los músculos y nos preparamos para... ¿actuar?

Esa activación, en realidad, es buena. Es la forma que tiene nuestro organismo de avisarnos de que algo necesita nuestra atención. Como cualquier otro órgano, para fortalecerse, nuestro cerebro necesita cierta dosis de reto, mantenerse vivo y en forma. Un poco de estrés nos impulsa, nos despierta y nos ayuda a rendir mejor.

El estrés no es el problema, el problema es que aparezca cuando lo necesitamos, pero que se mantenga cuando ya no es útil.

Una respuesta que se vuelve problemática cuando interviene de forma constante, en lugar de activarse solo de vez en cuando, y el cuerpo no encuentra el momento de recuperar el estado de calma. Vivimos como si el peligro fuera permanente. No hace falta un incendio ni un depredador, basta con la lista interminable de tareas, o la sensación de tener que estar siempre pendientes. Son situaciones cotidianas que nuestro cerebro interpreta como si fueran de vida o muerte.

Nuestro cerebro, heredado del *Homo sapiens*, sigue siendo en muchos aspectos el mismo de hace doscientos mil años. Aunque hayamos evolucionado tecnológicamente, nuestro sistema biológico de alerta apenas ha cambiado. Está programado para reaccionar ante amenazas físicas, no ante correos urgentes o plazos imposibles. Por eso, cuando algo nos preocupa o nos sobrepasa, activa el mismo protocolo que usaría frente a un tigre: aceleración cardíaca, liberación de adrenalina y cortisol; nos prepara para luchar o huir.

El problema no está en que el estrés exista, sino en que hemos aprendido a mantenerlo encendido todo el tiempo.

Nos dejamos amenazar por pensamientos, por recuerdos o por anticipaciones y eso nos deja atrapados en el estado de alerta.

LA TRAMPA DE LA MENTE ANTICIPADORA

A diferencia de los animales, los humanos tenemos una capacidad maravillosa y peligrosa al mismo tiempo: podemos imaginar, recordar y anticipar. Ese don que nos permite planificar el futuro o aprender del pasado también puede hacernos vivir en tensión por cosas que no están ocurriendo realmente.

Podemos estar sentados en el sofá, en un lugar seguro, y que nuestro cuerpo reaccione como si estuviera bajo ataque. Basta con recordar una conversación incómoda, pensar en un error que aún no ha sucedido o en algo que podría salir mal. Nuestro cerebro, ya lo hemos podido comprobar, no distingue entre lo real y lo imaginado. La amígdala lanza la señal de peligro y el hipotálamo da la orden y, en cuestión de segundos, todo nuestro organismo entra en modo supervivencia.

A menudo, el mayor estrés no viene de lo que pasa, sino de lo que pensamos que podría pasar.

Mientras tanto, la parte que piensa con claridad, la corteza prefrontal, queda en segundo plano. Reaccionamos, no decidimos. Vivimos como si el peligro fuera real, aunque solo exista en la mente. Y al repetir esa reacción una y otra vez, lo que era una respuesta útil se convierte en un desgaste constante.

CUANDO EL CUERPO SE ACOSTUMBRA AL MODO EMERGENCIA

Si esa sobreactivación no se interrumpe, nuestro cuerpo acaba aprendiendo a vivir en modo emergencia. Nuestra mente interpreta que la tensión es la nueva normalidad y empieza a funcionar desde ahí. Las rutas neuronales del miedo se refuerzan y las ondas cerebrales de alta frecuencia, las hibeta, asociadas al pensamiento acelerado y al estrés, comienzan a dominar.

Cuando observamos la actividad cerebral de personas que viven bajo estrés continuo, solemos ver un patrón muy claro: ondas descoordinadas, sin coherencia entre hemisferios, como si cada parte del cerebro intentara resolver el problema por su cuenta. Es una mente brillante, sí, pero agotada.

Vivir en alerta continuamente es vivir cansados.

Y lo más llamativo es que muchas veces ni siquiera lo notamos. Hemos normalizado el cansancio, la inquietud, la falta de concentración o la dificultad para relajarnos. Pero nuestro cerebro no está diseñado para vivir en ese estado. Esa descoordinación, esa presencia constante de hibeta, es la huella de estar atrapado en modo supervivencia.

ENSEÑAR A NUESTRO CEREBRO A NO ESTRESARSE

Uno de mis grandes objetivos como neurocientífica es ayudar a nuestro cerebro a reducir esa activación del estrés y a liberarse de la programación biológica que lo mantiene en alerta constante. No se trata de eliminarlo, sino de enseñarle a gestionarlo de una forma más inteligente, más consciente y más humana.

Durante los procesos de entrenamiento y autorregulación cerebral trabajamos para que nuestro cerebro recupere su coherencia. A través de protocolos personalizados ayudamos a reducir la hiperactividad hibeta y a fortalecer las ondas alpha y theta, que se asocian con la calma activa, la atención sostenida y el equilibrio emocional. Cuando esto ocurre, dejamos de reaccionar y empezamos a responder, el estrés ya no nos maneja. Nuestro sistema nervioso se vuelve más flexible y regulado.

«La calma no es ausencia de movimiento, es la capacidad de moverse sin perder el equilibrio»,
VIKTOR FRANKL.

Y este cambio se nota. Dormimos mejor, pensamos con más claridad y, ante situaciones que antes nos alteraban, como una reunión complicada, un atasco o una conversación difícil, nuestra mente ya no se dispara. Funcionamos desde la activación, pero no desde el descontrol. Convertimos la energía en algo útil, y dejamos de sentirnos abrumados.

Con el tiempo, nuestro cerebro aprende que puede estar activo sin estar asustado, que puede implicarse sin agotarse, que puede vivir el estrés como impulso y no como amenaza. En ese momento deja atrás su antigua programación de supervivencia y empieza a funcionar desde otro lugar, más adaptado, más coherente y más libre.

El estrés nos muestra dónde necesitamos fortalecernos.

El estrés no desaparece, porque forma parte de la vida, pero cambia la manera en que lo vivimos. Y cuando aprendemos a entenderlo, a regularlo y a usarlo a nuestro favor, deja de ser ese enemigo invisible que nos persigue para convertirse en un aliado que nos impulsa. Al final, se trata de eso: de aprender a reconocer cuándo nos frena y cuándo puede ayudarnos a avanzar.

2. ¿QUÉ DIFERENCIAS HAY ENTRE EL ESTRÉS BUENO Y EL MALO? CÓMO CONVERTIR EL ESTRÉS EN NUESTRO ALIADO

> Si te angustia algo externo, el dolor no procede de la cosa misma, sino de tu juicio sobre ella. Y ese juicio puedes revocarlo en cualquier momento.
>
> MARCO AURELIO, *Meditaciones* (siglo II d. C.)

Tendemos a pensar en el estrés como algo negativo, sinónimo de cansancio, ansiedad o bloqueo. Pero no siempre es igual.

Nuestro cuerpo y especialmente nuestro cerebro cuentan con un sistema increíblemente sofisticado para ayudarnos a responder ante los retos. Según cómo interpretemos lo que ocurre, ese mismo mecanismo puede agotarnos o fortalecernos.

EL DISTRÉS: CUANDO EL ESTRÉS NOS SUPERA

El distrés, o estrés negativo, aparece cuando sentimos que una situación se nos escapa de las manos y, además, se mantiene en el tiempo. En esos momentos se activa el sistema nervioso simpático, que podríamos describir como nuestro «acelerador interno». Pone el cuerpo en modo acción, acelera el ritmo cardíaco, sube la presión arterial, dilata las pupilas y libera hormonas como la adrenalina y el cortisol para que podamos reaccionar rápido.

El problema es que este mecanismo, pensado para ayudarnos en momentos puntuales de peligro, no está hecho para mantenerse encendido todo el tiempo. Cuando vivimos semanas, meses, años en ese estado de alerta nuestro cuerpo se desgasta. Uno de los primeros sistemas que se resiente es el inmunitario, porque el organismo empieza a priorizar la supervivencia inmediata. Es decir, se concentra en lo urgente, enviando más sangre a los músculos, liberando energía rápida en forma de glucosa y dejando en pausa procesos que en ese momento «no son esenciales» como la digestión, la reparación celular o la reproducción.

Cuando el estrés se vuelve crónico, dormimos peor, digerimos peor y pensamos peor.

En el cerebro, la amígdala, que detecta el miedo y las amenazas, se mantiene hiperactiva, mientras que la corteza prefrontal, encargada de tomar decisiones racionales y mantener la calma, empieza a verse afectada. Vivir en ese tipo de estrés sostenido aumenta el riesgo de enfermedades físicas y psicológicas, desde problemas cardiovasculares o digestivos hasta ansiedad, depresión o una mayor vulnerabilidad frente a infecciones.

EL EUSTRÉS: CUANDO EL ESTRÉS JUEGA A NUESTRO FAVOR

En el otro extremo está el eustrés, o estrés positivo, que aparece cuando nos enfrentamos a un desafío que sentimos que podemos manejar. Y ahí está la clave. Nuestro cerebro interpreta la situación como un reto alcanzable y se activa para ayudarnos a rendir mejor.

Este tipo de estrés surge cuando aprendemos algo nuevo, nos preparamos para una presentación importante o hacemos deporte y sentimos que damos lo mejor de nosotros mismos. En esos momentos también se activa el sistema simpático, pero lo hace de forma transitoria y equilibrada.

El eustrés nos impulsa, y nos llena de energía.

Notamos cómo el cuerpo tiene más energía, cómo la mente está más clara y enfocada y, cuando termina el reto, recuperamos el equilibrio natural. Este tipo de activación fortalece nuestra concentración, potencia la resiliencia y estimula el crecimiento personal y cerebral. Es el estrés que nos mueve, el que nos empuja a dar un paso más.

CÓMO CONVERTIR EL ESTRÉS EN UN ALIADO

La buena noticia es que podemos aprender a transformar el estrés negativo en positivo. No se trata de eliminarlo, eso sería imposible, sino de cambiar la forma en que lo entendemos y lo vivimos.

El estrés puede convertirse en nuestro aliado cuando logramos ver un beneficio o un propósito detrás de lo que estamos haciendo. Cuando conectamos el esfuerzo con un sentido, por ejemplo, preparar una presentación importante porque queremos hacer crecer nuestro proyecto, enfrentarnos a un cambio profesional que puede abrirnos nuevas oportunidades o afrontar una semana intensa con los niños sabiendo que estamos construyendo vínculos y rutinas sólidas.

También puede aplicarse a situaciones del día a día: resolver un conflicto familiar desde la calma, adaptarnos a un nuevo entorno laboral u organizar un evento que nos exige mucho, pero también nos ilusiona. Cuando enfocamos el esfuerzo hacia un objetivo claro y valioso, el estrés deja de ser algo que nos pesa y se convierte en una fuente de energía y enfoque.

Otro aspecto fundamental es ponerle límites en el tiempo. Cuando nuestro cerebro entiende que esa exigencia tiene un principio y un final, deja de vivirla como una amenaza constante. Al salir de la incertidumbre, interpreta que sí puede hacer frente a la situación, y el cuerpo responde de una forma mucho más adaptativa.

Cuando el estrés tiene propósito y límite, se convierte en motor que nos mejora internamente.

LO QUE DICE LA CIENCIA SOBRE EL SIGNIFICADO DEL ESTRÉS

Cada vez más investigaciones en psicología y neurociencia confirman que no es el estrés en sí lo que nos daña, sino la forma en que lo interpretamos. Estudios realizados en esta línea han demostrado que cuando redefinimos los síntomas del estrés, esa aceleración del pulso, las manos frías o el nudo en el estómago, como señales de preparación y no de peligro, nuestro cuerpo responde de forma completamente distinta.

En los trabajos de Justin Jamieson y su equipo en Harvard se observó que cuando las personas interpretaban su activación fisiológica como una señal de energía útil, su sistema cardiovascular funcionaba mejor, su atención se mantenía más clara y su rendimiento cognitivo aumentaba. En cambio, cuando veían esas mismas sensaciones como una amenaza, el cuerpo reaccionaba con bloqueo y agotamiento.

A partir de estos hallazgos se ha desarrollado el llamado modelo de reto y amenaza, o *challenge* vs. *threat*, que explica que la evaluación que hacemos de una situación estresante determina el tipo de respuesta fisiológica que generamos. Si creemos que tenemos los recursos para afrontarla, entramos en modo «reto»: el corazón late con fuerza, pero de forma eficiente, se dilatan los vasos sanguíneos, el cerebro se oxigena y se activan las funciones ejecutivas. Si, por el contrario, pensamos que no podremos manejarlo, entramos en modo «amenaza»: aumenta la presión arterial, se reduce el flujo cerebral y se disparan hormonas, como el cortisol, la adrenalina y la noradrenalina, que, mantenidas en el tiempo, acaban debilitándonos.

CASOS MINDSTUDIO: CUANDO EL CEREBRO APRENDE A TRANSFORMAR EL ESTRÉS

En MindStudio nos sigue sorprendiendo observar hasta qué punto reinterpretar el estrés puede transformar la forma en que pensamos, sentimos y actuamos. Vemos cada día cómo el cerebro es capaz de cambiar cuando se le entrena de la manera adecuada. Cuando lo ayudamos a salir del modo amenaza y a activar las redes prefrontales asociadas con la calma, el enfoque y la regulación emocional, los resultados son profundos. Lo más fascinante es que los cambios no se limitan a lo que las personas sienten: también se reflejan en sus patrones cerebrales y en su manera de estar en el mundo.

Hace unos meses acompañamos a un directivo que llevaba años viviendo en un estado de activación constante, con insomnio, fatiga y la sensación de no desconectar nunca. Su cerebro había aprendido a responder al trabajo desde la urgencia y el control, sin espacio para la recuperación.

Durante su programa de entrenamiento cerebral personalizado trabajamos en la activación equilibrada de las áreas del lóbulo prefrontal y de los lóbulos frontales derecho e izquierdo, responsables de la autorregulación emocional, la planificación y la toma de decisiones. A través de ejercicios específicos diseñados para reducir las frecuencias hibeta asociadas al estrés y al exceso de alerta, observamos una transformación clara: su cerebro empezó a responder de otra manera.

En pocas semanas, su nivel de calma aumentó de forma estable, su energía se volvió más sostenida y su capacidad de foco se amplió. Lo más revelador fue escucharle decir: «Sigo teniendo la misma carga de trabajo, pero ya no me siento dentro de la tormenta». Su cuerpo seguía enfrentando los mismos desafíos, pero su mente había aprendido a interpretarlos desde otro lugar. Su fisiología cambió porque cambió su significado del estrés.

Trabajamos también con una estudiante universitaria que sufría una fuerte ansiedad antes de los exámenes. Su cuerpo se activaba de forma tan intensa que perdía la capacidad de concentrarse, quedándose con la mente en blanco. Era una respuesta automática de amenaza que su cerebro había aprendido.

Durante su proceso de entrenamiento nos centramos en regular la actividad del lóbulo frontal izquierdo y del sistema límbico, regiones implicadas en la gestión emocional y la anticipación del miedo. Buscamos reducir la sobreexcitación hibeta y potenciar las ondas alpha frontales, que favorecen la calma activa y la claridad mental.

Poco a poco, su respuesta cambió. Estabilizó su frecuencia cardíaca, mejoró su atención y, sobre todo, comenzó a reinterpretar esa activación como una señal de preparación, no de amenaza. Esa nueva lectura no solo mejoró su rendimiento, sino que transformó su experiencia emocional, y su ansiedad disminuyó. Empezó a sentirse más enfocada y con motivación extra. Ya no sentía tanto miedo.

•••

Estos casos nos recuerdan que nuestro cerebro es plástico y profundamente entrenable. Cuando entendemos el estrés no como un enemigo sino como una forma de activación que podemos modular, abrimos una puerta a la calma, al equilibrio y al rendimiento óptimo. Lo que más nos inspira es ver cómo, con pequeñas intervenciones bien dirigidas, las personas redescubren su capacidad de sentirse bien dentro del desafío. Porque el estrés no necesariamente desaparece, sino que podemos hacer que juegue a nuestro favor.

3. ¿ES LO MISMO EL ESTRÉS QUE LA ANSIEDAD?

A menudo usamos estas dos palabras como si fueran sinónimos. «Estoy estresado», decimos, sin darnos cuenta de que estamos describiendo un estado interno mucho más complejo. Para comprender la diferencia entre estrés y ansiedad, necesitamos observar con más profundidad cómo funciona nuestro sistema nervioso, cómo interactúan nuestras emociones con la mente y cómo nuestra biología puede quedar atrapada en patrones inconscientes.

DEL ESTRÉS A LA ANSIEDAD: CUANDO NUESTRO CUERPO QUEDA PRESO DE SU PROPIO PASADO

El estrés es una respuesta natural, adaptativa. Surge cuando percibimos una amenaza o un desafío en el entorno. En ese momento, nuestro cuerpo activa un programa automático, se libera adrenalina, el corazón se acelera y la mente se enfoca en sobrevivir. Este mecanismo está diseñado para ser temporal, una descarga puntual de energía al servicio de una acción concreta.

Pero si ese estado se prolonga más allá del evento, si la química del miedo permanece activa, entramos en un terreno muy diferente.

Ese terreno se llama ansiedad.

La ansiedad surge cuando nuestro cerebro ha programado el estrés como un estado continuo de activación, incluso en ausencia de estímulos externos. Es decir, cuando la respuesta biológica de emergencia se convierte en la norma y deja de depender del entorno. Nos quedamos «enganchados» en modo alerta, y, aunque el peligro ya no esté presente, el cuerpo sigue reaccionando como si lo estuviera.

El cuerpo no distingue bien entre una amenaza real y una que solo existe en la mente.

Cuando vivimos bajo estrés constante, nuestro cuerpo empieza a adaptarse a ese nivel de activación como si fuera algo normal. Las emociones de miedo, frustración, enfado o tristeza se repiten tanto que acaban formando parte de nuestra identidad. Nuestra mente deja de reaccionar solo ante lo que ocurre y empieza a anticipar o revivir lo que teme.

Esa es la trampa del estrés crónico: nuestro cuerpo se convierte en el reflejo químico de una emoción repetida. Como un disco rayado que reproduce siempre la misma canción, quedamos atrapados en un circuito donde pensar y sentir se retroalimentan. Los pensamientos negativos activan emociones negativas, que a su vez alimentan pensamientos del mismo tipo. Sin darnos cuenta, nos volvemos adictos a la química del desequilibrio.

Poco a poco, ese estado interrumpe los procesos naturales de reparación, adaptación y aprendizaje. La energía que debería sostener nuestra creatividad y bienestar se canaliza solo hacia la supervivencia. Así, el estrés deja de ser una herramienta útil y se convierte en una jaula invisible.

La ansiedad es el resultado de haber habitado demasiado tiempo esa jaula. Es como si la película del pasado siguiera proyectándose una y otra vez en el presente.

Esta memoria emocional queda grabada profundamente. Basta una imagen, un pensamiento, un olor o una emoción para reactivar todo el circuito. Las reacciones se vuelven parte de nosotros y dejamos de ser alguien que experimenta ansiedad para convertirnos en alguien ansioso. Esa es la «encerrona»: nuestro cuerpo, que recuerda mejor que nuestra mente, mantiene viva la química del miedo.

Y las manifestaciones son muy reales: pensamientos repetitivos, palpitaciones, sensación de opresión, insomnio, tensión muscular, conductas compulsivas, problemas digestivos, caída de cabello o erupciones cutáneas. Todas ellas son señales de un sistema nervioso que no ha podido cerrar el ciclo del temor.

Cuando una emoción se repite lo suficiente se convierte en una actitud, y cuando una actitud se prolonga se convierte en un estado del ser.

Nuestro cerebro tiene estructuras diseñadas para protegernos, pero no para discernir si esa protección sigue siendo necesaria. Cuando el entorno interno se percibe como hostil, la amígdala nunca se apaga; vive en un estado de hipervigilancia secuestrando nuestra atención y generando más de lo mismo: miedo, tensión, anticipación...

Este bucle químico entre pensamientos y emociones crea una realidad interior que se convierte en hábito. Cuanto más lo repetimos, más profundo se graba en nuestro sistema nervioso. El cerebro se reconfigura en función del estrés, el cuerpo lo asume como un funcionamiento normal y la ansiedad se convierte en nuestra línea base.

Nuestro cerebro, en el fondo, solo quiere cuidarnos, pero tiende a confundir el cuidado con el control.

CASOS MINDSTUDIO: CUANDO EL CEREBRO APRENDE A DESACTIVAR LA ALERTA

Una mujer, cuarenta y seis años, muy perfeccionista, siempre exigente consigo misma. Vivía con una ansiedad silenciosa, la que viene de querer que todo salga bien. Su mente no descansaba y su cuerpo tampoco. En las mediciones iniciales vimos una gran presencia de frecuencias hibeta (estrés elevado) y una falta de coherencia entre hemisferios. Durante el entrenamiento trabajamos con sesiones de relajación cerebral, reduciendo la hiperactividad hibeta, activando su corteza prefrontal para recuperar el control consciente y disminuyendo la sobreexcitación de la amígdala.

También incorporamos sesiones alpha-theta para reentrenar su cerebro a funcionar desde la calma. Poco a poco, comenzó a sentir algo que llevaba años sin experimentar: silencio interno. Aprendió que no tenía que hacerlo todo perfecto para estar bien.

Un adolescente, diecisiete años, muy sensible y creativo, se sentía abrumado por sus propias emociones. Reaccionaba con ansiedad ante cualquier cambio o exigencia. En su caso, el entrenamiento cerebral fue una manera de enseñarle a su sistema nervioso a no amplificar cada estímulo como una amenaza. Su cerebro aprendió a modular la intensidad emocional y, con el tiempo, la creatividad que antes lo desbordaba empezó a expresarse de forma equilibrada. Lo más bonito fue escucharle decir un día: «Ya no siento que mi cabeza vaya más rápida que yo».

Un empresario, cincuenta y dos años, con una carrera brillante y varios avisos de salud. Vivía bajo una ansiedad constante, siempre en alerta, con un riesgo cardiovascular evidente. Su cerebro estaba permanentemente en modo «hacer». Con las sesiones de neuroentrenamiento conseguimos reducir sus picos de hibeta, aumentar la coherencia entre áreas cerebrales y activar su lóbulo frontal izquierdo, asociado a la serenidad, la planificación y la confianza. Su presión arterial bajó, dormía mejor y empezó a tomar decisiones desde otro lugar: la calma. Hoy, cuando viene al estudio, dice con una sonrisa: «Sigo haciendo lo mismo, pero desde un lugar de serenidad que no había vivido antes».

Estos casos son una muestra de que, cuando enseñamos al cerebro a bajar la guardia, el cuerpo recuerda cómo estar en paz.

Ejercicio para salir del circuito cerrado de la ansiedad

La clave está en volvernos conscientes. En observar, sin juicio, los programas automáticos que rigen nuestra biología no para combatirlos, sino para **trascenderlos.** Porque lo que resistes, persiste, pero **lo que observas con presencia, se transforma.**

Imaginemos que dentro de nosotros hay un niño pequeño. Ese niño es nuestro **cerebro emocional.** Es sensible, se asusta con facilidad y tiene una memoria prodigiosa para lo que le dolió. No necesita una amenaza real para activarse, basta con algo que se parezca a lo que alguna vez lo hizo sentir vulnerable. Su lenguaje no es lógico, es emocional, y su reacción más frecuente es el miedo.

Cuando sientas ansiedad, no luches contra ella. **Cuida a ese niño.** Háblale como hablarías a alguien pequeño que está teniendo una pesadilla.

1. **Dale seguridad con tu calma.** Respira despacio, con suavidad, como si le enseñaras a hacerlo por primera vez. Muéstrale con tu tono interno que no hay peligro, que estás presente y que todo está bien. No se trata de eliminar la ansiedad de golpe, sino de **sostener ese miedo con firmeza tranquila.**
2. **Dile que lo entiendes.** Como harías con un niño que llora sin saber explicar por qué, debes hablarle: «Ya sé que estás asustado. Está bien sentir eso. Estoy aquí contigo y vamos a estar bien». Validar la emoción lo calma más que ignorarla o intentar que desaparezca rápido.

3. **Desvía su atención con suavidad.** Después de reconocer el miedo, ayúdalo a enfocarse en algo que le guste. Pon música, sal a caminar, acaricia una mascota o dibuja. Haz algo que conecte con la calma sin exigir que la ansiedad desaparezca al instante. **El cambio ocurre cuando se recoloca el foco.**
4. **Recuérdale lo valiente que ha sido.** Tráele a la mente, como si contaras una historia, momentos en los que se sintió mal y logró salir adelante: «¿Te acuerdas cuando tenías miedo de eso y lo superaste? Mira lo que lograste entonces». Esto le da fuerza y confianza para atravesar el momento presente.
5. **Dale un propósito.** Ayúdale a ver que el miedo también puede enseñarle algo. Que cada vez que atraviesa un reto, crece: «Esto que estás sintiendo es parte del camino. Lo estás haciendo muy bien».

Por qué funciona

No olvidemos que **la ansiedad es una forma de protección mal calibrada.** Nuestro cuerpo y nuestra mente no quieren hacernos daño, solo están intentando ayudarnos a sobrevivir con las herramientas que conocen. Nuestra tarea ahora es ampliar ese repertorio, enseñarles que ya no estamos en peligro y que podemos vivir desde otro lugar.

Cuando cuidamos nuestra mente como cuidaríamos a un niño asustado, reprogramamos nuestra biología desde la compasión.

Se trata de ciencia aplicada con ternura. Solo cuando el miedo se siente escuchado, puede transformarse en calma.

La ansiedad es el mensajero, nosotros somos los creadores.

4. ¿PODEMOS USAR EL ESTRÉS PARA VOLVERNOS MÁS FUERTES? LA HORMESIS: UNA NUEVA FORMA DE ENTENDER EL ESTRÉS

> —Tú te defiendes tanto, Will, que no permites que nada te toque. Pero si no te dejas tocar, tampoco puedes sanar.
>
> GUS VAN SANT, *El indomable Will Hunting* (1997)

Durante años nos dijeron que había que huir del estrés como de un enemigo, que si queríamos vivir bien debíamos eliminarlo. Y, sin embargo, el cuerpo tiene otra historia que contarnos: podemos hacernos más fuertes gracias a él.

Lo vemos cada día en nuestra propia piel. Cuando nos hacemos una herida, el cuerpo no se limita a cerrarla, la regenera y fortalece el tejido para que resista mejor la próxima vez. Cuando tenemos agujetas después de hacer ejercicio, sentimos dolor, sí, pero lo que está ocurriendo en realidad es un proceso de reparación que hace que los músculos se vuelvan más potentes. Bien dirigida, nuestra fisiología no se rompe con el desafío, aprende de él.

Y nuestro cerebro funciona igual. Cada vez que atravesamos un momento de incomodidad, una situación que nos exige adaptarnos o un cambio que nos saca de la rutina, nuestro sistema nervioso activa sus mecanismos de aprendizaje. Crea nuevas conexiones, se reorganiza, se vuelve más eficiente. En definitiva, se entrena.

A este proceso se le llama hormesis, y es una de las ideas más apasionantes de la ciencia actual: pequeñas dosis de incomodidad pueden hacernos más fuertes, más equilibrados y más conscientes.

REGENERACIÓN: LO QUE OCURRE CUANDO EL SISTEMA DICE «ALGO TIENE QUE CAMBIAR»

Cuando nuestro cuerpo o nuestra mente se sienten incómodos, cuando nuestro sistema interno capta que algo no va bien, se pone en marcha un proceso de reparación y adaptación. En términos fisiológicos, esto implica la activación de rutas de regeneración celular, hormonal y metabólica. Es el modo en que nuestro organismo se reorganiza para sobrevivir, adaptarse y fortalecerse.

Estudios recientes de la Stanford University School of Medicine han mostrado algo fascinante: las personas sometidas a una gran demanda biológica, por ejemplo, tras una cirugía o una lesión importante, desarrollan respuestas de resiliencia cerebral que permiten observar el mecanismo de adaptación en vivo.

El cerebro activa regiones relacionadas con la neuroplasticidad, la regulación emocional y la reparación tisular (de los tejidos). En otras palabras, el sistema dice «algo tiene que cambiar» y pone en marcha una cascada de procesos para que ese cambio ocurra.

Esta capacidad de regeneración no es exclusiva de las situaciones extremas, también se activa en nuestra vida diaria cada vez que salimos de la comodidad y enfrentamos un reto. Nuestro cuerpo y nuestro cerebro no solo resisten la incomodidad, la utilizan para hacerse más fuertes.

LO QUE NOS DESAFÍA, NOS ENTRENA

La hormesis consiste en exponernos de forma breve y controlada a algo que nos incomoda un poco —frío, calor, esfuerzo físico, ayuno, un reto emocional o mental—, para que nuestro organismo se active y aprenda a adaptarse mejor. El cuerpo, lejos de quebrarse, se afina. La mente, en lugar de colapsar, se despierta.

Piénsalo: cuando haces ejercicio intenso sometes a tu cuerpo a un estrés temporal. Y, sin embargo, lo que obtienes no es cansancio permanente, sino fuerza y vitalidad. Cuando te expones a una ducha fría, tu sistema nervioso reacciona de inmediato, pero enseguida libera neurotransmisores que te dan energía y claridad mental. Incluso a nivel emocional ocurre lo mismo: tener una conversación difícil o atreverte con algo nuevo puede generarte inquietud o miedo, pero también te expande, te da más confianza, más mundo interior.

El cuerpo y el cerebro son sabios. Saben fortalecerse con la incomodidad justa. Y eso es algo que todos podemos entrenar, incluso desde nuestra vida cotidiana.

Ejercicios simples para aplicar el principio de la hormesis

1. **Ejercicio físico.** Cuando entrenamos con alta intensidad en un breve periodo de tiempo, sometemos al cuerpo a un pequeño estrés. En respuesta, los músculos se regeneran, el metabolismo se optimiza y el cerebro libera endorfinas. En vez de producir desgaste se genera renovación.

2. **Ayuno intermitente.** Al espaciar las comidas, el cuerpo activa la autofagia, un proceso natural de limpieza celular que repara y rejuvenece los tejidos. Le damos al sistema un descanso para que se repare solo.
3. **Exposición al frío o al calor.** Las duchas frías o las sesiones de sauna provocan un estrés térmico leve que mejora la circulación, fortalece el sistema inmune y activa proteínas de reparación celular.
4. **Retos cognitivos o emocionales.** Aprender algo nuevo, hablar en público o enfrentarse a una conversación difícil genera un estrés mental controlado que estimula la neuroplasticidad y refuerza la resiliencia emocional.

Por qué funciona

Nuestro cuerpo y nuestro cerebro no solo soportan los desafíos, se vuelven más inteligentes gracias a ellos.

CASOS MINDSTUDIO: CUANDO ENTRENAMOS EL CEREBRO PARA HACERLO MÁS FUERTE

Recuerdo el caso de Pablo, un ejecutivo brillante que vivía en un estado de exigencia continua. Todo debía salir bien y tener cada detalle bajo control. Su mente no descansaba nunca. Empezamos con algo sencillo: una ducha fría cada mañana y unas sesiones de entrenamiento cerebral para reducir la actividad hibeta. Poco a poco, su sistema empezó a calmarse. Las mediciones mostraban más coherencia entre hemisferios y un aumento de ondas alpha, las de la calma lúcida. Un día, al terminar la sesión, me dijo: «Es como si sintiera que ya no tengo una batalla interna continuamente». Y tenía razón, había dejado de pelear con su mente y había empezado a convivir con ella.

También pienso en Lucía, una maratonista profesional con una fortaleza física admirable, pero con un enemigo silencioso: su propia mente. A mitad de carrera, cuando el cuerpo empezaba a cansarse, su cerebro interpretaba la fatiga como peligro y entraba en modo alarma. En sus mediciones vimos una fuerte sobreactivación de la amígdala y exceso de hibeta, típico del miedo anticipatorio. Trabajamos con sesiones de alpha-theta para ayudarle a mantener la calma en la intensidad y activaciones del córtex prefrontal para que pudiera sostener la concentración y el control emocional durante el desafío deportivo. La transformación fue increíble. En su siguiente competición no solo mejoró su marca, sino que me dijo algo que aún me emociona: «Esta vez, el cansancio no me asustó. Lo sentí, y supe que era parte de mi fuerza».

Como neurocientífica, estoy investigando cada vez más cómo estas pequeñas dosis de estrés controlado pueden transformar no solo nuestro rendimiento, sino también nuestra salud mental y emocional. Lo fascinante es ver cómo, en el cerebro, estos procesos se reflejan con una precisión asombrosa. Después de una sesión de entrenamiento adecuada, disminuyen las frecuencias hibeta, las del estrés, y aumentan las beta y las alpha, asociadas al foco, la creatividad y la calma. Es como si el cerebro, al dejar de defenderse, pudiera volver a respirar.

A veces bromeo diciendo que la frase «lo que no te mata te hace más fuerte» necesita una actualización: «Lo que no te mata… te entrena». Y es literal. Cada vez que nos exponemos de forma inteligente a un reto, el cuerpo y el cerebro aprenden que pueden más de lo que creen. Se reorganizan, se expanden, se fortalecen.

Lo opuesto a ser frágil no es resistir, es hacerse más fuerte con el caos. A eso lo llamamos crecer en la adversidad positiva. Mientras algo frágil se rompe ante la presión y algo resistente simplemente la soporta, ser resiliente en la adversidad es mejorarse gracias a ella. Esa es la esencia de la hormesis: aprender a usar el estrés como un maestro. Estamos viviendo un momento apasionante en la neurociencia, una nueva era en la que entendemos que el bienestar no consiste en eliminar la incomodidad, sino en aprender a sostenerla con inteligencia, y debemos aprovecharnos de ello. Entrenar el cerebro para no temer la intensidad, sino para convertirla en claridad, en fuerza.

5. LA ADVERSIDAD POSITIVA, LA GRAN CONQUISTA DEL BIENESTAR Y LA SALUD

> Porque al final, las cosas que nos parecen más difíciles, las que más duelen, son las que nos hacen cambiar. Son las que nos muestran quiénes somos de verdad. Y, si tienes suerte, si mantienes el corazón abierto, descubrirás que detrás de cada pérdida hay una nueva forma de empezar.
>
> David Fincher,
> *El curioso caso de Benjamin Button* (2008)

Después de compartir todo lo anterior, muchas personas me dicen lo mismo: «Vale, Ana, entiendo lo del estrés, ya sé que no siempre es malo..., pero ¿qué hago con todo esto en mi día a día?». Y tienen razón. Saber cómo funciona el cerebro está muy bien, pero no sirve de mucho si no lo aplicamos. Además requiere esfuerzo. La teoría nos da claridad, pero solo la práctica genera cambio.

En mi ámbito profesional lo veo constantemente: el conocimiento sin acción se queda corto. Por eso, mi enfoque en MindStudio se basa en una idea muy simple pero poderosa: no se trata solo de entender el cerebro, sino de entrenarlo. De enseñarle, poco a poco, a responder de forma diferente, a recuperar el equilibrio, a usar la energía del estrés a su favor.

Una vez que comprendemos que el estrés no es el enemigo, sino una fuerza que puede impulsarnos, aparece la pregunta clave: ¿cómo enseño a mi cuerpo y a mi cerebro a hacerse más fuertes frente a él? ¿Cómo paso de resistir a adaptarme, de sufrir a crecer?

TU CUERPO, TU PRIMER GIMNASIO EMOCIONAL

La adversidad positiva se entrena. Y uno de los espacios más poderosos para hacerlo es el cuerpo. Todo lo que ocurre en él, desde una carrera corta hasta una ducha fría, tiene eco en nuestro sistema nervioso, en nuestra bioquímica y en nuestra mente. Por eso, es el primer laboratorio donde podemos empezar a transformar nuestra relación con el estrés.

Los tejidos humanos se regeneran más rápido bajo ciertos tipos de estrés físico agudo.

Incorporar microdesafíos físicos a nuestra rutina es una forma concreta de practicar la hormesis, pequeñas dosis de incomodidad. No hace falta correr maratones ni someterse a pruebas extremas. Basta con tomar decisiones simples pero intencionadas. Una caminata rápida cuando tu cuerpo te pide sofá, un entrenamiento funcional breve pero retador, una sesión de estiramiento consciente cuando el día te deja tenso... Todas estas pequeñas acciones activan mecanismos de adaptación que mejoran la salud metabólica, cardiovascular y cerebral.

Y luego están las herramientas más directas de hormesis: las duchas frías, los contrastes térmicos como una sauna seguida de agua helada o el ayuno intermitente. Sí, generan incomodidad al principio, pero también despiertan rutas biológicas profundas, como la autofagia, la producción de nuevas mitocondrias o la reparación celular.

La autofagia, un proceso esencial de limpieza celular, se activa solo en estados de estrés leve o ayuno.

LA MENTE TAMBIÉN SE ENTRENA

Pero no todo pasa por lo físico. La adversidad positiva también se construye desde dentro, cuando estiramos nuestros límites mentales y emocionales. Aprender algo nuevo, tomar una decisión difícil, cambiar la rutina o hablar con alguien que piensa diferente son buenos ejercicios para este fin.

El cerebro humano mantiene su capacidad de formar nuevas conexiones sinápticas hasta edades avanzadas, siempre que se le desafíe.

Cada vez que elegimos lo incómodo por encima de lo automático, reforzamos los circuitos neuronales del enfoque, la decisión y la regulación emocional. Es como si nuestro cerebro entendiera: «Esto es difícil, pero no es peligroso, puedo con esto». Incluso enfrentarnos a nuestras propias emociones, la frustración, el miedo, la incertidumbre, puede ser una forma de hormesis. Si las evitamos, seguimos siendo frágiles. Si las atravesamos con compasión y coraje, nos hacemos más amplios, más capaces de sostener la vida en todas sus formas.

LA RESPIRACIÓN, EL PUENTE ENTRE EL CUERPO Y LA MENTE

La respiración conecta nuestro cuerpo y nuestro cerebro. Respirar de forma consciente, pausada y profunda no solo calma la mente, también regula el sistema nervioso autónomo, equilibra el ritmo cardíaco y reduce la inflamación.

Un patrón respiratorio lento y rítmico activa el nervio vago y reduce el estado de alarma del sistema simpático.

El nervio vago es una de las autopistas más importantes de comunicación entre el cerebro y el cuerpo. Forma parte del sistema nervioso parasimpático, encargado de las funciones de calma, descanso y reparación. Cuando lo activamos, enviamos un mensaje de seguridad a nuestro organismo, le decimos que puede bajar la guardia, que es momento de recuperar el equilibrio.

Podríamos decir que el nervio vago es el freno biológico del estrés. Cuando está activo, el corazón late más despacio, la respiración se hace más profunda, la tensión muscular disminuye y la mente se aquieta. Por eso, entrenar la respiración es una forma directa de «hablarle» al cerebro a través del cuerpo.

Respirar más despacio, como inhalar en cuatro tiempos y exhalar en seis, o explorar los protocolos de respiración para cada activación desarrollados por MindStudio o el pranayama del yoga son herramientas sencillas y muy eficaces. Nos enseñan a tolerar el estrés desde dentro, sin depender de estímulos externos.

A través de la respiración, nuestro cerebro aprende que puede estar activo sin estar en guerra.

EL DESCANSO TAMBIÉN NOS ENTRENA CEREBRALMENTE

Ser fuerte en la adversidad positiva no significa estar siempre en tensión. De hecho, gran parte de la adaptación ocurre durante la recuperación. Dormir bien, hacer pausas conscientes, cultivar el silencio o simplemente respirar sin prisa también forma parte del entrenamiento.

Durante el sueño profundo, el sistema glinfático cerebral elimina toxinas acumuladas en el día, algo crucial para la salud cognitiva.

El sistema glinfático es un mecanismo natural de limpieza del cerebro. Funciona principalmente mientras dormimos y actúa como una red de drenaje que elimina los desechos y proteínas que se acumulan durante el día, entre ellas la beta-amiloide, relacionada con el deterioro cognitivo. Es como un «lavado nocturno», una higiene profunda que solo ocurre cuando el cuerpo y la mente se entregan al descanso. Por eso, dormir bien no es un lujo, sino una necesidad biológica. Descansar, además de ser premio por haber hecho mucho, es parte del ciclo. Es en el sueño cuando el sistema nervioso consolida aprendizajes, limpia sus circuitos y repara conexiones.

Ejercicio para diseñar tu propio protocolo de fortaleza en la adversidad

No hay una única fórmula, pero puedes crear tu ritual de entrenamiento de fortaleza gracias a la adversidad adaptado a tu ritmo de vida. Aquí te dejo algunas ideas que puedes combinar:

1. Una o dos duchas frías por semana.
2. Caminar o hacer ejercicio funcional tres veces por semana.
3. Respirar conscientemente antes de dormir o al despertar.
4. Elegir un pequeño reto emocional cada semana, una conversación pendiente o una decisión postergada.
5. Ayunar entre doce y catorce horas una vez a la semana, si tu salud lo permite.
6. Estudiar o leer algo que te rete a nivel cognitivo.

Por qué funciona
Empieza con poco, con lo que puedas sostener. No tienes por qué hacer mucho de golpe, es más importante mantener el ritmo y observar los efectos. La fortaleza que nace de la adversidad se cultiva con constancia, no con esfuerzo extremo.

No se trata de cuánto haces, sino de qué intención te imprimes al hacerlo.

VIVIR CON MÁS MARGEN

La verdadera ganancia de este tipo de entrenamiento no es solo física o mental. Es vivir con más coherencia entre lo que nos pasa y cómo reaccionamos, más recursos internos cuando la vida se complica. Más energía, más claridad, más calma.

La comodidad te devuelve a tu centro, la adversidad te hace fuerte y te regenera.

Ese es el regalo oculto del estrés bien usado, que, lejos de quebrarte, te mejora.

VOLVERNOS MÁS GRANDES QUE LO QUE NOS PASA

Tal vez lo más poderoso de entrenarnos en la adversidad no es solo que nos hace más fuertes, sino que nos devuelve el protagonismo. Cuando aprendemos a usar el estrés como una herramienta y no como una amenaza, dejamos de sentirnos a merced de las circunstancias, empezamos a ver los desafíos como oportunidades de expansión. Volverse fuerte en lo adverso no significa no sentir miedo, ni tristeza, ni cansancio, significa poder estar presentes incluso en medio de todo eso. No se trata de endurecerse, sino de afinar nuestra capacidad de adaptación.

No necesitas que todo esté bien para estar bien contigo.

No hace falta hacerlo perfecto. Solo hace falta empezar. Con una ducha fría, con una pausa para respirar, con una conversación que has estado evitando, con un paso pequeño fuera de tu zona cómoda.

Lo que transforma no es el tamaño del desafío, sino la forma en que elegimos habitarlo.

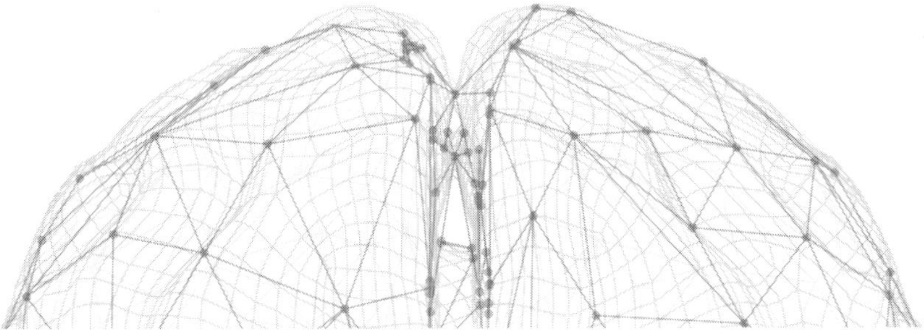

5

OLVÍDATE DE DRAMAS

REPROGRAMA TU MENTE PARA QUE RECUPERE EL CONTROL

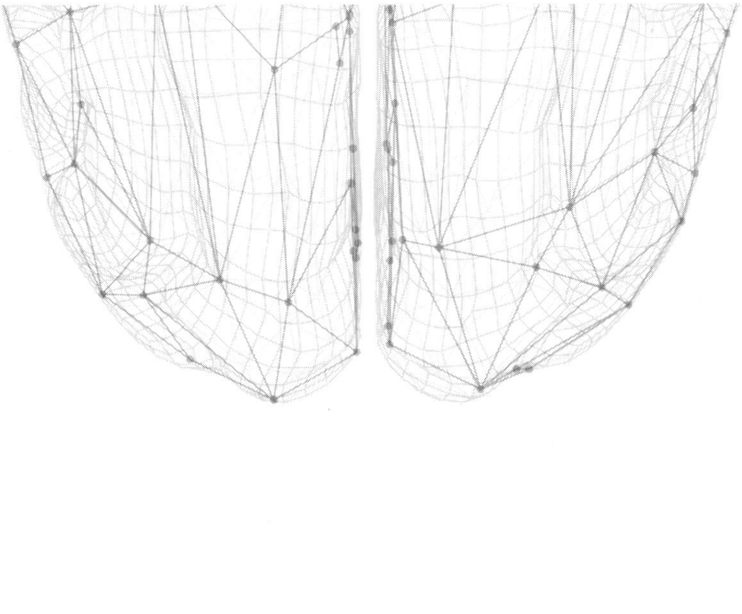

1. ¿Por qué me hablo tan mal?
2. ¿Por qué tiendo a preocuparme de más?
3. ¿Por qué soy tan crítico conmigo mismo?
4. ¿Cómo reprogramo mi cerebro para que deje de juzgarme tanto?

1. ¿POR QUÉ ME HABLO TAN MAL?

El relato que nos contamos a nosotros mismos tiene mucho que ver con cómo nos sentimos a nivel físico, mental, emocional, pero también con cómo hemos aprendido a hablarnos. Nuestra carga genética, educación, vivencias, en definitiva, todo aquello que nos ha sido programado afecta a lo que nos decimos cada día. Cómo te tratas, si te hablas bien o mal, depende de cómo has interiorizado que es «normal» hacerlo. Pero ¿de dónde nace esta forma de referirnos? ¿Se puede mejorar si no nos gusta cómo lo hacemos?

Nuestro cerebro es el director de estas conversaciones y es un experto en construir diálogos internos. Nos habla continuamente en forma de pensamientos, de reacciones físicas, de contenido emocional, de actitud protectora o de actitud expansiva. Se expresa todo el tiempo, pero ¿cómo podemos influir más en qué nos dice y cómo lo hace para que esté más de acuerdo con cómo queremos vivir?

Si dejamos que se exprese libremente sin tomar el control sobre lo que decide contarnos o de nuestra biología, terminaremos cayendo con toda seguridad en un lenguaje mucho más negativo, preocupado y restrictivo del que podríamos tener. Por naturaleza, es mucho más conservador de lo que necesitamos. Ve amenazas donde no las hay y tiende a sobreprotegernos. En definitiva, es más propenso a asustarnos que a darnos seguridad.

2. ¿POR QUÉ TIENDO A PREOCUPARME DE MÁS?

> Los humanos somos las únicas criaturas capaces de activar la respuesta de estrés solo con el pensamiento.
>
> ROBERT SAPOLSKY

«Más vale lo malo conocido que lo bueno por conocer» es el mantra que se repite nuestro sistema nervioso. Nuestra reacción biológica ante lo novedoso ha sido convertirnos en expertos de lo seguro, de lo predecible. Tendemos a repetir aquello que ya ha salido bien en el pasado. Por tanto, nuestra mente se rige por dos grandes prioridades:

1. Evitar situaciones de riesgo.
2. Ahorrar energía.

Podríamos decir que nuestro cerebro está constantemente haciendo cálculos sobre qué opciones tienen más probabilidades de salir bien con el menor esfuerzo posible. Este mecanismo nos hace priorizar lo familiar, incluso cuando no es lo mejor para nosotros. Aunque vivas en un entorno seguro, tu sistema sigue evaluando las situaciones con el mismo criterio desde hace miles de años, cuando las amenazas eran inmediatas y tangibles; lo vimos cuando hablamos del estrés. No ha habido tiempo suficiente para adaptar del todo nuestra biología al siglo XXI: aprendemos aquí y ahora y, poco a poco, vamos integrando que no hay tantos peligros como nuestra percepción nos dice. Sin embargo, el instinto de autoprotección innato sigue ahí.

Lo predecible nos da la sensación de seguridad, porque podemos anticipar lo que va a suceder. Por el contrario, el cambio genera incertidumbre y eso es interpretado como una posible amenaza.

Nuestra tendencia es priorizar la seguridad sobre la novedad, aunque esta sea emocionante.

Estamos en continua evaluación del entorno, buscando los riesgos posibles. Cuando nos enfrentamos a una situación similar a otra que ya hemos vivido, aunque haya sido incómoda o negativa, la percibiremos como más cómoda que una experiencia novedosa, simplemente porque ya sabemos qué esperar. Esa predictibilidad nos da una falsa sensación de control, algo que el sistema nervioso valora enormemente.

Piensa en cómo mucha gente prefiere quedarse en un trabajo que no le gusta, solo porque ya conoce las reglas del juego. Cambiar de empleo implicaría enfrentarse a lo desconocido, a lo que no se puede prever. Aunque lo nuevo pueda ser mejor, la incertidumbre genera ansiedad y nuestro instinto de supervivencia prefiere evitarla.

CASOS MINDSTUDIO: TOMANDO CONCIENCIA DE UNA RELACIÓN PREVISIBLE

Esto me hace pensar en Julia, una paciente que vino a entrenarse a nuestros centros especializados y que estaba sufriendo mucho. Llevaba años en una relación que, por decirlo con suavidad, no le hacía ningún bien. Discutían a todas horas, se sentía emocionalmente agotada. Pero cada vez que alguien le sugería que lo dejara, su respuesta era la misma: «Es que no sé cómo sería estar sin él». Para ella, la familiaridad de esa pareja tóxica le daba una especie de refugio, aunque fuese uno construido sobre bases inestables. Su sistema de protección, más enfocado en valorar la seguridad que el bienestar, la mantenía atada a lo conocido, a pesar del sufrimiento que le causaba.

Este mismo patrón conservador no solo se ve en las relaciones o el trabajo, sino también en la forma en que nos enfrentamos a los traumas pasados. Cuando una experiencia negativa se repite muchas veces, la mente empieza a reconocerla como un terreno seguro porque ya sabe qué esperar. Es una ilusión de seguridad, pero que puede atraparnos.

Si queremos cambiar, necesitamos entender qué está ocurriendo dentro de nosotros para no dejarnos llevar por las reacciones automáticas.

EL ORIGEN BIOLÓGICO DE ESTA TENDENCIA

Es importante comprender que esta resistencia al cambio tiene una razón biológica. Nuestro sistema consume una cantidad descomunal de energía y cualquier cambio respecto a lo que hace normalmente y ya ha automatizado le supone un mayor coste energético, por eso prefiere seguir rutas ya establecidas. Hacer algo nuevo exige crear conexiones inéditas, activar neurotransmisores específicos y sostener un esfuerzo extra.

Pero aquí está la clave: cuanto más repitamos un patrón, más fuerte se volverá. Es como caminar siempre por el mismo sendero hasta que queda tan marcado que tus pies lo siguen solos. Así que ¿por qué gastar más energía abriendo un camino nuevo si ya hay uno que «funciona»?

Cuando algo se vuelve familiar, las conexiones neuronales se refuerzan. Aquí entra el hipocampo, esa maravillosa estructura de nuestro cerebro encargada de la memoria, que almacena no solo los hechos, sino también las emociones asociadas a ellos. Si una experiencia negativa se repite muchas veces, la mente la reconoce como un terreno seguro porque al menos sabe qué esperar. Esta es la razón por la que a veces decimos que no a oportunidades que en realidad podrían beneficiarnos. No es que no queramos el cambio, sino que nuestro sistema lo percibe como una amenaza mayor de lo que realmente es.

Para el cerebro de Julia es más cómodo seguir viviendo con el malestar de una relación tóxica que animarle a hacer un cambio para vivir otro tipo de relaciones más saludables y constructivas.

Por suerte, no somos nuestro cerebro; podemos actuar sobre él y tomar el mando.

APRENDER A PREOCUPARNOS MENOS

Decía el gran poeta Antonio Machado que «cada paso hacia lo desconocido es un acto de valentía, un abrazo al cambio que nos transforma». Así, la pregunta sobre si es posible dejar atrás esta cautela incrustada en nuestra biología surge constantemente, y la respuesta es que sí, que es del todo posible.

El primer paso para poder cambiar una tendencia cerebral es querer hacerlo. Modificar patrones nos exige energía adicional, pero nuestra mente está preparada para adaptarse si le damos una razón poderosa. El motor del cambio se activa cuando demostramos que hay un beneficio «real» en variar nuestra conducta.

El apoyo y la posibilidad de cambio es real, lo tenemos dentro y se produce gracias a la neuroplasticidad, esa increíble capacidad que tiene nuestro cerebro para adaptarse a lo largo de toda nuestra vida. Lejos de ser una máquina estática, somos sistemas dinámicos que se remodelan de manera incesante en función de nuestras experiencias y decisiones.

Pero aquí viene lo difícil. Al principio, nuestro cerebro se va a resistir, nos bombardeará con pensamientos de duda y nos ofrecerá todo tipo de excusas para no cambiar. La llave para abrir estos procesos está en recordarle una y otra vez que el cambio vale la pena y que hay una recompensa esperándonos al final del esfuerzo.

Cada vez que eliges desafiar al miedo y avanzar, estarás debilitando viejas conexiones y fortaleciendo las nuevas. Tu sistema se ajusta a lo que le enseñas. Así que ¿cómo lo hacemos en la práctica?

Frente al miedo, pongamos una ilusión más grande a su lado.

Ejercicios prácticos para reducir el drama

Lo que queremos lograr debe ser lo suficientemente atractivo como para que nos valga la pena, pero también debe ser «seguro» como para que no se perciba como una amenaza. Los dos ejercicios que presento a continuación trabajan con lo anterior y puedes realizarlos para ayudar a esta reprogramación cerebral:

1. Exposición gradual

Con esta práctica queremos demostrarle a nuestro cerebro que es capaz de hacer las cosas de una manera diferente a como suele hacerlas. En este caso, se trata de que abandone ese discurso tan preocupante con el que nos alimenta frente a una coyuntura que no hemos vivido antes, pero que no por ello es mala.

Aquí contemplamos cualquier situación que suponga un cambio, incluidas aquellas que, objetivamente, son positivas desde su inicio, como un ascenso en el trabajo, el inicio de una nueva relación, empezar una nueva actividad deportiva o hacer un grupo nuevo de amigos.

Si queremos ir demostrándole a nuestro sistema que esas situaciones no son amenazantes, abrirnos a ellas poco a poco ayuda mucho. Así nos estaremos enfrentando a lo nuevo y desafiante pero de manera controlada. Esto se llama «exposición gradual» y es una técnica muy utilizada en psicología para superar nuestros miedos.

Los pasos son:

1. **Querer cambiar.** Adquirir consciencia de que algo no funciona y comprometerte a cambiarlo. Este paso

es clave. Querer es poder. Escribe tu compromiso de cambio, cuéntaselo a alguien, haz algo que deje constancia de tu deseo de llevarlo a cabo. Solo con esa claridad tu cerebro puede ponerse en marcha. No te olvides de que le va a costar esfuerzo y de que debes tomar el mando tú.

2. **Identificar qué quieres cambiar.** Concreta en qué consiste ese cambio. «Quiero cambiar esta actitud por esta otra». Cuanto más específica y detallada sea tu propuesta de cambio, más sencillo va a ser que tu cerebro lo entienda. Por ejemplo, en una relación poco saludable: «Quiero cambiar la manera de conversar con esta persona». «Quiero que ya no haya más gritos, descalificaciones y que empecemos a escucharnos».
3. **Identificar acciones que muestran ese cambio y hacerlas poco a poco, gradualmente.** Es más complicado hacer cambios bruscos que afrontar pequeños cambios sucesivos con los que tu cerebro vaya perdiendo miedo y se dé cuenta de que «no se muere» al llevarlos a cabo. ¿Te asusta hablar en público? Empieza por hacerlo delante de un grupo muy reducido, quizá hasta de una sola persona con la que tengas confianza. Ve persona a persona y añade, gradualmente, más exposición. Si te dan miedo los ascensores, prueba a subir solo hasta la primera planta.
4. **Felicítate cada vez que te expones.** Estás haciendo algo complicado, ya que reprogramar conexiones neuronales es todo un proceso. Cada vez te resultará más fácil, pero es importante que te felicites y reconozcas el esfuerzo que supone.

Por qué funciona

Al enfrentar pequeños retos y manejar la incomodidad que conllevan, el cerebro aprende que lo desconocido no siempre es peligroso y que el riesgo es manejable. Poco a poco, las conexiones neuronales que reforzaban el temor van debilitándose y se crean nuevas rutas que favorecen una respuesta más equilibrada y confiada.

Con esta exposición gradual, estamos ayudando también a que nuestro sistema mejore el manejo de dopamina. Esta molécula no solo nos impulsa a buscar recompensas, sino que también refuerza nuestros hábitos. Cambiar nuestra respuesta al miedo o ante la precaución implica aprender a «reprogramar» esta hormona, asociando nuevas conductas con pequeñas recompensas o sensaciones de logro. Así, cada vez que enfrentas un desafío y te das una pequeña «palmadita en la espalda» por hacerlo, estás consolidando la idea de que lo desconocido puede ser manejado y hasta gratificante.

Al felicitarte por llevar a cabo el cambio, reconoces la valentía de tu cerebro cada vez que atraviesa la incomodidad de adentrarse en esa situación que aún no conoce y a la que, aun siendo incómoda, es necesario que se acostumbre.

2. Diseña un final feliz para esa situación

Si tu cerebro muestra temor frente a algo nuevo es porque no puede anticipar cómo va a terminar esa situación. En el fondo, prefiere asustarte porque existen posibilidades de que acabe mal. No le importa si la probabilidad de que acabe bien es mucho mayor, con que exista una sombra de duda ya será suficiente para que ponga en marcha su maquinaria para detección de riesgos. Entonces, ¿por qué no mostrarle que sí puede tener un final feliz y seguro para nosotros? Si él es capaz de visualizar nítidamente esa posibilidad, empezará a cooperar.

Todo lo visual ayuda mucho a que nuestro cerebro integre los cambios, por eso en el próximo ejercicio haremos uso de esta habilidad.

Dibuja en un papel, aunque no sea superrealista, el final feliz de esa circunstancia que vas a enfrentar. Si dibujar te supone un esfuerzo tremendo, no te preocupes: escríbelo, pero hazlo con detalle, deteniéndote en lo bien que se siente cuando se cumple. Esta segunda opción la recomiendo menos porque no sobreactiva el hemisferio derecho para «dar forma» a lo que proyectas tanto como dibujar, y es un acto un poco más mecánico.

Por qué funciona

Haciendo esto, haces aterrizar esa situación que al principio era abstracta y desconocida y la vuelves concreta, positiva y palpable. Nada mejor para que tu cerebro se anime y deje de enviarte pensamientos de duda y preocupación. Si no puedes dibujar ni escribir, visualízalo. Cierra los ojos e imagina que sucede con éxito y con todo lujo de detalles.

3. ¿POR QUÉ SOY TAN CRÍTICO CONMIGO MISMO?

Curiosamente, tendemos a ser mucho más críticos con nosotros mismos que con los demás: es muy posible que te estés diciendo cosas a ti mismo que nunca le dirías a alguien a quien quieres bien.

Si escribiésemos en un papel todo lo que nos decimos y después se lo leyésemos a alguien, probablemente nos preguntarían quién es el desalmado que nos trata así. Si nos dieran a elegir, la mayoría de nosotros elegiría hablarse mejor. Cuando de manera consciente «elegimos» algo distinto de lo que «hacemos», subyace, de nuevo, una programación cerebral que no es la más adecuada.

LA BASE DE LA AUTOCRÍTICA

Nos juzgamos según unos estándares que hemos asumido como válidos para sentirnos merecedores de aquello que cubre nuestras dos grandes necesidades:

- Que nos quieran.
- Ser lo suficientemente buenos para que nos acepten en un grupo.

Hay muchas más, pero estas son la base de nuestra supervivencia, ser alimentados y protegidos y, después, formar parte de la comunidad. Solos no podemos sobrevivir. Además, nuestro sistema tiene un radar en constante funcionamiento para evaluar si ambas están cubiertas en un nivel razonable.

En la fase inicial de nuestra infancia, este radar se afinó mucho y era especialmente sensible a lo que teníamos que hacer para provocar reacciones en las personas que nos rodeaban. Establecimos un lenguaje propio de llantos y ruidos. Mucho antes de poder hablar, nuestro cerebro ya había establecido una complicada red neuronal para ello. Por supuesto, también recogía todas las actitudes que provocábamos en otros cuando llorábamos más fuerte o lo que sentíamos cuando estábamos en brazos calentitos.

Nuestra mente, a pesar de seguir programándose, madurando y sofisticándose de forma extraordinaria para incorporar el lenguaje, las habilidades sociales, cognitivas y emocionales —que nada tienen que ver con las de esos bebés vulnerables que fuimos—, sigue manteniendo, como base fundamental, buscar seguridad a través de la aceptación y el cariño de los demás. Aquí nace la razón principal de nuestra autocrítica. Seguimos evaluando de forma inconsciente si se cumplen estas dos condiciones. Para ello, analizamos cómo se comportan los otros ante lo que somos y hacemos. Medimos el impacto que generamos en las personas que nos rodean.

El cerebro le da mucha más importancia a esto de la que podríamos admitir de forma consciente. Incluso cuando parece que has podido superar las opiniones que alguien tiene sobre ti, él sigue valorándolas para mantenerlas dentro de un límite seguro. Si te parece que ya no te afectan es porque no influyen directamente en el rango establecido por tu sistema como de riesgo, pero si se sintiera en peligro por otras razones, volverá a darles relevancia.

La clave está, por tanto, en lograr que nuestro efecto sobre los demás nos importe menos. O, dicho de otra manera, que las señales de alarma que nos indican que otras personas amenazan nuestra necesidad de ser queridos y aceptados solo entren en juego cuando las situaciones realmente lo merezcan por ser de una gravedad que requiera nuestra atención.

En el fondo, se trata de hacer que nuestro radar tenga la sensibilidad necesaria para convivir bien con nuestros semejantes, y no los coloque en una posición de jueces de quiénes somos.

La programación que necesitamos para que esto ocurra debe conseguir que nuestro sistema se sienta seguro, tranquilo con nuestra forma de ser y actuar porque está dentro de unos valores que hemos elegido y que no dañan a nadie. Si además de esto logramos que sea constructiva, expansiva y haga bien a quienes tenemos alrededor, aumentaremos las probabilidades de disfrute y felicidad.

SUPERAR LA AUTOCRÍTICA

> Conocer a los demás es sabiduría, pero conocerte a ti mismo es iluminación.
>
> LAO-TSE, *Tao Te Ching* (siglo VI a. C.)

Para poder mirarnos con mejores ojos, primero tendremos que reprogramar nuestro radar. Una opción es buscar en el pasado las causas de por qué hoy tenemos una mala autoimagen. Esto siempre es un buen ejercicio psicológico para entender de dónde vienen nuestros comportamientos y cambiarlos desde esa claridad. Analizar tus experiencias anteriores, como la infancia, los ambientes en los que has crecido o la interacción con las personas que tienen impacto emocional directo sobre ti, es valioso. Para ello, puedes contar con la ayuda de un profesional que te ayude a entender por qué sientes, actúas y miras el mundo de la forma en que lo haces.

Pero para reprogramar tu cerebro no siempre es necesario ir al pasado. De hecho, te invito a que pruebes a no hacerlo y te centres en cómo quieres ser ahora y en el futuro.

A nivel cerebral, es más interesante ilusionarse con algo nuevo que reparar algo antiguo.

Si algo le interesa a tu cerebro, trabajará de manera más sencilla para lograrlo, sin oponer resistencia. Esto que te voy a explicar ahora necesito que lo interiorices y que reflexiones bien en ello.

Nos quieren y nos aceptan por el efecto que tenemos en los demás, no por el que creemos que tenemos.

Pensamos que las personas nos perciben de una determinada manera, que es como nosotros creemos que lo hacen, pero eso no es cierto. Nos equivocamos en aventurar lo que piensan y sienten respecto a nosotros. Sencillamente, no podemos saberlo. Podemos intuirlo, sí, pero jamás tendremos la certeza.

Por supuesto, es probable que los que nos quieren y nos conocen de verdad nos lo demuestren no solo con sus palabras, sino también con sus actos. Esto nos asegura que no haya mucha distancia entre lo que percibimos y la realidad. Pero pensemos ahora en aquellos que no forman parte de nuestro círculo íntimo, no tenemos tanta confianza y solo perciben una parte de nosotros. Suelen ser con los que más nos relacionamos en el día a día.

Con estas personas, la imagen que proyectamos es seguramente más confusa. Vemos en ellos reacciones, miradas o comportamientos que no podemos interpretar con facilidad. A veces, una mirada seria nos hace pensar que no gustamos, o una contestación directa.

Si le damos la vuelta a esto nos damos cuenta de que, otras veces, nosotros mismos miramos a alguien mientras pensamos en un problema que nos cuesta resolver y por eso nuestra expresión es seria. La cara que ponemos tiene que ver en este caso solo con nuestro interior, no con la otra persona. O nos sentimos físicamente cansados, estamos bloqueados y respondemos con más brusquedad de la que nos gustaría. O aquel que tenemos enfrente nos intimida y nos cuesta sostenerle la mirada, hablarle o interactuar con él. Cualquiera de estos comportamientos puede ser malinterpretado.

Para poder entender mejor el mundo de las relaciones humanas, debemos recordar que los demás tienen las dos mismas necesidades básicas que nosotros: que les quieran y ser lo suficientemente buenos para que les acepten en un grupo. Estamos todos en el mismo barco y nos zarandean las mismas olas.

Es importante entender esto porque todos afectamos en este sentido al resto de individuos. Nos podríamos preguntar, además, si por el mero hecho de ser yo, la persona que tengo delante se siente querida y aceptada, pues tiene su propio radar para estudiar el entorno, percibirme y que su sistema reaccione ante ello.

En MindStudio he trabajado con muchas mujeres, hombres, niños y jóvenes con sentimientos de culpa, con la autoestima baja; con una gran autocrítica porque percibían que no eran aceptados. Su radar, su cerebro (en este caso su hemisferio cerebral derecho en mayor medida), les mostraba que no se les quería o que no se les aceptaba por ser como eran.

La reflexión, en cambio, debería ser otra: ¿estoy yo, con mis actos y con mi comportamiento, afectando negativamente de manera consciente y voluntaria a esta persona? ¿O quizá esta persona se siente amenazada en su necesidad de ser querida y aceptada por la interpretación que hace de mí y que es ajena a mi voluntad y a mi control?

Hay quien se siente vulnerable porque percibe que los demás tienen cualidades que le faltan, «amenazado» de manera consciente o inconsciente al interpretar que vale menos. No alcanza a ver qué atributos sí tiene y que es probable que las otras personas no tengan. Pero esto exige mirarse más profundamente y se suele obviar. Sentirse de menos nos ciega y hace un sesgo de la realidad.

Cuando alguien se siente así, se puede reaccionar de muchas maneras, pero es probable que casi todas ellas hagan sentir a la persona que tiene enfrente menos querida o aceptada. A veces es simplemente una mirada, una respuesta, una acción o, simplemente, la energía que emana.

He visto a muchos niños y niñas con grandes talentos sentirse aislados y rechazados porque su presencia «empequeñece» a quien tienen enfrente. Es un círculo vicioso donde ambos sujetos están sometidos a una misma necesidad que el otro no logra cubrir.

Hay personas que utilizan la violencia, el abuso y el sometimiento como herramientas para poder llenar ese vacío de no sentirse lo suficientemente amados y aceptados. Pero otras veces (muchas) no son las otras personas las que nos aíslan y juzgan, sino nosotros mismos.

NO SOMOS TAN IMPORTANTES PARA LOS DEMÁS COMO CREEMOS

En realidad, ¿las personas que tengo cerca me dirían cosas tan duras como las que me digo yo a mí mismo? ¿Perciben en mí tantas limitaciones como las que yo veo? Después de haber tratado con cientos de mentes, está claro que somos nuestros jueces más implacables.

Si lo piensas con frialdad, es algo lógico porque, aunque cueste leer esto, no somos tan importantes para los demás como nos creemos. Salvo las personas a las que estamos unidos de manera sólida, el resto siempre estarán más preocupados por ellos mismos que por nosotros. Quizá saber esto sea para ti liberador.

No tenemos que estar tan pendientes de nuestro efecto sobre los demás porque no les importamos tanto ni para bien ni para mal.

Cuando algo no les gusta de ti a los otros, te enviarán una energía negativa, pero no será el centro de su mundo y dejarán de pensar en ello antes de lo que crees. Entonces, ¿puedo dejar de ser tan duro conmigo mismo?

Sí, ¡claro que sí! Por supuesto que puedes. Para ello, no tienes que pelearte con tu pasado, ni hacer un ejercicio titánico de darle la vuelta a todo. Lo que necesitas es alinear tu mirada y centrar tu atención en aquello que quieres que te defina como persona. Decide quién quieres ser y toma el mando de aquello que está en tu mano.

Vamos por partes, porque esto puede parecer demasiado grande, pero el poder que te dará para ser más justo y empático contigo es esencial. De base, es bastante simple de entender.

Para gustar a los demás, primero debes gustarte a ti mismo.

Para que los demás te amen, primero debes amarte a ti mismo.

Para que los demás te acepten, primero debes aceptarte tú.

Debes ser capaz de mirar de manera objetiva lo que para tu cerebro es subjetivo.

El objetivo es que definas a qué valores les das importancia y a cuáles no. ¿A qué fuerzas quieres dedicarles tu atención y tu esfuerzo? Elige los faros que quieres que te guíen para que te ayuden a no desviarte con otras luces que también parecen brillar.

No te pido que te comprometas con los resultados, sino con los puntos de partida. ¿Desde dónde quieres mirar tu vida? Decide si prefieres fijarte en tus puntos flacos o luchar por ampliar tus puntos fuertes. Conecta con lo que te haga sentir expansivo para que puedas salir de estereotipos que quizá les funcionen a otros, pero que a ti no te mueven.

Después de tratar y entrenar a tantas personas de distintos ámbitos, edades y nacionalidades, tengo no solo conocimiento, sino muchos datos cuantitativos de lo que ocurre en el cerebro de aquellas que se sienten más a gusto con ellas mismas y que mantienen su autocrítica en lugares constructivos y saludables. Funcionan especialmente bien en dos aspectos:

1. **El córtex prefrontal derecho muestra una actividad ordenada.** Las frecuencias que podemos leer con EEG tienen patrones estables que se mueven en rangos de alpha y beta, sobre todo en la zona frontal y prefrontal, mostrando una activación regulada de la amígdala. Su cerebro no responde en modo de alerta a no ser que la situación lo requiera. Muy al contrario, se siente sereno, digamos con una mirada amplia, objetiva, adaptable, optimista y sin crear dramas innecesarios. Son mentes que no tienen tendencia a preocuparse, sino a ocuparse.
2. **La comunicación entre los dos hemisferios cerebrales.** La actividad de las zonas temporales —la izquierda y la derecha—, esas pequeñas áreas situadas detrás de nuestras orejas, entran en coherencia. Hay pocos saltos de frecuencias, es decir, se hablan bien entre ellas. Cuando esto ocurre, la persona se siente flexible en su pensamiento, no se queda anclada en ideas fijas, sino que es capaz de mantener una mirada abierta que contempla aspectos emocionales de ejecución y de reflexión que dialogan bien entre sí. Como si su cerebro no le obligara a elegir un aspecto por encima de otro, sino que asume que todos son importantes y elige en qué momento necesita cada uno, por ejemplo, cuándo debe conectar con una parte más social, empática y de atención al entorno, o cuándo debe centrarse más en sí mismo y aislarse del mundo exterior para enfocarse solo en algo concreto. Se trata de individuos que muestran un equilibrio muy saludable entre las distintas facetas de su personalidad.

NUESTRO CEREBRO ES UN ÓRGANO DE IDA Y VUELTA

¿Qué significa esto? Que al funcionar de una manera concreta, nos hace comportarnos de forma acorde, pero también podemos elegir actuar de un modo que haga que nuestro cerebro cambie. Es posible que con actos de serenidad, apertura y flexibilidad modifiquemos su actividad, hasta ese momento de otro signo.

4. ¿CÓMO REPROGRAMO MI CEREBRO PARA QUE DEJE DE JUZGARME TANTO?

Vamos a lograr cambiar la actividad de nuestro cerebro para que gane flexibilidad, amplíe su mirada y con ello nos entregue una visión de nosotros mismos más empática y real. Se trata de sacarlo de la zona de alerta y activarlo para que conecte con nuestras zonas de fortaleza (que él ya conoce) y que empiece a trabajar a nuestro favor.

He podido comprobar tres aspectos que funcionan de manera extraordinaria en esta reprogramación para juzgarnos menos y que modifican nuestra estructura cerebral mejorando las conexiones neuronales:

1. Identifícate con los valores que quieres que estén presentes en tu vida. Las personas que reportan mayor seguridad a menudo defienden unas máximas muy claras: ser honestos, luchar por su libertad, cuidar su cuerpo como un templo, disfrutar con lo que hacen, aprender de forma continua, ser fiel, mirar siempre el lado positivo de las cosas, no tener expec-

tativas altas... Las posibilidades son infinitas, pero necesitas elegir las tuyas. Aquellos aspectos que creas que deben definirte porque te hacen mejor persona y aumentan el respeto hacia ti mismo, y que te servirán de brújula ante una circunstancia inesperada.

2. Mejora la vida de los otros con la tuya. No debe ser casualidad que las personas que más satisfechas están suelan ser aquellas que tienen una mirada expansiva y constructiva hacia los demás. Sienten que su influencia puede ayudar al resto. Y, de nuevo, las maneras de lograrlo son incontables. Estar pendiente de los detalles que alegran a los demás, acompañar desde la amistad, apoyar en el mundo laboral... El torrente neuroquímico que despliega nuestro cerebro cada vez que sentimos que nuestra presencia o acciones mejoran a otros es notable. Se produce un cóctel de distintas sustancias como la serotonina, la oxitocina y la dopamina que nos hacen sentir bien. En definitiva, una combinación que nos arroja una percepción de la humanidad y de nosotros en interacción con ella, reportándonos nuestro propio valor.
3. Valora tu flexibilidad mental como un gran talento. Sin duda, las personas que no tienen miedo a cambiar de opinión, que son curiosas y que mantienen un espíritu abierto de aprendizaje son personas que viven mejor. Su sistema no se siente amenazado por los cambios, los identifican como oportunidades de crecimiento. Gozan además de mejor sentido del humor y son capaces de reírse de sí mismas. ¿Quién no desea la compañía de alguien así? Escuchan, debaten, tienen distintos puntos de vista y no temen que les

lleven la contraria. Si logras esa versatilidad notarás claramente cómo la autocrítica tiene mucho menos espacio para campar a sus anchas, y desarrollarás una mayor empatía.

Ejercicios de reprogramación

Siguiendo los puntos anteriores, te propongo tres ejercicios simples y efectivos que te ayudarán a construir ese faro para que te aproximes a esa persona que quieres ser, mientras te alejas de hablarte mal, de las autocríticas negativas y de pensamientos destructivos.

1. Tu mapa de valores

1. **Lee atentamente este listado de valores y conéctate todo lo que puedas con cada uno de ellos.** Siente cuánto te afectan, cuáles te provocan algo y cuáles no te dicen mucho.

    - **Autenticidad:** ser fiel a ti mismo, sin máscaras, actuando en coherencia con tu verdadero ser.
    - **Propósito:** tener una visión clara de lo que quieres lograr en la vida, guiado por una misión interna.
    - **Crecimiento personal:** el deseo constante de evolucionar, aprender y mejorar, sin conformarse con el *statu quo*.
    - **Integridad:** ser honesto y coherente con tus valores, incluso cuando nadie te esté mirando.
    - **Conexión:** crear vínculos auténticos con los demás, basados en la empatía y el entendimiento mutuo.

- **Resiliencia:** la capacidad de adaptarte y seguir adelante después de enfrentar desafíos, aprendiendo de cada experiencia.
- **Gratitud:** apreciar lo que tienes, desde lo más pequeño hasta lo más grande, reconociendo las bendiciones de la vida.
- **Amor propio:** valorarte y cuidar de ti mismo, poniéndote en primer lugar cuando sea necesario para tu bienestar.
- **Responsabilidad:** asumir un pleno compromiso con tus acciones, decisiones y su impacto en tu vida y en los demás.
- **Confianza:** creer en tus capacidades, en tu intuición y en las posibilidades que tienes por delante.
- **Pasión:** vivir con entusiasmo y dedicación por lo que amas, aportando energía y emoción a lo que haces.
- **Perdón:** liberarte del rencor, dejando ir el dolor y las heridas pasadas para poder avanzar con ligereza.
- **Equilibrio:** buscar la armonía entre todos los aspectos de tu vida, no solo el trabajo o las relaciones, sino también el tiempo personal.
- **Valentía:** enfrentar tus miedos, salir de tu zona de confort y dar pasos valientes hacia lo desconocido.
- **Justicia:** actuar con imparcialidad, buscando lo que es correcto para todos, no solo para ti.
- **Compasión:** sentir y actuar con amor hacia el sufrimiento ajeno, brindando apoyo sin esperar nada a cambio.

- **Tolerancia:** aceptar y respetar las diferencias, promoviendo un ambiente inclusivo y abierto a la diversidad.
- **Generosidad:** dar sin esperar recompensa, ofrecer apoyo, tiempo y recursos a quienes lo necesitan.
- **Creatividad:** ser capaz de pensar de manera innovadora, buscando nuevas soluciones y expresiones únicas.
- **Humildad:** reconocer tus limitaciones y aprender de los demás, sin arrogancia ni ego.
- **Autodisciplina:** mantener el enfoque y la consistencia para lograr tus metas, sin rendirse ante las distracciones.
- **Bienestar:** priorizar tu salud física, emocional y mental, y tomar decisiones que favorezcan tu felicidad.
- **Aventura:** estar dispuesto a salir de la rutina, explorar nuevos caminos y disfrutar de las experiencias espontáneas.
- **Colaboración:** trabajar en conjunto con otros para alcanzar metas comunes, reconociendo el poder de la sinergia.
- **Paz interior:** lograr una calma profunda que te permita enfrentar la vida con serenidad, sin dejarte arrastrar por el caos exterior.

2. **De todos ellos, escoge los diez que más te representen.** Puede que te cueste un poco porque todos te van a parecer importantes.
3. **Ahora, escríbelos y guárdalos contigo durante un día.**

Intenta identificar si son valores que están presentes en tu cotidianidad.

4. **Al día siguiente, de esos diez, quédate solo con cinco a los que no renunciarías.** Escríbelos y guárdalos otra jornada más contigo y conecta con ellos de forma consciente. Reflexiona si alguno está más presente en ti que otros. Si alguno no lo está, pero te gustaría que estuviera.
5. **Al tercer día, de esos cinco, elige solo tres.** Piénsalo muy bien porque serán los valores que defenderás para ti, serán tu mantra. También serán tu faro para moverte por la vida, ya que sin ellos no serías tú. Te comprometerás con ellos y querrás que estén presentes siempre en la base de tus comportamientos y de tus elecciones.

Tú eres esos tres valores y representan tu nobleza como persona. Comprométete con ellos, escríbelos y tenlos a la vista. Puedes, si quieres, escribirlos en el espejo del baño también.

Cuando tus pensamientos te lleven a lugares destructivos, trae estos valores a tu mente de vuelta y siéntete orgulloso de que estas sean las máximas que te definen. Solo por eso eres expansivo, constructivo y tienes un buen propósito en este mundo, algo digno de ser admirado.

2. No pases un día sin hacer un acto consciente de empatía, amabilidad y ayuda

Con este ejercicio, estarás entrenando a tu cerebro para que active el córtex prefrontal derecho, centro de buenas sensaciones, apertura y expansión emocional. Haciendo actos generosos, en realidad al primero que te ayudas es a ti mismo, porque te conecta con tu humanidad. Te aporta serenidad, confianza, vínculo con otras personas y te aleja de críticas absurdas hacia ti mismo. Dale razones a tu mente para que muestre una mirada amable sobre ti.

3. Haz que tu mente sea más flexible

Esta práctica me encanta. Desafía a tu cerebro a pensar sobre un tema donde tengas una opinión muy firme y oblígate a defender otro punto de vista diferente. Es como debatir contigo mismo para sacarte de tu postura habitual. No se trata de otra cosa que de llevarte la contraria a propósito. El objetivo no es que cambies de ideas, sino que juegues con algo que te permita experimentar la incomodidad de pensar distinto.

Es jugar a ser otro alguien que ve el mundo diferente. No por casualidad empleo la palabra «jugar», debes tomártelo con humor. Si no lo haces, te costará mucho porque estás intentando cambiar algo arraigado dentro de ti; algo que tu cerebro ya ha automatizado y dado como válido. En este «juego» aventúrate pensando de otra manera, así enseñas a tu mente a que no se asuste por tener otras opiniones, por abrir la mirada y, en definitiva, por ser más elástica.

Reflexiona sobre cómo se siente cuando piensa en otras cosas y déjate sorprender por este actor que hay oculto en ti. Sumérgete en el personaje, explora su psicología.

Por qué funciona

Con estos tres ejercicios reprogramas tu mente, tus conexiones neuronales y tu sistema de pensamiento, no desde tu pasado, sino proyectando tu presente y tu futuro, decidiendo hacia dónde diriges tu mirada. Ese es un gran poder. Pase lo que pase alrededor, te hará sentir orgulloso de ti, con un camino concreto, simple, definido. Son haces de luz que te acompañan y que definen una parte de ti muy importante. Te permiten mirarte con respeto.

Cuando estás en paz contigo, la mirada del otro ya no te afecta porque respondes a un propósito mayor. Quizá uno de los mayores descubrimientos que podemos hacer es que podemos cambiar nuestro futuro simplemente cambiando la forma en que nos vemos a nosotros mismos.

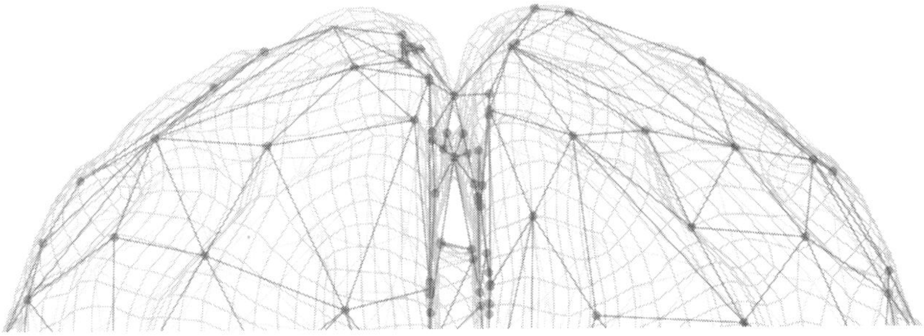

6

VUELVE A CONCENTRARTE COMO ANTES

ENSEÑA A TU CEREBRO A CONQUISTAR EL FOCO

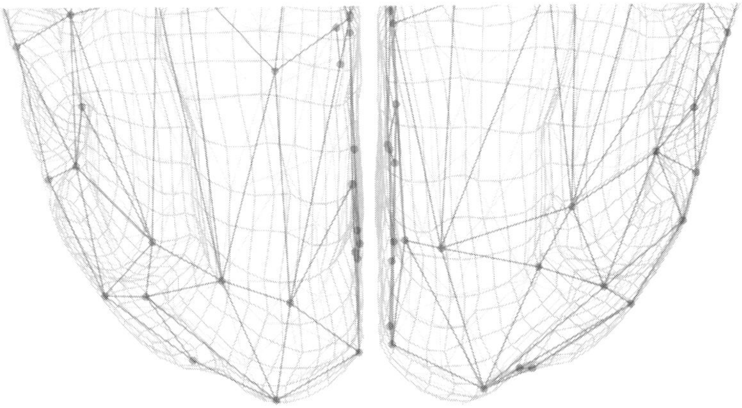

1. ¿Por qué nos cuesta tanto concentrarnos?
2. ¿Qué relación hay entre concentración y creatividad?
3. ¿Existe un momento del día mejor para concentrarnos?
4. ¿Qué es en realidad el TDA/TDAH cuando lo miramos desde la neurociencia y no solo desde la etiqueta?
5. ¿Hay más déficit de atención ahora que antes? ¿Cómo influyen las pantallas y el mundo digital?

1. ¿POR QUÉ NOS CUESTA TANTO CONCENTRARNOS?

—Me desconecto. Estoy haciendo algo y, de pronto, estoy en otro sitio.
—Parece que vives mucho en tu cabeza.
—Sí..., demasiado.

BEN STILLER, *La vida secreta de Walter Mitty* (2013)

Concentrarse significa fijar tu atención durante un tiempo definido sobre algo, que es lo mismo que dejar de ponerla sobre muchos aspectos y entornos. Significa seleccionar una pequeña parte de un todo, olvidarse y apartar una gran cantidad de información para quedarte solo con aquello en lo que decides centrarte.

La concentración es elegir una cosa y renunciar a mil.

Es lógico que nos cueste esfuerzo. ¿Por qué querría nuestro cerebro concentrarse en una sola cosa cuando puede recibir estímulos e información de muchos lugares? ¿Qué gana con esto en vez de curiosear por aquí y por allá?

Nuestro cerebro está diseñado para explorar, no para quedarse quieto.

En esta época en la que nuestra atención recibe innumerables estímulos —pantallas, notificaciones, vibraciones, multitareas, conversaciones—, ¿cómo vamos a pretender que nuestro cerebro se desconecte con facilidad y pueda dejarlo todo de lado para mantenerse fijo solo en una breve porción de la realidad? Pues, efectivamente, es una tarea difícil.

Vivimos en la mayor competencia por la atención de toda la historia de la humanidad.

Hoy en día esta dificultad es aún mayor porque vivimos en un estado de activación casi permanente. La cantidad de estímulos que recibimos hace que las frecuencias cerebrales hibeta, asociadas a la alerta y al estrés, estén mucho más presentes de lo que estaban hace apenas unas décadas. Nuestro sistema nervioso está constantemente recibiendo pequeñas señales de que «algo está pasando», incluso cuando no ocurre nada importante como puede ser una luz que parpadea, un sonido de fondo, un mensaje inesperado...

Nuestro cerebro interpreta cada notificación como una microamenaza.

Cuando estas señales se acumulan, nuestro cerebro se mantiene activado en un nivel demasiado alto. Esto impide que pueda acceder al rango óptimo de frecuencias beta, que son las necesarias para la concentración sostenida. Y, al mismo tiempo, tampoco puede entrar con facilidad en estados más calmados como las frecuencias alpha, que facilitan la sensación de bienestar previa a una inmersión profunda en cualquier asunto.

No es que hayamos perdido la concentración, es que la hemos dividido en mil pedazos.

Es como si se quedara atrapado en un punto extraño: demasiado activo para centrarse bien y demasiado disperso para relajarse. Por eso exige tanto esfuerzo: estamos pidiendo a una mente hiperestimulada que se quede quieta, estable y enfocada. Le estamos pidiendo que ignore un entorno que le está diciendo continuamente «mira aquí, ahora mira allí y también allá».

Le pedimos calma a un cerebro que vive en alerta.

Nuestro diseño cerebral no fue creado para la vida que llevamos hoy. Evolucionó para sobrevivir en la naturaleza, donde la atención debía alternar entre vigilar al depredador y buscar alimento, no para procesar una avalancha de estímulos simultáneos. Lo que entendemos como «falta de concentración» es la consecuencia directa de vivir en un entorno que exige más de lo que nuestro sistema nervioso puede sostener.

Cada vez que miramos el teléfono, revisamos mensajes o cambiamos de tarea, activamos el circuito de recompensa. Esa pequeña descarga de dopamina nos da una sensación instantánea de logro, pero, como toda gratificación rápida, deja un vacío que pide más. Sin darnos cuenta, nos entrenamos para buscar estímulos cortos y cambiantes en lugar de profundidad.

Hemos sacado al cerebro de su hábitat natural y eso le hace parecer torpe en concentración.

Necesitamos pausas, silencio. La atención es un recurso limitado, y cuando lo dividimos constantemente, lo debilitamos. Las redes neuronales encargadas del foco —la corteza prefrontal y el sistema de atención dorsal— funcionan como un músculo: si no las entrenamos, se atrofian.

En MindStudio lo vemos cada día. Recuerdo a Marta, una abogada brillante y madre de dos hijos, que llegaba exhausta. «Siento que mi mente va más rápido que mi vida», me dijo la primera vez. En su mapa cerebral observamos un exceso de ondas hibeta, asociadas a la hiperalerta, junto a una escasa presencia de ondas alpha, las de la calma lúcida. Su cerebro estaba en modo «hacer» incluso cuando intentaba descansar.

Hicimos un entrenamiento de armonización de frecuencias cerebrales para reforzar las ondas alpha y theta. Lo primero que le produjo curiosidad fue que podía ejercitarse viendo una película mientras nosotras leíamos su actividad cerebral con sensores y electrodos, estimulando sus frecuencias sin que ella tuviera que hacer ningún esfuerzo. Estaba tan abrumada por su falta de concentración y estrés que la primera sorpresa fue ver que podía hacer que su cerebro aprendiese sin tener que poner atención en ello. A los pocos días, empezó a notar algo diferente. «Por fin puedo leer sin que mi mente se escape a otra cosa», me dijo. Esa frase, sencilla, resumía ya un cambio profundo: su cerebro se estaba acostumbrando a quedarse en un solo lugar.

Este mismo entrenamiento lo hacemos habitualmente con niños y estudiantes que se benefician de trabajar las áreas cerebrales responsables de la concentración. Cuando el prefrontal izquierdo tiene una buena activación y el cerebro produce frecuencias beta, podemos apreciar cómo aumenta la capacidad de fijar la atención de esa persona. Los cambios son bastante rápidos porque una vez que se realizan estas nuevas conexiones neuronales el cerebro se siente cómodo. Deja de pelearse con el ruido externo y se vuelve más eficiente a nivel energético. Por lo tanto, automatiza esta rutina.

La concentración no es cuestión de fuerza de voluntad, sino de entrenamiento interno.

Si queremos recuperar la capacidad de concentrarnos, no basta con reducir estímulos externos o con intentar forzar la atención. Desde la neurociencia sabemos que no depende solo de la voluntad, sino del estado funcional del sistema nervioso. Para que el foco aparezca, nuestro cerebro debe entrar en un rango muy concreto de activación, en el que predominan las frecuencias beta estables del lóbulo prefrontal. Y ese estado puede alcanzarse por dos caminos neurobiológicos distintos.

Uno de ellos es el circuito del miedo. Cuando la mente percibe amenaza, presión o urgencia, activa el eje del estrés, aumenta la producción de cortisol y adrenalina, acelera las frecuencias cerebrales y genera un estado de hiperfoco defensivo. En ese modo, la atención se estrecha de forma intensa, se eliminan distracciones y toda la energía se dirige a la tarea que se percibe como vital. Es una concentración potente, rápida y eficaz para emergencias, pero tiene un alto coste fisiológico y emocional.

El otro camino es el circuito del placer. Aquí el foco no se impone por alarma, sino que emerge desde un sistema nervioso regulado. Cuando disminuyen las frecuencias hibeta del estrés y el cerebro transita desde alpha hacia beta de forma natural, la corteza prefrontal se activa sin tensión. En este estado, la atención es más estable, flexible, profunda y sostenible en el tiempo.

Ambos caminos conducen a nuestro objetivo, pero desde lugares internos completamente opuestos. Uno nace de la supervivencia, el otro del equilibrio. Entender esta diferencia es clave para comprender por qué algunas personas solo consiguen fijar la atención bajo presión, mientras que otras lo hacen mucho mejor cuando se sienten seguras, tranquilas y motivadas. Y también explica por qué no toda concentración tiene la misma calidad, el mismo impacto en la memoria ni el mismo efecto sobre la salud del cuerpo y del cerebro.

CONCENTRACIÓN DESDE EL MIEDO

Cuando algo nos asusta, llama nuestra atención de tal manera que somos capaces de apagar todo lo demás y enfocar nuestro sistema en esa fuente de peligro. Estamos programados para ello. Fíjate en cómo se utiliza el miedo habitualmente en los medios de comunicación, en las campañas de marketing, en la política, en los ambientes donde se quiere dirigir la opinión de las personas. Es una práctica antigua, fácil e interesada, otra cuestión es que sea la correcta o la más honesta, pero desde luego es directa. Y funciona.

El miedo es el atajo más rápido hacia la atención.

Esa es la razón por la que cuando te cuesta concentrarte, por ejemplo, para preparar un examen, terminar ese proyecto que tienes que entregar, o centrarte en una tarea concreta, es mucho más fácil hacerlo si se te mete el miedo en el cuerpo y tu sistema se siente amenazado si no lo hace. La presión de suspender una prueba, que te echen del trabajo, que tu reputación se vea dañada o que puedas sufrir de alguna manera es un gran incentivo.

En esos momentos, tu cerebro adquiere la energía extra que necesita. Entiende que hay un beneficio en no sufrir esos castigos y activa su modo de emergencia. Por eso eres capaz de estudiar en una noche lo que no pudiste hacer en semanas, avanzar con un proyecto que tenías atascado, elegir entre varias opciones que no veías claras o acometer aquello que te daba tanta pereza.

El miedo te enfoca, pero también encoge la amplitud de tu mirada.

Te adentras en algo que llamamos «modo túnel de atención», donde solo ves aquello que supone un peligro y desaparece el resto del entorno. Esa es la base misma de la concentración. Pero ¿qué calidad tiene? Curiosamente, es buena en varios aspectos. Te hace ser selectivo, fijarte en aquello que de verdad te salva y tener más claridad mental sobre lo que te interesa y lo que no. Ese estado de alerta te obliga a sacar tus recursos de supervivencia, te centra, elimina el ruido innecesario y te introduce en un estado de foco cerrado donde no se cuelan tantos pensamientos intrusivos. Pierdes la noción del tiempo y te deshaces en gran medida de las interrupciones que proceden de tu propia biología, como comer, ir al baño o sentir cansancio, por ejemplo. Tienes una energía extra para concentrarte y para olvidarte de todo lo demás.

La concentración del miedo es intensa, pero no sostenible en el medio plazo.

Fijar la atención desde el miedo tiene también varios inconvenientes. El principal es la mala calidad de la memoria que genera. Al funcionar desde la alerta, el cerebro da más prioridad a la urgencia que al aprendizaje profundo. Incorporamos la información de forma rápida, sin contexto ni capacidad de encontrar coherencia, lo que limita que el hipocampo pueda integrarla en redes neuronales de forma estable. En lugar de procesar y consolidar, registra datos de manera superficial y temporal. Aunque podamos recordar algo inmediatamente después, se desvanecerá con facilidad. No hay consolidación, conocimiento duradero.

Lo aprendido desde el miedo dura lo que dura la urgencia.

Otro inconveniente es que no podemos poner en marcha mecanismos cerebrales que necesitan calma y seguridad para activarse, como las áreas relacionadas con el subconsciente. Nuestra actividad cerebral no racional, la que se escapa a nuestro control, es extraordinaria. En el caso de la concentración, cuando el subconsciente se implica nos permite avanzar con sabiduría, conexiones, aprendizajes anteriores, memorias emocionales que dan coherencia a lo que estamos absorbiendo. Se generan vínculos de pensamiento, de razonamiento, de intuición, de procesamiento que enriquecen lo que hacemos.

El miedo te centra, pero te desconecta de tu inteligencia profunda.

CONCENTRACIÓN DESDE EL PLACER

Como ya he explicado más arriba, concentrarnos implica mantener la atención en algo de forma sostenida y convencer a nuestro cerebro de que puede y debe olvidarse de todas las demás fuentes de estímulos que llegan desde el interior de nuestro organismo —pensamiento, emociones, actividad motora—, así como desde el exterior. Para ello tenemos que mostrarle que la recompensa por hacerlo es superior al sufrimiento que conlleva.

En el caso anterior resultaba sencillo porque el argumento es sobrevivir, pero veamos ahora cómo es conseguirlo desde el placer. Tenemos que acceder a las memorias agradables y placenteras guardadas dentro de nosotros. Todo lo que hemos vivido nos deja una huella a nivel corporal, emocional y cerebral. Aunque no nos acordemos, nuestro organismo y nuestro subconsciente sí lo hacen.

El placer activa las mejores capacidades de nuestro cerebro.

El hipocampo disfruta y se expande cada vez que recuerdas detenidamente y con intención algo que ha sido beneficioso para ti. Y lo hace de tal manera que es capaz de iniciar procesos de activación de conexiones neuronales específicas para volver a recrear ese momento. Quiere que lo vuelvas a sentir. Estos recuerdos ya tienen asociada una sensación placentera. En ellos, concentrarse tenía un beneficio claro y un disfrute asociado.

Es como si nuestro cerebro dijera: «Esto te hizo bien, puedo ayudarte a volver ahí». Esos recuerdos vienen acompañados de sensaciones de bienestar y eficacia, por lo que nuestra mente se inclina de forma espontánea a facilitarnos ese estado.

La concentración desde el placer seduce a tu cerebro en vez de forzarle.

Cuando nos concentramos desde el placer, las áreas cerebrales implicadas son muy distintas a las que se activan cuando nos mueve el miedo. Predomina el sistema de recompensa dopaminérgico, que libera dopamina en niveles ideales para aprender y enfocar, y envía una señal clara a nuestra corteza prefrontal, la ayuda a que funcione con más precisión, mejora nuestra claridad mental, aumenta la capacidad de ignorar distracciones, refuerza la flexibilidad cognitiva y optimiza la memoria de trabajo. De una manera visual sería algo así: cuando disfrutamos lo que hacemos, los procesos mentales se coordinan de forma fluida y ordenada; cuando actuamos desde el estrés, los movimientos son torpes y acelerados.

Esta forma de atención fija mejora la comunicación entre la corteza prefrontal y el hipocampo y tiene una gran primera ventaja: hace que lo que aprendemos se codifique con profundidad y se consolide mejor durante el sueño. Así, logramos integrar la información como parte de una experiencia coherente, en la que estamos presentes y emocionalmente implicados de forma positiva.

Cuando el cerebro disfruta, aprende mejor, más rápido y con más profundidad.

Cuando nos concentramos desde el placer, logramos activarnos cerebralmente de una manera mucho más creativa, estable y eficiente, que se apoya en cómo nuestro propio cuerpo y nuestro cerebro funcionan de forma natural. Mejoramos nuestro pensamiento profundo, con claridad, y la memoria duradera.

El placer mueve y transforma nuestra capacidad de atender.

Ejercicio para activar la concentración desde el placer

1. **Para comenzar, pon una música que te guste.** No hace falta que sea especial para concentrarse, puede ser incluso algo animado. Lo importante es que tu cerebro se sienta a gusto, reconozca esa melodía y la disfrute, permitiéndole entrar en un estado de fluidez, no en uno de pereza o de resistencia.
2. **Mientras escuchas, empieza a moverte y a preparar el espacio.** Reúne el material que necesitas, organiza la mesa o el lugar donde vas a trabajar y hazlo acompañándote del ritmo. Este movimiento inicial ayuda a activar tu cuerpo y a marcar una transición hacia el enfoque.
3. **Mientras ordenas, nombra en voz alta los objetos que vas tocando o viendo.** Menciona aquello que tienes entre las manos o lo que notas a tu alrededor. Esto dirige tu atención de forma concreta hacia el entorno y te ayuda a traer tu mente al presente.

4. **Cuando ya estés ubicado, realiza una respiración alterna por fosas nasales.** Inhala por una fosa mientras tapas la otra, mantén unos segundos ambas cerradas y después exhala por la contraria. Alterna entre una y otra y repite el ciclo al menos seis veces, tres respiraciones por cada lado.
5. **Al terminar, empieza a leer, escribir o realizar la actividad en la que deseas concentrarte.** Mantén la música encendida mientras entras en la tarea y, cuando notes que ya estás dentro del proceso, ve bajando el volumen poco a poco hasta dejar solo un susurro o incluso apagarla si te resulta natural. Así permites que tu foco se active de manera suave, progresiva y agradable.

Por qué funciona

Para fijar la atención necesitamos que nuestro cerebro genere un tipo específico de frecuencias cerebrales llamadas beta. Estas se sitúan justo por debajo de otras más rápidas y agitadas, las hibeta, que están asociadas al estrés, y por encima de las alpha, que son más calmadas y no estimulan la acción. Representan ese punto intermedio perfecto: un estado en el que no estamos estresados, pero tampoco demasiado relajados. Es el nivel de activación óptimo.

Cuando predominan las frecuencias hibeta nos resulta imposible concentrarnos desde un lugar placentero. Y cuando predominan las frecuencias alpha porque estamos demasiado tranquilos, no tenemos la energía necesaria para activar las áreas del hemisferio izquierdo implicadas en este proceso.

En este ejercicio alcanzamos ese equilibrio a través de varios estímulos. El primero es la música: al escuchar una melodía que nos resulta familiar, incluso si es animada, nuestro cerebro reduce el estado de alerta y disminuye la presencia de frecuencias hibeta. Al mismo tiempo, introduce una sensación de calma que favorece que aparezcan frecuencias beta estables y que podamos conectar con sensaciones y recuerdos positivos.

Continuamos reforzando la presencia de frecuencias beta cuando nos fijamos en los objetos del entorno y los nombramos en voz alta. Este gesto activa la atención selectiva y algunas zonas del hemisferio izquierdo, principalmente regiones del frontal izquierdo que están vinculadas con la concentración. Como lo hacemos de manera natural y acompañados por música que nos gusta, nuestro cerebro no percibe presión ni obligación, así que no opone resistencia.

La respiración alterna completa este proceso porque ayuda a equilibrar ambos hemisferios, aportando calma y energía a la vez. Esto facilita que nuestra mente permanezca justo en ese rango ideal donde predominan las frecuencias beta necesarias para una concentración de calidad.

Una vez hecho esto, podemos ajustar los estímulos externos. Si te ayuda, baja el volumen de la música o apágala. Y si sientes que te acompaña y te mantiene enfocado, déjala sonar.

2. ¿QUÉ RELACIÓN HAY ENTRE CONCENTRACIÓN Y CREATIVIDAD?

Hace muchos años que estudio el proceso creativo del cerebro. Me interesa especialmente porque me fascina la capacidad que tenemos de producir ideas, pensamientos y acciones que surgen en un momento determinado, de un lugar profundo, como si siempre hubieran estado allí, encontrando el momento adecuado para ver la luz.

La creatividad nos hace humanos, nos diferencia de todas las especies y estoy convencida de que nos convierte en personas más felices y plenas cuando sentimos que forma parte de nosotros.

Pero ¿qué ocurre con la concentración y la creatividad? ¿Son incompatibles? La concentración nos pide centrar nuestra atención en una parte concreta de la realidad mientras que la creatividad exige expansión, «volarse» en un mundo de ideas y experimentar cuantos más estímulos mejor. Te explico qué relación tienen de una manera muy visual. Si pudiéramos ver nuestro cerebro mientras piensa, observaríamos algo parecido a un objetivo fotográfico que se abre y se cierra suavemente. Cuando necesita enfocar un solo punto con mucha precisión, como hacemos al concentrarnos, se estrecha y, en cambio, otras veces se abre para dejar que entre más luz, más paisaje, más posibilidades, que es lo que necesitamos para ser creativos. Este juego entre enfoque y desenfoque, entre acotar y explorar en un mundo más amplio es la esencia del pensamiento humano, fijarse en algo y también divagar entre ideas.

Para poder crear algo nuevo necesitamos poder abrir nuestra mirada más allá de lo conocido, salir de un modo enfocado a otro más abierto que nos permita introducir nueva información.

Necesitamos poder divagar, buscar caminos distintos, probar, equivocarnos, repetir, dejarnos guiar por la intuición y sorprendernos con pensamientos que surgen sin forzarlos.

Cuando nos concentramos mucho tiempo, nuestro cerebro entra en un modo muy concreto en el que activa ondas beta, las frecuencias del enfoque y la resolución. Si estamos tranquilos, estas ondas son un aliado maravilloso que nos permite centrarnos, ordenar ideas, avanzar. Pero si la exigencia aumenta, si hay presión, si sentimos que debemos actuar ya, se aceleran y pasamos a las hibeta, relativas al estrés. En ese punto todo se vuelve urgente y ya no hay espacio para la exploración y la creatividad. Al contrario, nuestros pensamientos se reducen a lo inmediato, a lo obvio, a lo automático. Bajo presión, bloqueamos el riego cerebral y parece que solo pudiéramos caminar por las mismas rutinas de siempre.

Un cerebro estresado no innova, simplemente repite lo que ya sabe para sobrevivir.

Para poder crear necesitamos abrir espacio, desenfocarnos, en un estado más libre, más receptivo, donde el cerebro deja de apretar y empieza a fluir. Para lograrlo tenemos que producir ondas más lentas como las alpha, para la calma, y también las theta, el nivel profundo del subconsciente donde viven nuestras intuiciones, memorias sutiles y asociaciones que todavía no han tomado forma consciente. En lugar de intentar forzar una idea o un resultado inmediato, nuestra mente busca escuchar lo que ya tiene dentro. Decide conectar con la sabiduría interna, como si nos dijera: «Cuando estés listo y calmado, te muestro todas las ideas que tienes dentro».

En el desenfoque, notamos que los pensamientos dejan de ser rígidos, aislados y empiezan a entrelazarse. Lo que empieza a ocurrir es extraordinario, porque es como si comenzaran a organizarse solos. Seguro que lo has experimentado. Puedes estar paseando, mirando al horizonte, con la mente en blanco y, de pronto, tienes una idea nueva, inesperada. ¿Dónde había estado hasta ahora? ¿Por qué no la habías pensado antes? Es simple, has dejado el espacio suficiente para que suba a la superficie. Cuando tu cerebro entra en frecuencias alpha y theta, deja de esforzarse por pensar en línea recta y empieza a funcionar de una manera mucho más completa, más humana. Conectas de manera más profunda con tu subconsciente.

Y ahí es donde guardas una parte enorme de tu verdadera sabiduría, la que has ido acumulando sin darte cuenta, de una experiencia tras otra. Ahí están los aprendizajes que te han dejado los errores, las sensaciones que se han impreso en tu cuerpo, las intuiciones que no puedes explicar. Es esa parte tuya que siempre está observando, registrando y protegiendo la información para cuando la necesites, incluso cuando tú crees que no estás prestando atención. En realidad, te acompaña más de lo que imaginas.

Tu subconsciente sabe más de ti que tu pensamiento consciente.

Cuando nos desenfocamos, cuando aflojamos un poco la mirada interna, le damos permiso para actuar. Es como abrir una rendija por la que pueden subir esas ideas que tienen una calidad distinta, tranquila, un sabor de autenticidad que las respuestas automáticas no tienen. A veces aparecen rápido, otras no, no tienen un ritmo fijo.

Todos conocemos esta sensación. Llevas horas tratando de resolver algo y no hay manera, te bloqueas. Lo dejas. Vas a ducharte, sales a caminar o vagas con tu mirada sin pensar en nada concreto y, de repente, aparece la solución que antes buscabas, fluye sin esfuerzo. Lo que ha ocurrido es que has logrado cambiar tu funcionamiento cerebral. Has pasado de hibeta a alpha y theta, y en ese descenso tu subconsciente ha tenido tiempo para recomponer lo que la mente consciente no podía. Tu subconsciente ha encontrado la solución jugando con toda la información que tienes dentro.

Al desenfocarnos le damos cabida a nuestra parte más sabia.

Cuando en vez de fluir nos quedamos atrapados en el esfuerzo continuo, es como obligar a nuestro cerebro a quedarse en un pasillo estrecho en el que solo circulan pensamientos repetidos. Entra en piloto automático porque solo puede recurrir a lo que ya estaba en el cajón superficial de la memoria.

Necesitamos desenfocarnos y, sin embargo, apenas nos han enseñado a hacerlo. Hemos crecido en entornos donde se premiaba la rapidez, la respuesta inmediata, la lógica directa del «causa y efecto». Nos enseñaron a estar alerta, a producir y avanzar sin parar. El sistema educativo, el entorno laboral e incluso nuestra cultura han favorecido un pensamiento recto, lineal, instantáneo. Vivimos en un mundo que rara vez honra el «dejar reposar».

Nos hemos entrenado para pensar rápido, no para pensar profundamente.

En ese modelo, lo que propongo parece una pérdida de tiempo. Detenerse unos segundos a respirar, a imaginar, a soñar despierto, incluso a aburrirse, es cosa de vagos. Pero desde la perspectiva del cerebro ocurre lo contrario, esas pausas lentas son un espacio fértil.

El subconsciente no trabaja siguiendo nuestra agenda consciente. No responde a la presión. Necesita silencio interno, espacio y abandono controlado. Necesita que dejemos de exigir respuestas para que pueda construirlas. Y eso solo ocurre cuando permitimos que el cerebro deje las ondas rápidas y las sustituya por otras más profundas, las del descanso creativo.

Desenfocar es recordar que no toda la inteligencia está arriba, en la superficie de nuestro pensamiento consciente.

Cuando aprendemos a navegar entre el enfoque nítido de las ondas beta y la apertura creativa desenfocada de alpha y theta, el pensamiento se vuelve completo. Ocurre entonces que no solo resolvemos, sino que «creamos y descubrimos». No solo seguimos un camino, sino que «dibujamos uno nuevo». Ahí donde el subconsciente trabaja, discretamente, mezclando todo lo que somos para devolvernos algo que ya sabíamos, pero que no podíamos adivinar.

Ejercicio para desenfocarse y activar el pensamiento creativo

Antes de empezar, siéntate de forma cómoda. Piensa que no vas a «hacer» nada complicado: vas a darle a tu cerebro un pequeño espacio para aflojar. Este ejercicio funciona precisamente porque no exige esfuerzo, sino todo lo contrario.

1. **Extiende tu campo visual.** Mira al frente, a un punto fijo, pero sin intentar enfocarlo con precisión. Ahora deja que tu mirada se abra hacia los lados. No muevas todavía los ojos: simplemente percibe lo que hay en tu visión periférica. Formas, luces, sombras..., aunque no estén claras. La neurociencia muestra que, cuando ampliamos el campo visual, el cerebro sale del modo de amenaza y baja su nivel de estrés. Esto reduce las ondas **hibeta** y prepara la entrada hacia un estado mental más tranquilo.
2. **Movimientos oculares laterales lentos.** Ahora empieza a mover los ojos. Llévalos despacio hacia la izquierda, hasta donde te resulte cómodo sin mover la cabeza. Después hacia la derecha. Repite entre diez y veinte veces. Hazlo sin prisa, como si tus ojos estuvieran recorriendo el espacio. Este movimiento activa redes neuronales que aumentan la flexibilidad cognitiva y ayudan

a liberar bloqueos. Es como si el cerebro soltara la rigidez y dijera: «Vale, puedo ver otras posibilidades».

3. **La «mirada abierta».** Devuelve los ojos al centro..., pero no enfoques. Deja la mirada suelta, blanda, receptiva. Mira sin obligación de mirar. Aquí sucede algo muy interesante: cuando la vista deja de apretarse, también lo hacen los pensamientos. El cerebro entra con más facilidad en ondas **alpha**, un estado ideal para que aparezca la creatividad.
4. **La respiración que te acerca a theta.** Mientras mantienes esta mirada abierta, empieza a respirar un poco más lento de lo habitual. Inhala en 4 segundos, exhala en seis. Esta combinación –mirada periférica más respiración lenta– desactiva el estrés y permite un descenso suave hacia ondas **theta**, donde empieza a participar el subconsciente.

Por qué funciona

Es eficaz porque combina varios mecanismos neurobiológicos que se refuerzan entre sí. La visión periférica envía al cerebro una señal de seguridad que reduce la activación del sistema de alerta, calmando las ondas rápidas asociadas al estrés. Los movimientos oculares horizontales ayudan a flexibilizar las conexiones cerebrales y facilitan la salida de patrones rígidos de pensamiento, algo especialmente útil cuando estamos bloqueados. La mirada abierta reduce la presión del córtex prefrontal –la parte que intenta controlar y resolver todo de manera inmediata– y permite que otras áreas más amplias y creativas participen. Por último, la respiración lenta estabiliza el sistema nervioso, favoreciendo la entrada a estados alpha y theta en los que la mente puede generar asociaciones nuevas, conectar con intuiciones y acceder a recursos internos que no estaban disponibles bajo presión. Todo junto crea una especie de «puerta abierta» para la imaginación.

Imagínate que estás estancado con una idea, dando vueltas al mismo punto. Prueba este ejercicio durante un minuto. Solo uno. Notarás que la mente se vuelve más flexible, más disponible. A veces aparece una idea nueva; otras, una sensación interna que te indica por dónde continuar. Eso ya es creatividad, has puesto la primera semilla.

3. ¿EXISTE UN MOMENTO DEL DÍA MEJOR PARA CONCENTRARNOS?

> Que mi vida fluya en su ritmo,
> como un día sigue a otro día,
> cada hora con una música distinta,
> cada instante con un rayo que cambia.
>
> RABINDRANATH TAGORE

Estoy segura de que has notado que hay momentos del día en los que te concentras mejor. Nuestro cerebro no mantiene la misma capacidad de atención a cualquier hora porque funciona siguiendo ritmos internos muy precisos. Igual que el cuerpo sigue un ciclo de sueño y vigilia, la mente tiene fases de activación y desactivación que marcan cuándo estamos en el punto idóneo para enfocarnos y cuándo no. Son parte de nuestros ciclos circadianos, una especie de reloj biológico que regula la energía mental, la producción hormonal, las ondas cerebrales y la calidad de nuestro foco.

Tu capacidad de concentrarte no depende solo de tu voluntad, tu biología tiene mucho que decir.

A primera hora de la mañana, cuando nos despertamos, nuestro cerebro llega envuelto en un nivel alto de ondas alpha, que aparecen cuando estamos tranquilos pero despiertos, en un estado de calma lúcida donde la mente se siente amplia y disponible. A la vez, el ciclo circadiano hace lo que tiene que hacer: suben de forma natural el cortisol y la dopamina, no para estresarnos, sino para ayudarnos a activarnos y a ponernos en marcha. Esta combinación crea un terreno fértil para que nuestra frecuencia se ajuste a beta, dándonos un enfoque estable y atención sostenida. El cerebro viene de un descanso profundo y nos dice que, si queremos concentrarnos, este es el momento más fácil del día para hacerlo. Podemos poner el foco sin pelear.

Se percibe en cosas muy sencillas. Esa primera hora en la que somos capaces de organizar todo el día con una claridad que más tarde desaparece, o ese momento en el que abrimos el ordenador y resolvemos en diez minutos algo que por la tarde parecería una montaña. Después, el paso natural hacia las ondas beta ocurre de manera suave y fluida. Por eso la mañana es perfecta para estudiar, despejar problemas complejos, ordenar ideas o pensar con precisión. Mucha gente describe esta franja como un momento en el que «la mente respira mejor», y tiene mucho que ver con cómo se sincroniza la biología con nuestro cerebro.

Cuando el cerebro y el ritmo del día se alinean, la concentración se hace mucho más fácil.

Cada persona vive estos ritmos de manera distinta porque cada uno tiene un cronotipo, una forma natural de distribuir la energía mental a lo largo del día. En neurociencia aplicada solemos describirlos con nombres muy visuales: Leones, Osos, Lobos y Delfines. Estas metáforas ayudan a entender que no todos activamos nuestras ondas beta al mismo tiempo ni producimos alpha o theta siguiendo el mismo patrón.

Las personas León, equivalentes a los perfiles matutinos, despiertan rápido y pasan de alpha a beta con mucha facilidad. Su pico de cortisol ocurre temprano y su temperatura corporal sube rápido, de modo que su mejor momento de concentración coincide con las primeras horas del día.

Los Osos, que representan a la mayoría de la población, tienen un ritmo más equilibrado: suelen alcanzar su mejor enfoque a media mañana y experimentar otro momento de claridad hacia la tarde. Sus ondas alpha y beta se alternan de manera flexible.

Los Lobos (cronotipo vespertino) suelen empezar el día entre alpha y theta, un estado más introspectivo que analítico. Su verdadera capacidad de concentración aparece hacia la tarde-noche, cuando su cerebro entra con más fuerza en ondas beta altas e incluso gamma, asociadas a la integración profunda y la creatividad compleja.

Los Delfines, más sensibles y con ritmos menos estables, no siguen un patrón tan predecible. Su mejor momento de foco suele darse a media mañana o a primera hora de la tarde, cuando las ondas beta logran imponerse sobre un sistema nervioso más reactivo.

A medida que avanza el día, nuestro cerebro empieza a llenarse de estímulos: pantallas, conversaciones, decisiones, tareas pequeñas y grandes. Todo ese ruido activa las ondas hibeta, que son como una versión acelerada de las beta, asociadas a la hiperalerta y al estrés. Cuando domina una frecuencia así, intentar entrar en concentración profunda es casi imposible. La sensación es parecida a intentar hacer una foto con la mano temblando.

El exceso de activación secuestra nuestra capacidad de concentrarnos.

Después de comer, los ciclos circadianos modifican de nuevo nuestro estado interno. El cuerpo baja su activación para digerir, disminuye la glucosa disponible y aumenta el tono parasimpático. A su vez, el cerebro tiende a producir ondas alpha o incluso theta, que son maravillosas para descansar o conectar con la creatividad, pero demasiado calmadas para sostener una atención analítica. A primera hora de la tarde, el cerebro no está diseñado para concentrarse, sino para bajar revoluciones. Con el crepúsculo y al anochecer surge otro paisaje mental. Las alpha vuelven a aparecer y, con ellas, algunas theta, asociadas a la imaginación, la introspección y las conexiones más profundas. Esta fase no es adecuada para memorizar datos ni para tareas que requieren precisión, pero sí para lo que necesita amplitud: escribir, crear, vincular ideas que durante el día permanecían ocultas.

En este punto, el cronotipo vuelve a jugar un papel importante: para un Lobo, suele ser su momento de máxima lucidez; para un León, en cambio, es un periodo más creativo que analítico. Cada ritmo interno activa distintas ondas cerebrales según la hora del día, lo que explica por qué las mejores ideas pueden aparecer bajo la ducha matutina o cocinando al terminar la jornada.

Cada momento del día activa una forma distinta de inteligencia.

En líneas generales, la concentración lógica y analítica es más fuerte por la mañana, la peor concentración sostenida aparece justo después de comer y a media tarde, y el pensamiento creativo florece hacia la tarde-noche. La clave está en comprender el ritmo natural de nuestro cerebro y acompañarlo.

La conclusión es sencilla: no existe un «mejor» momento universal para concentrarse. Existe tu mejor momento. Cuando descubres cuál es y lo respetas, tu cerebro deja de trabajar a la contra y empieza a acompañarte: no forzarlo es el primer paso para que empiece a colaborar contigo. No es cuestión de fuerza de voluntad, es cuestión de sincronía.

4. ¿QUÉ ES EN REALIDAD EL TDA/TDAH CUANDO LO MIRAMOS DESDE LA NEUROCIENCIA Y NO SOLO DESDE LA ETIQUETA?

Cuando hablamos de «déficit de atención» desde la neurociencia, en realidad nos estamos refiriendo a algo mucho más matizado, rico y lleno de posibilidades de lo que esa descripción sugiere. Las siglas TDA y TDAH suelen aterrizar como un diagnóstico que pesa, como si te dijeran que te falta algo que deberías tener. Sin embargo, cuando miramos de cerca cómo funciona ese cerebro, la historia que aparece es muy distinta. Por ello, siempre entrecomillo «déficit de atención», porque no estoy de acuerdo con esta terminología.

El TDA/H es exceso de atención mal canalizada, no un déficit.

Si nos ceñimos al lenguaje, «déficit» habla de escasez y «atención» de la capacidad de dirigir mente y sentidos hacia algo concreto. Desde ahí parece lógico pensar que un «déficit de atención» describe un sistema que no llega, que se queda corto en su potencialidad para concentrarse. Pero lo que vemos una y otra vez en MindStudio es justo lo contrario.

En niños, niñas, jóvenes y adultos etiquetados con este «déficit de atención» hay un rasgo que se repite siempre: una enorme capacidad para registrar lo que ocurre dentro y fuera. Perciben detalles sensoriales, cambios en el ambiente, matices emocionales, pequeñas señales que a la mayoría se le escapan.

No es tanto una falta de atención como un exceso de información.

Desde la neurociencia, podríamos decir que su sistema está configurado como un radar de alta sensibilidad. Sus circuitos sensoriales y emocionales funcionan a plena potencia. Esto es un talento, no un defecto. El problema aparece cuando esa percepción tan fina tiene que ignorar casi todo lo que capta para quedarse únicamente con una tarea que además no ha elegido y que a veces le resulta poco significativa. A estas mentes se les hace muy difícil posar la atención sobre cuestiones que no les motiven o sobre las que se sienten obligadas.

En esas condiciones la dificultad no está en atender, sino en mantener esa actividad de forma sostenida y voluntaria sobre un punto concreto, es decir, en concentrarse. Por eso es mucho más preciso hablar de dificultad de concentración que de falta de atención.

ATENCIÓN NO ES LO MISMO QUE CONCENTRACIÓN

Atención tenemos todos, siempre, de una forma u otra. Estamos atentos a lo que vemos, a lo que escuchamos, a lo que sentimos en el cuerpo, a recuerdos, ideas, sensaciones internas... Lo que varía de una persona a otra es la capacidad para decidir, «ahora me quedo con esto», y mantener esa elección durante un tiempo, renunciando a todo lo demás.

En lo que llamamos «déficit de atención», la dificultad aparece sobre todo cuando el cerebro no puede elegir el objeto de su concentración. Cuando se le impone atender a algo que no le parece relevante mientras otros estímulos despiertan un mayor interés, por dentro se pregunta por qué tiene que quedarse en un lugar concreto cuando lo que le rodea es más llamativo.

No es un «no puedo», muchas veces es un «esto no tiene sentido para mí».

UN CEREBRO QUE ILUMINA DEMASIADO MUNDO

Cada vez que depositas tu atención en algo, eso se enciende en tu mapa mental, cobra presencia, existe para tu sistema nervioso. Las personas con diagnóstico de TDA o TDAH tienen la capacidad de encender muchas luces a la vez. Su paisaje interno está lleno de elementos, conexiones, estímulos y posibilidades.

No se quedan cortos, sino que llegan a demasiados sitios. Y ahí aparece el problema: elegir una sola cosa y apagar el resto. Su cerebro tiende a rebelarse cuando se le exige renunciar a toda esa riqueza para volcarse en la repetición, poco motivante, desconectada de su curiosidad. Por eso es tan injusto asociar su dificultad con pereza o desinterés. Son mentes activas, curiosas, despiertas, con muy poco aguante para el aburrimiento y para hacer algo por obligación si no le ven sentido alguno.

Detrás de una dificultad de concentración suele haber una mente muy despierta.

LA INTELIGENCIA QUE VIVE DETRÁS DEL DIAGNÓSTICO

Existen muchos tipos de inteligencia y no todas encajan igual de bien en el modelo educativo y social actual. Algunas se premian, otras se castigan. Dentro de estas últimas están las que podríamos llamar multisensoriales y abiertas.

Son cerebros que perciben muchos estímulos al mismo tiempo, los procesan, encuentran relaciones nuevas, generan ideas originales. Tienen facilidad para imaginar caminos distintos, para aprender a través de experiencias, para ver más allá de lo que está establecido. Para ellos, los métodos de estudio rígidos, lineales y repetitivos se quedan pequeños. Si no pueden desplegar su capacidad de percibir y conectar cosas de forma espontánea, se apagan por dentro.

A nivel inconsciente ocurre algo muy sencillo. Su cerebro «decide» no invertir energía en aquello que no le nutre y dirige la atención hacia otros lugares que sí despiertan su interés. No debe percibirse como falta de voluntad, sino que es una decisión cerebral basada en la motivación.

En nuestros centros vemos muchos casos. Por ejemplo, en un niño etiquetado con «déficit de atención» que en clase no puede seguir una explicación abstracta durante diez minutos, pero que es capaz de pasar horas concentrado en construir maquetas, componer música o programar un videojuego sencillo. Cuando le das un entorno donde su talento tiene cabida, su supuesto «déficit» se transforma en una potencia creativa impresionante.

Aquí encaja muy bien el caso de Lucas, un niño que llegaba cansado de oír que «no se centra en nada» y que, sin embargo, podía pasar la tarde entera desmontando y montando pequeños robots con piezas recicladas. En el aula, las fichas y los libros le resultaban lejanos, pero en cuanto tenía un motor, un cable y un tornillo en las manos, su cerebro entraba en un foco finísimo. En MindStudio trabajamos a partir de eso, utilizamos su pasión por construir como puerta de entrada para ejercitar su concentración en otras tareas. A niños y jóvenes les hacemos conscientes de sus talentos, con ello ya estamos dando un paso de gigante porque logramos que su mente se calme y reduzca el nivel de ansiedad. A continuación, realizamos un entrenamiento de armonización de frecuencias cerebrales en el que activamos específicamente las áreas del frontal y prefrontal izquierdo para aumentar las ondas beta.

EL BAILE ENTRE ENFOQUE Y DESENFOQUE

Todo cerebro sano alterna entre dos grandes modos, uno de enfoque, que sirve para concentrarse en una tarea concreta, y otro de desenfoque, que abre el campo, conecta con los sentidos, con el mundo interno, con el subconsciente, permite asociar ideas y crear.

En un cerebro equilibrado, enfoque y desenfoque se dan la mano y se turnan de forma flexible. En las personas con diagnóstico de «déficit de atención» es un baile descompensado; estar fuera de foco resulta tan rico, estimulante, lleno de información y sensaciones que su mente tiende a quedarse ahí. Le cuesta soltar ese estado abierto para entrar en el túnel de la atención estrecha. Para hacerlo necesita una razón de peso y muchas veces el sistema educativo no se la da. Le ofrece tareas desconectadas de su interés, de su experiencia, de su cuerpo, de su creatividad.

Un cerebro que vive cómodo en el desenfoque solo abandona ese territorio si encuentra un motivo que lo merezca.

En MindStudio trabajamos precisamente este baile. Diseñamos entrenamientos que respetan ese «fuera de campo» creativo, que no lo aplastan y que a la vez fortalecen las redes de enfoque. Es decir, no apagamos su forma natural de percibir, sino que añadimos la capacidad de entrar y salir del foco a voluntad. Cuando esto se consigue, el cambio es enorme. Las mismas personas que antes solo podían concentrarse en lo que les fascinaba empiezan a ser capaces de hacerlo también en tareas neutras, porque han desarrollado un «músculo de la concentración» que antes no tenían.

CASOS MINDSTUDIO: HACIENDO BRILLAR EL POTENCIAL EXTRAORDINARIO DETRÁS DE UNA INTELIGENCIA INCOMPRENDIDA

Si preguntas a familias de niños diagnosticados con TDA o TDAH si nunca pueden concentrarse, casi siempre aparece la misma escena. No dicen que no puedan, y enfatizan que, en lo que les interesa, pueden estar horas. A veces es la batería, la robótica, el dibujo, los juegos de construcciones, los vídeos que editan ellos mismos, los mapas imaginarios que diseñan... No se siente como «hacer un esfuerzo», sino como disfrutar y perder la noción del tiempo.

He podido acompañar a muchas personas que llegaban convencidas de que «su cerebro no sirve para concentrarse» y que después de unas semanas de entrenamiento cerebral y un cambio de mirada empezaban a decir cosas como «por fin puedo quedarme leyendo sin que mi mente se escape», «ya no me pierdo tanto en clase», o «ahora puedo estudiar a ratos cortos pero provechosos». No les hemos cambiado la esencia, hemos ayudado a añadir una capacidad nueva.

Martín, de 9 años, tiene una creatividad desbordante. Construye estructuras, inventa mecanismos con cualquier material y se sumerge en sus juegos con una intensidad que asombra. A la vez, presenta hiperactividad: su cuerpo necesita moverse constantemente y esto le genera conflictos en el colegio. Sus padres llegan a MindStudio muy preocupados, agotados de recibir llamadas del centro casi a diario. En su cerebro observamos un exceso de frecuencias hibeta en el frontal y prefrontal derecho, propias de un estado de alerta constante. A través del entrenamiento de armonización vamos reduciendo esa hiperactivación y favoreciendo la producción de ondas beta en el prefrontal izquierdo. A medida que su sistema nervioso se calma, su necesidad de movimiento deja de ser desorganizada y empieza a encontrar espacios naturales para darle rienda suelta sin desbordarse. En paralelo, su capacidad de concentración mejora, puede permanecer más tiempo en las tareas y empieza a sentirse más seguro en el aula. Sus padres no solo ven menos conflictos, también notan que Martín empieza a entenderse mejor a sí mismo.

Alma, de 11 años, es profundamente creativa, sensible y detallista. Le encanta el arte, los *collages*, los colores y los pequeños proyectos personales. En el colegio, sin embargo, arrastra una historia de inseguridad. Ha cambiado varias veces de centro, se compara constantemente y siente que no está a la altura. Su autoestima está muy dañada y ante cualquier exigencia se bloquea. Durante su entrenamiento buscamos estabilizar primero su sistema nervioso reduciendo las frecuencias hibeta asociadas a la ansiedad anticipatoria. Cuando este ruido interno disminuye, comenzamos a estimular la producción de ondas beta en su prefrontal izquierdo. Poco a poco, Alma empieza a iniciar las tareas sin paralizarse, ya no es tan autocrítica cuando se equivoca y su mirada sobre sí misma ha comenzado a transformarse y es de mucha mayor comprensión. En casa notan que vuelve a confiar, y en la escuela empieza a participar con más serenidad. No ha cambiado su sensibilidad, pero apreciamos cómo su cerebro ahora está trabajando a su favor y la sostiene.

Leo, de 13 años, se caracteriza por una sensibilidad especial para la música y la tecnología. Puede pasar horas creando sonidos, mezclando pistas y construyendo pequeños dispositivos. En el colegio, sin embargo, se siente perdido, desubicado, inseguro. Durante mucho tiempo ha creído que no es capaz de aprender como los demás. Llega medicado para el TDA, con una autoestima muy deteriorada por los constantes mensajes de fracaso. En su entrenamiento trabajamos especialmente la bajada progresiva de hibeta en su hemisferio derecho, demasiado activado por la presión y la autoexigencia, y estimulamos la producción de beta en su prefrontal izquierdo. A medida que su cerebro encuentra un nuevo equilibrio, su foco se estabiliza, empieza a seguir mejor las clases y a organizarse con más claridad. Con el control médico adecuado, el fármaco se va reduciendo de forma progresiva hasta retirarlo. El cambio más profundo no es solo académico: Leo ha dejado de verse a sí mismo como «el que no puede» y ha empezado a reconocerse como alguien capaz. Desde esa nueva seguridad sabemos que surgirán cambios exponenciales.

Sofía, de 15 años, tiene una mente profundamente introspectiva y creativa. Escribe, dibuja, imagina historias con una riqueza emocional enorme. Durante años se convence de que es una mala estudiante porque no logra sostener el ritmo académico. Su sensación interna es de cansancio mental, de saturación constante. En su entrenamiento el trabajo se centra en abrir su espacio interior: reducir la sobreactivación del hemisferio derecho y ayudar a que su cerebro descienda de estados de estrés a frecuencias alpha más estables. Desde ahí, generamos poco a poco las beta del prefrontal izquierdo. Lo que aparece no es una adolescente distinta, sino la misma Sofía con mayor capacidad para organizar sus pensamientos y menos miedo a enfrentarse a las tareas. Sus profesores notan que ya no se esconde y en casa empieza a hablar de sus estudios sin angustia.

UN DIAGNÓSTICO PUEDE SER UNA CARGA PESADA

Todos estos niños y jóvenes llegan a nosotros con una etiqueta que pesa mucho, «déficit de atención», dificultad para concentrarse, problemas en el colegio, inquietud, bloqueos, desorden, impulsividad. El sistema los trata a menudo como si fueran «malos estudiantes», como si algo en ellos estuviera fallando. Y, sin embargo, cuando los miramos de cerca, lo que aparece es una inteligencia muy especial, una creatividad viva, una sensibilidad profunda y una enorme capacidad de percepción que no ha sabido todavía encontrar su lugar.

Cuando su cerebro logra calmarse, cuando su sistema nervioso deja de vivir en alerta permanente y sus frecuencias cerebrales entran en un estado más equilibrado en los rangos beta y alpha en sus lóbulos frontales y prefrontales, empiezan a experimentar más facilidad para concentrarse. Pero esto no aparece como una imposición ni como un esfuerzo agotador, sino como una consecuencia natural de sentirse seguros por dentro. Entonces vemos algo muy claro: sí pueden sostener el foco, sí pueden aprender, pero necesitan hacerlo desde el equilibrio, no desde la ansiedad, el miedo o la sobreexigencia.

Uno de los mayores objetivos que tenemos con ellos no es solo que rindan mejor en el colegio. Es que lleguen a comprender su mente, que entiendan cómo funciona, que descubran que no están rotos, que no son «menos que nadie», que no hay nada defectuoso en su forma de ser. Queremos que aprendan a sacar partido de su manera única de percibir el mundo, que puedan transformar lo que antes vivían como un impedimento en una fortaleza, sin dejarse hundir por criterios externos que muchas veces no saben abrazar su diferencia. Que su mundo emocional adquiera otra dimensión donde se sientan seguros, orgullosos de ellos y conscientes de todo su potencial.

Porque cuando un niño o un adolescente entiende su mente, deja de pelearse con ella. Y cuando hace esto, empieza a desplegar sus capacidades que son extraordinarias. Este tipo de inteligencias, cuando se liberan del ruido, del miedo y del juicio, son sorprendentes y tienen mucho por crear y también por enseñarnos. Debemos protegerlas, acompañarlas y hacer que florezcan. Cuando son conscientes de su potencial y saben entender bien sus procesos, aparece una determinación maravillosa que las hace llegar lejos. No en vano, muchos de los grandes nombres de personalidades, científicos, artistas y profesionales que han sido visionarios se han reconocido como personas etiquetadas con «déficit de atención» en su juventud.

Cuando un cerebro así encuentra su para qué, el foco aparece.

5. ¿HAY MÁS DÉFICIT DE ATENCIÓN AHORA QUE ANTES? ¿CÓMO INFLUYEN LAS PANTALLAS Y EL MUNDO DIGITAL?

Si hoy tenemos la sensación de que hay más casos de déficit de atención que antes no es porque nuestros cerebros funcionen peor, sino porque están expuestos a un nivel de estímulos excesivo.

Antes, la mente alternaba entre momentos de actividad y momentos de verdadera pausa: caminar sin móvil, mirar por la ventana, aburrirse, dejar que el pensamiento vague… Ahora, esos silencios han desaparecido.

No ha aumentado el TDA, han aumentado los estímulos que interfieren en la atención sostenida.

CÓMO INFLUYEN LAS PANTALLAS SEGÚN LA NEUROCIENCIA

Cada notificación, cada cambio en la interfaz o salto entre aplicaciones activa el sistema dopaminérgico, el mismo circuito que utiliza el cerebro para registrar recompensas. Esto ha sido mostrado por múltiples estudios sobre atención y uso digital, como los de Stanford y el Instituto de Tecnología de Massachusetts (MIT), que describen cómo la multitarea reduce la eficiencia atencional y genera mentes más dispersas, incluso cuando no interviene ninguna pantalla.

Un experimento muy conocido de la Universidad de Texas mostró que tener el móvil apagado encima de la mesa reduce el rendimiento cognitivo, solo por la carga que supone ignorarlo. Es decir, el cerebro gasta energía gestionando la presencia del dispositivo, aunque no lo usemos. Esto no existía hace dos décadas.

Otro estudio longitudinal de la Universidad de California observó que los estudiantes que interrumpían una tarea con revisiones cortas del móvil necesitaban hasta un cincuenta por ciento más de tiempo para retomarla y recuperar el mismo nivel de profundidad. Esta incapacidad para sostener el foco se parece mucho a los síntomas del TDA, pero su origen es ambiental, no neurológico.

Quieres leer un texto de diez minutos, pero a los dos ya has mirado el móvil «por si acaso»; comienzas una tarea en el ordenador y, sin saber cómo, estás en otra ventana, luego en otra y luego en otra más; te sientas a estudiar, pero tu mente se siente inquieta, acelerada, como si algo urgente te estuviera esperando, o un niño intenta hacer deberes, pero después de varias interrupciones digitales, empieza a parecer «ansioso» o «disperso».

Esto no es TDA, es un cerebro entrenado por el entorno para no tolerar la profundidad.

QUÉ OCURRE DENTRO DEL CEREBRO

Las pantallas generan un estado constante de microalerta. Cada pequeño estímulo empuja al cerebro hacia frecuencias hibeta. En ese estado nos sentimos acelerados, nerviosos o con ruido mental.

Cuando predominan estas ondas rápidas es casi imposible entrar en las beta estables de la concentración profunda o en las alpha de la calma lúcida. Y ni hablar de las theta, esenciales para la creatividad, la memoria emocional y la intuición. Por eso aparece esa sensación tan típica de hoy en día:

«Quiero concentrarme, pero siento que mi cabeza va por libre».

¿HAY ENTONCES MÁS DÉFICIT DE ATENCIÓN?

Los estudios muestran algo importante:

El diagnóstico de TDA/TDAH no ha crecido porque aparezcan más cerebros con esta condición, sino porque el entorno actual provoca sus síntomas en personas que antes no los tenían.

Tenemos más niños inquietos, más adolescentes incapaces de sostener la atención, más adultos que se sienten saturados y dispersos. Pero en muchos casos no se debe a un trastorno, sino a un sistema nervioso hiperestimulado. La conclusión es clara.

No estamos viendo más TDA, estamos viendo más cerebros sobrecargados, más mentes cansadas, más sistemas nerviosos en modo alerta permanente.

Las pantallas no crean TDA, pero sí un entorno donde enfocarse es un acto a contracorriente. La solución no es culpar a la atención, sino protegerla, entrenarla, darle pausas y devolverle al cerebro lo que siempre necesitó: silencio, descanso y espacio interno para elegir su foco.

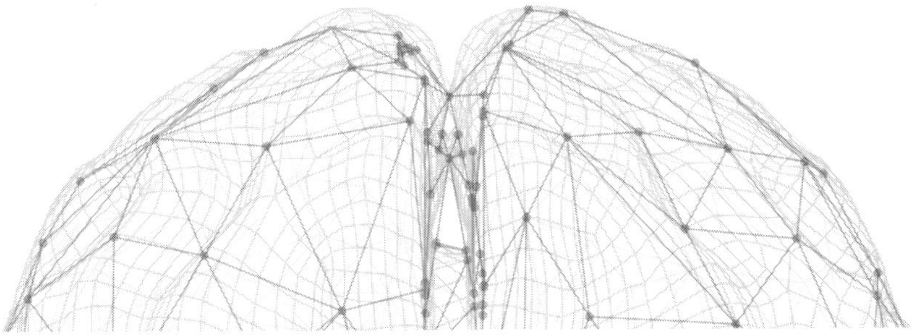

7

QUIERE BIEN

EL AMOR EXPLICADO DESDE EL CEREBRO. DISFRUTA DE LA FUERZA QUE MUEVE EL UNIVERSO

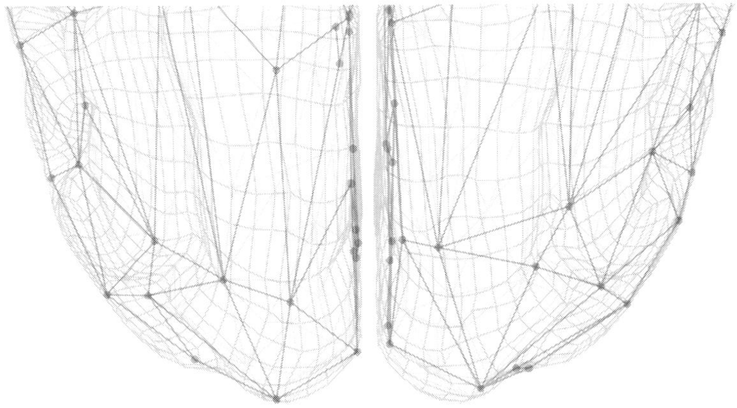

1. ¿Por qué amamos? El favor que nos hacemos al amar
2. ¿Qué ocurre en nuestro cerebro cuando encontramos a la «persona adecuada»?
3. ¿Por qué, si deseo amar de forma libre y sana, termino atrapado en el miedo, la necesidad o la dependencia emocional?
4. ¿Por qué duele tanto el amor cuando no es correspondido y cómo superarlo?
5. ¿Cómo puedo entrenar a mi cerebro para elegir mejor a quién amar?
6. Otro punto de vista: el amor como energía

1. ¿POR QUÉ AMAMOS? EL FAVOR QUE NOS HACEMOS AL AMAR

> Elena.— ¿Por qué me mira usted así?
> Astrov.— Porque me gusta. Porque la amo… No puedo evitarlo.
> Elena.— No diga eso… No debe. No tiene derecho.
> Astrov.— ¿Y quién puede prohibirle al corazón que sienta?
>
> ANTÓN CHÉJOV, *Tío Vania* (1899)

El amor, AMAR. ¿Qué es para ti?

Es probable que sea parecido a lo que yo siento, pero nunca será igual. Creo que existen tantas formas de amar como personas. Amar es nuestro acto más íntimo. Amamos según nuestra historia, nuestras heridas, nuestra forma de interpretar el mundo y eso es tan único como una huella dactilar. Es nuestra particular obra de arte. Un lenguaje propio que cada uno declinamos a nuestra manera.

No hay fuerza más poderosa, es algo en lo que creo firmemente, sobre todo después de tantos años conociendo a miles de personas a las que entreno y que son reflejo de lo que el amor produce en ellas. Este sentimiento es lo que nos mantiene vivos, no solo como individuos, sino como especie. Y es, quizá, el acto más sofisticado y sabio que existe en el universo. De hecho, podría afirmar que la energía que ha construido todo desde el famoso *big bang* es una fuerza amorosa.

Amor es expansión, creación, belleza, diversidad que vive entrelazada; también es libertad, cuidado, es vida que se extiende, se propaga y se perpetúa. La fuerza que subyace a todo.

Cuando miro un árbol y aprecio cómo brotan las nuevas hojas, pájaros dando de comer a sus crías, los cambios del cielo y las mareas, todo ello sin interacción humana, no puedo más que ver su vibración bajo distintas formas. La tendencia natural, del nacer hacia el crecimiento y la interacción innata de sistemas entre sí no puede proceder más que de una energía expansiva que busca la belleza, que busca la vida.

«El amor consiste en impulsar a un ser a la perfección de sí mismo»,
JOSÉ ORTEGA Y GASSET.

La intuición de Newton en el siglo XVII de que lo que ocurre en el cielo y en la tierra obedece a las mismas fuerzas acabó derivando en la ley de la gravitación universal, que la astronomía moderna confirmó. Todas las galaxias del universo, es más, el cosmos entero se rige igual. Ternura o amor que conecta nuestra vida en este planeta con el espacio exterior. Es el «pegamento» que lo une todo.

Una manera de honrar a esta energía es permitirle ser un faro que nos guíe cuando estamos perdidos. Cuando existen distintas alternativas, es bueno preguntarse cuál de ellas es más amorosa, más expansiva, más cercana a la generación de emociones constructivas por encima de cualquier otro aspecto. Elegir la que nos acerca más al amor, a la belleza de poder crear desde una conexión profunda con la existencia es una buena decisión siempre.

Para sentir plenitud en los resultados, la mirada sobre el desenlace también debe iluminarse así. Cuando amamos, ya sea a situaciones, personas, parejas, familias, amigos, actividades, duplicamos el sentimiento, intrínseco en la experiencia, por el sí a la vida, por gratitud. Da igual cómo se resuelva cada acto de amor, sea lo que esperabas o no. VIVIR con mayúsculas significa darse cuenta de la inmensa suerte de ser capaz de formar parte de lo que nos rodea. Moldearse, esculpirse por lo vivido es un acto absolutamente maravilloso y lleno de amor. Dejarse guiar por un hilo conductor basado en la expansión y creación de entornos amorosos es fascinante y, bajo mi punto de vista, la mejor manera de honrar a la vida.

En mi anterior libro, *Sorprende a tu mente*, mencionaba en los agradecimientos la inmensa deuda que tengo a mis amores, pasados y presentes, porque todos ellos me han «teñido» de experiencias que me permiten ser quien soy hoy. Es curioso, fueron muchas las personas que me preguntaron por ello. Les sorprendía que los mencionara, teniendo en cuenta que si son pretéritos es porque no prosperaron. La explicación para mí es muy sencilla: donde hubo amor se generó un universo que mereció la pena ser vivido y que ayudó a construir mejor los siguientes. La vida nos prepara para seguir evolucionando hasta encontrar los lugares donde queremos permanecer, a veces para siempre, porque te sientes pleno. Cada expresión de este sentimiento, cada partícula de energía que desprende y recibimos nos enriquece, nos alienta, nos moldea, y si tiene un final no significa que no debamos apreciar, dar las gracias y homenajear el tiempo en que sí existió. Agradezco cada acto de amor que ha estado presente en mi vida, que se haya mantenido en el tiempo o haya terminado no afecta al valor inmenso que tienen todos ellos.

EL AMOR EN NUESTRO CEREBRO

> El amor es la fuerza más humilde, pero la más poderosa de que dispone el mundo.
>
> MAHATMA GANDHI

Cuando medimos con técnicas de neurociencia un cerebro experimentando amor en tiempo real, vemos una activación extraordinaria. Se da una coordinación casi coreográfica entre redes que suelen funcionar por separado: las áreas de recompensa, las regiones relacionadas con la calma, los sistemas que procesan la interacción social y zonas asociadas a la creatividad. Un cerebro sintiendo amor es un cerebro que se ilumina internamente, que despliega conexiones neuronales muy superiores a las de un estado donde no hay amor.

Amar es reconocer en otro lo que también es infinito en nosotros.

Si nuestro cerebro experimenta esta expansión maravillosa, es lógico pensar que nuestro sistema premie que pasemos por ese estado y nos incentive a ello. Biológicamente, esta explicación es muy clara. Cuando sentimos amor, nuestro organismo se siente energizado, vivo, a salvo. Es algo tan inherente al ser humano que cuando ocurre percibimos la calma de estar en un lugar importante, real, al que tenemos derecho. Conectamos con nuestro «yo» más profundo, con nuestra parte más esencial, en paz con nuestras dos grandes necesidades, que nos quieran y que nos acepten en un grupo. Nuestro sistema de alarma baja, aumenta nuestra empatía y flexibilidad, desbloqueamos la cognición.

En ese sentido, el amor no solo cambia lo que vemos, cambia cómo vemos.

No es un añadido a la vida, sino uno de sus sistemas operativos fundamentales. Sostiene nuestra salud emocional, amplía nuestra consciencia, fortalece nuestro sentido de pertenencia y mejora nuestra capacidad de adaptación, por lo tanto es un acto natural y necesario para el ser humano. Así que cuando estamos en él experimentamos todas las bondades de vivir con una activación interna que está premiada en nuestra especie. Amar es algo lógico para nuestro organismo.

«Somos moldeados y movidos por aquello que amamos»,
JOHANN WOLFGANG VON GOETHE.

Desde el punto de vista de la neurociencia, cuando el cerebro está en modo amor se expande. Literalmente, hay mayor conectividad entre redes, más plasticidad, sentimos más curiosidad y apertura. Al sentirnos protegidos en nuestras necesidades vitales, abrimos caminos neuronales que el modo de alerta cerraría. Es un impulso que combina dos fuerzas esenciales para la salud cerebral:

- La curiosidad, que nos orienta hacia el mundo.
- El afecto, que nos orienta hacia nosotros mismos y a conectar con los demás.

En cambio, cuando nos falta, vemos debilitadas esas ganas de vivir y de explorar. Notamos cómo nos volvemos más rígidos mentalmente, más pobres en matices, atrapados en la vigilancia o en la apatía. Amar es un acto de expansión cognitiva y emocional extraordinario.

El amor se convierte en una dirección para el cerebro, y en una forma de organizar la percepción, la memoria y la presencia. Cuando amamos —a una pareja, a nuestros hijos, a nuestros amigos, incluso a la vida—, nuestra mente se orienta hacia la conexión, se ilusiona con lo que está por venir, en vez de dirigirse hacia la supervivencia defensiva. Es como pasar del modo «alerta» al modo «plenitud».

El cerebro amoroso ve más.

Sabemos por estudios de neuroimagen que las frecuencias cerebrales que se activan en el rango theta y alpha entre zonas del hemisferio derecho, como los lóbulos frontales y prefrontales, generan sustancias como la oxitocina y la dopamina que ajustan la actividad de redes cerebrales vinculadas a la atención, la motivación y la lectura del entorno social. Ese reajuste hace que el cerebro funcione con una especie de afinación extra, como si ampliara el rango de lo que percibe.

Cuando amamos, se ensancha el mundo.

Cuando el amor está presente en nosotros, muchos de nuestros circuitos se vuelven más sensibles: ocurre en los que detectan señales emocionales, pero también los que procesan la música, la luz, el movimiento y hasta las pequeñas variaciones en nuestro propio cuerpo. Vivimos lo cotidiano con más intensidad. Seguramente has notado cómo cuando estás sintiendo amor te vuelves más sensible y conectas especialmente con la música, los libros, los paisajes o las situaciones. Puedes apreciar más matices en los sonidos, profundizar más en las conversaciones y vivir con más claridad.

2. ¿QUÉ OCURRE EN NUESTRO CEREBRO CUANDO ENCONTRAMOS A LA «PERSONA ADECUADA»?

> Creo que si hay algún tipo de dios, no estaría en nosotros... Ni en ti ni en mí, sino en ese pequeño espacio entre nosotros. Si hay algo mágico en este mundo, debe ser en el intento de entender a alguien, compartir algo.
>
> RICHARD LINKLATER, *Antes del amanecer* (1995)

Ese lenguaje entre dos personas que aún no está creado, sino que ocurre al reconocerse, es la esencia del amor romántico.

Se crea un diálogo íntimo, un «espacio» invisible de conexión entre dos almas, algo único que va más allá de las palabras y las acciones.

Cuando ocurre esa conexión profunda con una persona, se crea una complicidad que vivimos como extraordinaria. De repente, te encuentras acompañado en tu idioma, no el que está hecho de palabras, sino de tu sentir, tu cuerpo, tus pensamientos, tu alma, tus anhelos. Ya no estás solo. Tu amor ha encontrado un cómplice, alguien que te eleva, que te permite crear un universo propio que nadie más puede entender de la misma manera.

En ese sentido, amar es reconocerse en otro y ser uno mismo más que nunca.

No es necesario que dos personas se parezcan para que se reconozcan en la esencia y se genere esta íntima conexión.

Amar es elegir, es apartar a una persona del resto del mundo, darle un lugar que nadie más ocupa, convertirla en el centro de nuestra mirada y de nuestro afecto.

Cuando amamos a otra persona descubrimos en ella lo que la distingue, lo que la separa de todo lo demás. Esta elección no creo que sea casual, ocurre porque el otro conecta con algo profundo en nosotros, porque resuena con nuestras aspiraciones, nuestros deseos, nuestra idea de la belleza que trasciende lo físico para tocar lo espiritual. Muchas veces se repiten patrones del pasado que no tienen por qué ser los mejores, pero que nuestro organismo reconoce como familiares. Reelegimos sus virtudes, sus sombras, todo aquello que moldea lo que somos y que nos lleva a lugares que percibimos como hogar.

Va más allá de sentir atracción y compatibilidad. Es como si por fin alguien hablara tu idioma sin que tú lo enseñaras. Como si tu alma, tu cuerpo, tus emociones y hasta tus heridas dijeran a la vez: «Aquí me siento en casa».

Cuando sentimos que hemos encontrado a la «persona adecuada», algo se activa en nuestro interior. Experimentamos un profundo reconocimiento y comprensión. Y eso, en un mundo que a menudo exige que filtremos, escondamos o editemos partes de nosotros mismos, es un alivio inmenso.

¿QUÉ OCURRE EN MI CEREBRO PARA QUE PUEDA SENTIR AMOR ROMÁNTICO?

Desde un punto de vista neurocientífico, esta «magia» activa los circuitos del placer, la motivación y la conexión emocional. Un estudio de la Harvard Medical School realizado por los investigadores Richard Schwartz y Jacqueline Olds, analizó más de 2.500 escáneres cerebrales de individuos mientras miraban fotos de sus parejas y de conocidos. ¿Qué descubrieron? Que cuando miramos a alguien que amamos profundamente, se activan partes del cerebro muy antiguas. En concreto, zonas como el área tegmental ventral (VTA) y el núcleo accumbens, donde se libera dopamina, lo que nos hace sentir euforia, entusiasmo y una especie de «empuje» hacia esa persona.

Durante las primeras etapas del enamoramiento, también se produce un aumento de cortisol, la hormona del estrés. Esto explica por qué muchas veces sentimos ansiedad, nerviosismo e incluso pensamientos obsesivos, como no poder sacarnos de la cabeza a esa persona. A la vez, bajan los niveles de serotonina, lo que también contribuye a esa sensación de estar «atrapados mentalmente» por el amor.

Pero este estado no dura para siempre. Con el paso del tiempo, el cuerpo empieza a liberar más oxitocina y vasopresina, que son las hormonas del apego y el vínculo emocional a largo plazo. Estas sustancias generan una sensación de calma, seguridad y conexión profunda, desplazando ese torbellino inicial por algo más estable y confiable.

Además, otro hallazgo interesante del estudio fue que, cuando estamos enamorados, se desactivan áreas cerebrales relacionadas con la crítica, el juicio y el miedo social. Es decir, dejamos de ver con claridad ciertos defectos o señales de alerta en el otro. Por eso se dice que «el amor es ciego» y, en parte, nuestro cerebro lo confirma.

MÁS ALLÁ DE LA QUÍMICA

El enamoramiento depende también de nuestro pasado y de las emociones vividas. Esa persona activa algo en ti que te resulta familiar o que crees necesitar. Te completa. Puede que conecte con sentirte visto, aceptado, valorado o incluso con heridas que ahora encuentran un espacio para ser sanadas.

El amor romántico no solo involucra sensaciones intensas y reacciones químicas individuales, también genera una forma de conexión cerebral entre dos personas. Estudios recientes en neurociencia interpersonal han demostrado que, cuando una pareja mantiene una relación emocionalmente intensa y próxima, sus cerebros tienden a sincronizarse durante la interacción, sobre todo cuando ambas personas se prestan atención y se comprenden.

Este fenómeno se conoce como sincronía neural interpersonal y se puede observar mediante técnicas como la resonancia magnética funcional simultánea (fMRI dual) o el EEG. Se ha descubierto que, durante los momentos de conexión fuerte, como cuando dos personas se hablan con sinceridad, se acarician con cariño o comparten un rato de silencio, los patrones de activación cerebral entre los miembros de la pareja tienden a alinearse, generando sincronía cerebral entre ellos.

A nivel eléctrico, esta sincronía suele manifestarse en frecuencias lentas, como las ondas alpha y theta, que están asociadas con la relajación, la introspección y la regulación emocional. Estos estados ayudan a que las personas se entiendan mejor, se sientan más conectadas y la relación sea más estable. Es como si los cerebros de quienes se aman empezaran a funcionar de forma parecida, incluso sin tener que hablar.

Este tipo de conexión no es solo una consecuencia de estar enamorados, también cumple una función importante. Ayuda a fortalecer el vínculo y a que la pareja pueda llevarse mejor a largo plazo. Estar «en sintonía», tanto por dentro como por fuera, hace más fácil manejar el estrés, resolver discusiones y mantener una relación cercana y estable.

Lo interesante es que esta sincronización no depende solo de la química del principio: se fortalece con el tiempo si ambos se escuchan con atención, se comunican con honestidad y están presentes el uno para el otro. Así, el amor no solo se hace más profundo, sino que también se vuelve más fuerte desde el propio funcionamiento del cerebro.

El futuro del amor está ligado, en gran medida, a que la pareja pueda sostener y transformar la actividad cerebral de los inicios en una conexión más estable y consciente. En cambio, si al ir desapareciendo esas influencias químicas y eléctricas la relación se enfrenta a la realidad más objetiva, sin el velo de esa pasión, digamos, desbordada, sin lograr hacer la transición eléctrica a una conexión basada en el vínculo, lo normal será una despedida.

Así, esa sensación de «haber encontrado a la persona adecuada» nace de cómo nuestros cerebros se sincronizan y se reconocen, pero también es importante entender que el amor verdadero requiere ir más allá de esos primeros impulsos para sostenerse. Aun así, debemos reconocer que esa conexión original, apasionada, aunque no sea precisamente un alarde de nuestra capacidad racional, sino todo lo contrario, es siempre un gran regalo de la vida que todos deberíamos experimentar alguna vez.

¿PUEDO FIARME DE ESTA SENSACIÓN DE HABER ENCONTRADO A «LA PERSONA»?

Me gusta pensar que aquellos que llegan a nuestras vidas lo hacen por algún motivo. Te hablo de las relaciones en general, no solo de las románticas.

Hay personas que rápidamente demuestran que han aparecido en nuestro recorrido vital para mejorarlo, porque sin mucho esfuerzo podemos notar cómo su presencia nos suma. Sin ser perfectas, ninguno lo somos, nos hacen bien.

Otras veces, llegan personas que nos hacen la vida más complicada. Su presencia no viene acompañada de serenidad, sino de desafío, resistencia, una energía distinta a la propia que genera una sensación de incomodidad, al percibir que nuestros moldes no encajan.

En ambos casos, en la comodidad de la gente que nos suma y en la complejidad de las relaciones con personas que no sacan lo mejor de nosotros, debemos entender que son «encuentros» necesarios.

Las primeras aportan descanso, expansión, bienestar, un reflejo bueno de uno mismo; las segundas traen aprendizajes, te hacen revisarte más a menudo y, quizá lo más importante, te hacen decidir cómo quieres ser y cuáles son tus límites en una relación.

Las relaciones complicadas siempre te llevan a un mejor autoconocimiento y te empujan a responsabilizarte de quién permites que te influya, te acompañe y te moldee.

Hablemos ahora específicamente de relaciones que se basan en el amor romántico. Ya hemos visto cómo nuestro cerebro, con sus reacciones neuroquímicas y eléctricas, desata dentro de nosotros unas sensaciones de enorme intensidad que dificultan que podamos ser objetivos en las etapas iniciales de un enamoramiento. Esto es maravilloso, la esencia: desconectar la parte racional y dejarse llevar, al menos por un tiempo, en un universo que, de repente, parece tener otra velocidad, otra importancia, otro objetivo.

Es la fase donde la imagen de ti que ves reflejada en la otra persona te gusta, y mucho. Reconoces el impacto positivo que tú, solo por ser tú, tienes en el otro que te recibe como un hallazgo increíble. Y, a la vez, sus actos te completan, te sientes con el privilegio de ser recipiente de su amor y experimentas una complicidad especial y única.

Hay personas que se quedan enganchadas a estas sensaciones y buscan vivir siempre en los primeros meses (o incluso años) del enamoramiento. Es lógico, son maravillosas y adictivas. Pero si quieres vivir siempre en ese estado tendrás que empezar y terminar relaciones continuamente, porque la esencia misma del amor lo lleva a evolucionar. De hecho, para poder expandirse y llegar a los rincones más remotos de una persona, necesita perder intensidad pasional para ganar en calidad, sacar el foco de unos aspectos para arrojar su luz hacia otros lugares que permanecen ocultos. Cuando madura, deja de encandilarse solo por lo brillante y busca iluminar las sombras del ser amado.

Esta etapa consiste en avanzar sorteando las diferencias, las cargas del día, la parte racional de la vida con el convencimiento de que es posible poner luz, energía, pasión, complicidad e ilusión.

En el paso entre el enamoramiento y la construcción de este amor más maduro es donde tenemos una visión más clara de si esa persona es «la persona». Es posible darse cuenta antes, pero es bastante complicado, ya que tu radar de leer a los demás no está muy bien calibrado en ese momento. El alto nivel de pasión puede llegar a cegarte y lo más probable es que solo veas una parte, no solo del otro, sino también de ti y de lo que necesitas.

Normalmente, en esta etapa inicial ya tienes señales muy claras de si esa persona te hace bien o no, tienes intuiciones, hay pequeños avisos que has ido percibiendo, pero el torrente neuroquímico que te enamora es aún tan intenso que solemos ignorarlos. Otros te pueden decir que no ven bien esa relación, que no te ven bien a ti dentro de ella o que hay algún aspecto insano. En esos momentos, puede que no quieras verlo siquiera. Tienes tu droga sensorial y amorosa tan activada que es difícil salir de ahí. Es normal. Tu cerebro (y tu corazón) están demasiado contentos con un nivel de energía que saben que les hace bien.

Apasionarse es bueno y saludable, pero cuando la química y la electricidad cerebral empiezan a asentarse un poco debes preguntarte si te puedes fiar de lo que sientes. Aquí es donde puedes valorar aspectos más objetivos o prácticos sobre cómo influye en ti esa relación o si ese amor es sano o no.

Podrías notarlo de muchas maneras, pero hay tres preguntas que viene muy bien hacerse. Te invito a que te las hagas y respondas con honestidad, recordando que hay personas que te hacen la vida más fácil y otras que te la complican, pero de las que puedes aprender.

Si has tenido una relación amorosa que realmente te ha hecho mal, si ha dañado tu integridad física y mental, también quiero que sepas que ahora tu sistema tiene más claro dónde están los límites. Tiene la capacidad de ver los indicios donde antes no los vio. No tengas miedo a percibirte como una persona distinta porque lo eres. Las experiencias pasadas nos marcan, pero también nos desarrollan, no solo por el sufrimiento, sino, sobre todo, porque nos dan información valiosa que nuestro sistema integra. Estas son las tres preguntas que te ayudarán a identificar si estás en una relación sana.

1. ¿ESTA RELACIÓN ME HACE SENTIR MÁS LIBRE O MÁS ATRAPADO?

El amor debería darte alas. Aunque, en pareja, tienes que encontrar muchos lugares intermedios entre lo que harías si no estuviera la otra persona y lo que haces para poder tener una vida común que integre a ambos, esto no debe hacerte sentir atrapado. Un buen amor te hace ser más tú que nunca, te apoya para serlo y desarrollarte en plenitud y libertad bajo su mirada orgullosa y cómplice. Algo que, por supuesto, le devuelves.

Pregúntate si esto es así en tu relación y, si no lo es, plantéate si es algo en lo que podéis trabajar juntos o no está incluido en las bases de vuestro vínculo. Si no ves posible sentirte libre a la vez que acompañado, es probable que no estés con «la persona».

2. ¿PUEDO SER YO MISMO SIN MIEDO NI MÁSCARAS?

Un amor sano de verdad nos acepta como somos, nos acompaña en nuestras vulnerabilidades, nos vive en nuestra más pura esencia. No deberías sentir miedo por ser tú mismo. Si esto ocurre, claramente no es «la persona» para ti.

3. ¿NOS APOYAMOS PARA CRECER O SOLO NOS APOYAMOS PARA NO CAER?

La costumbre, la necesidad, sentir que solos no podemos con algo puede engañarnos mucho. Todos estos factores nos pueden hacer caer en relaciones donde la base es la dependencia, no la expansión, la construcción desde un lugar ilusionante y con horizonte. El amor bueno te apoya en una situación incómoda, pero esto se sustenta en un deseo honesto y real de acompañar en todo, lo bueno y lo malo. Te ayuda, pero también disfruta, surca terrenos vitales y te anima e impulsa a crecer. Cuidado con el miedo a estar solo, no te dejes guiar por él, estarás impidiendo que aparezca «la persona», la pareja adecuada.

•••

Responder a estas tres preguntas te ayudará a conectar más contigo y a entender mejor de qué sensaciones debes fiarte y cuándo es el momento de ponerle un poco más de objetividad. La unión de emoción y de razón te clarificará mucho cómo es el amor que te rodea pasada la primera etapa de enamoramiento.

Ejercicio para poder identificar mejor quién te hace bien

Es normal sentirse perdido y no entender del todo si ese amor apasionado te conviene o no. Sobre todo cuando has tenido experiencias pasadas donde has sufrido y, en vez de incorporar aprendizajes, has perdido confianza en tu radar para evaluar tus relaciones.

Este ejercicio te ayudará a reconocer tus emociones y a entender mejor qué es lo que realmente te conviene. Si lo haces de vez en cuando, también te servirá para ser consciente de cómo van cambiando tus deseos o necesidades. Así, podrás elegir aquellos vínculos que te hagan bien y que sean más conscientes.

1. **Tómate unos 10 o 15 minutos para escribir sin pensar demasiado.** Déjate fluir, no hay respuesta correcta o incorrecta, solo permite que salga de ti:

   - ¿Qué cualidades busco en alguien y por qué?
   - ¿Qué emociones experimento cuando me siento seguro con alguien?
   - ¿En qué tipo de relaciones me he sentido más feliz y en cuáles más perdido?

2. **Una vez que termines de escribir, ponte a leer.** Sin juicio, solo observa con curiosidad y respeto lo que has expresado. Esto es un mapa personal que te ayuda a conocerte mejor y a entender qué es realmente lo importante para ti en el amor. Guarda lo que escribiste y vuelve a leerlo cada cierto tiempo. Así podrás notar cómo cambian tus emociones y lo que buscas.

Por qué funciona

Lo más valioso de este ejercicio es que te conecta contigo mismo y te da herramientas para tomar decisiones más claras y conscientes en tus relaciones. Recuerda que lo que has escrito es solo para ti, un espacio seguro donde puedes ser sincero y auténtico. Cuanto más te escuches, mejor podrás construir vínculos que te nutran y te hagan crecer.

3. ¿POR QUÉ, SI DESEO AMAR DE FORMA LIBRE Y SANA, TERMINO ATRAPADO EN EL MIEDO, LA NECESIDAD O LA DEPENDENCIA EMOCIONAL?

> —¿Por qué guardamos recuerdos dolorosos?
>
> —Porque, aunque duelan, nos enseñan quiénes somos. A veces amamos y nos lastiman, pero seguimos buscando esa conexión.
>
> MICHEL GONDRY,
> *¡Olvídate de mí!* (2004)

Dos personas disfrutando de un enamoramiento correspondido se sienten poderosas, ilusionadas, expansivas en niveles difíciles de igualar en otras circunstancias. Sin embargo, no podemos afirmar que se trate de un sentimiento objetivamente sano y puro pues no siempre viene solo, limpio de cualquier otra emoción.

El amor debería ser una forma elevada de conciencia. En este sentido, no intentas cambiar a la otra persona ni adaptarla a tus necesidades. La aceptas como es, con sus luces y sus sombras, sin pretensiones ni dependencias. Es una manera de decir: «Eres libre de ser tú y aun así elijo acompañarte». Pero la realidad es que no siempre sentimos así y, a menudo, nos confundimos con el apego. El miedo a perder a alguien nos lleva al control, a la ansiedad, al sufrimiento.

Amar realmente bien a alguien pasa por desearle siempre lo mejor, contigo o sin ti. Amar de forma tan pura que el bienestar de la otra persona siempre es superior a tu interés individual. Y, sin embargo, suele no ser así. Tenemos miedo de perderlo y esa emoción nos arrebata ser tan generosos. Este temor es humano. El cóctel neuroquímico, la programación cerebral y emocional que hemos realizado mientras ha durado ese amor se ha quedado dentro de nosotros como algo que necesitamos, esencial. Tememos consciente o inconscientemente perder ese lugar de reconocimiento, paz, seguridad y pasión, aunque la realidad ya no se corresponda y nos haga daño.

El miedo es la segunda gran fuerza, nos hace evitar las amenazas y sobrevivir. Es muy difícil dejarlo a un lado, quitarle peso, que no invada a otras emociones. Pero amar así, libres de él, debe ser un ideal al que aspirar. En cualquier caso, nuestro sistema lucha por aferrarse a lo conocido, más aún si nos ha elevado y nos ha dado un sentido en plenitud.

Sentirse pleno no tiene que ver con la calidad del amor, sino con cómo te ha hecho sentir

No depende tanto de la persona a la que amas, sino de cómo te has sentido tú, cuánto has disfrutado tu propio reflejo en el otro y la intensidad con la que has querido, a ti y a la otra persona.

El amor tiene la capacidad de ocultar lo que no queremos ver.

Hasta que llega el momento de verlo porque algo en nuestro interior manda señales que ya no podemos ignorar.

El primer paso para que tu amor sea mejor es aprender a estar bien contigo mismo. Cuando amas desde un lugar de paz contigo es mucho más difícil que te adentres en relaciones románticas que te dañen. Tú eres tu propio escudo, debes ser tú el que sepa velar por los límites, por los lugares que decides aceptar y los que no.

No podemos dar lo que no tenemos. Para amar a otros, primero debemos aprender a amarnos a nosotros mismos.

Tenemos incertidumbre, aprendizajes anteriores que no nos dejan amarnos de manera simple, sin resistencias. De alguna manera nos inundan otras emociones que vienen a romper la armonía de su fluir. Cuando esto ocurre, y es habitual, empiezan las excusas y puedes escucharte diciendo o pensando: «Yo me quiero, pero es que mi situación es...», o «yo me quiero, pero me han hecho esto y me ha afectado...».

Las frases de este tipo solo moldean y afectan lo que sientes por ti porque tú lo permites. Pase lo que pase fuera, si confías en ti mismo podrás ir a un lugar de amor puro, buscar dentro esa conexión con emociones más elevadas, ser parte de un todo mucho más grande, de este universo que te rodea. Los vaivenes de la vida están en un nivel inferior, modifican momentáneamente tu organismo, lo zarandean, pero no pueden cambiar su naturaleza.

Tú eres amor, pese al miedo.

No soy tan ingenua para pensar que esto es fácil. La programación cerebral, emocional, sensorial que han generado tus experiencias, sobre todo en la infancia, afirman lo contrario. Por eso es tan importante que, como adultos, hagamos sentir a nuestros niños y jóvenes el derecho que tienen solo por ser ellos a ser amados, también por los demás, pero sobre todo por ellos mismos. Así podrán asimilar y configurar sus cerebros para que quererse, celebrarse y respetarse se vuelva algo natural, biológico, humano, universal y expansivo que no depende de los demás.

Lo que aprendimos de las personas que nos acompañaron en la edad temprana —de nuestros cuidadores, padres, las relaciones entre ellos, de ellos con nosotros, las reacciones— se ha quedado grabado y creó una conexión directa a nivel cerebral de causa y efecto. Pero el amor sano proviene de que te quieras a ti en primer lugar. Que celebres tu existencia, te vincules con el agradecimiento y la satisfacción de estar vivo y ser una pieza más de este gran todo.

Hacer esto muchas veces pasa por mirar con empatía al pasado que te dolió, a los traumas y a las rutinas de supervivencia que hiciste en consecuencia, para que puedas reconocerlos pero no creértelos.

Las experiencias negativas nos afectan profundamente, pero como adultos podemos cambiar su significado. No necesitas vivir siempre en ellas, en la personalidad e identidad que has creado y creído. Es una programación. Yo lo sé muy bien. Veo a personas mejorarse todos los días. Pero no es magia, hay varios pasos para hacerlo.

PRIMER PASO: RECONOCE QUE NECESITAS CAMBIAR

El primer paso, y quizá el más importante porque es el que permite empezar a girar todo el engranaje del cambio, es reconocer que esa forma de sentirte poco amado, inseguro o atrapado en tus propias heridas no es el estado en el que deseas seguir viviendo. Tienes que querer hacerlo de verdad. Esto es importantísimo porque se trata de transformar algo que tu cerebro ya ha dado por válido y, sobre todo, como seguro.

Nuestra mente programa uniones entre lo que ocurre y qué sentimientos deben despertarse. Es clave que sepas que es algo arbitrario, sucede de una manera, pero podría ser de otra muy distinta. El problema es que tu sistema se acostumbra y repite patrones, aunque te produzcan daño. Y no va a querer cambiar, solo estaría dispuesto a hacerlo si la situación ha tocado fondo hasta el punto de registrarse como insostenible. Es necesario que entiendas la implicación de esto. Ojalá no haya que llegar ahí, el objetivo es que puedas hacer toda la reprogramación pertinente antes de que te rompas tanto por dentro.

Así que puedes olvidarte de que tu cerebro haga este trabajo por ti. Tienes que hacerlo tú. Es justo al revés. Si quieres cambiar, tienes que tomar el mando.

La tendencia de tu organismo a nivel cerebral, corporal, emocional es hacia lo estático. Porque, aunque para ti no sea el lugar más cómodo, si te permite seguir con tu vida, para él sí es un lugar seguro. Tu cerebro no puede anticipar que esos cambios que quieres hacer te seguirán manteniendo con vida. Prefiere «lo malo conocido que lo bueno por conocer». Tenemos que demostrarle que existen otras opciones válidas. Además, necesita una ruptura entre lo anterior y lo que está por crearse. Eso le cuesta un esfuerzo razonablemente grande, e intentará que desistas. Lo hará en forma de miedo, de pensamientos obsesivos, de dudas, de maquillar el momento presente haciéndotelo ver mejor de lo que en realidad es. No se lo permitas, toma el control. Comprométete contigo, eleva tu mirada más allá, vislumbra cómo te gustaría sentirte. Eso nos lleva al siguiente paso.

SEGUNDO PASO: DECIDE CÓMO NECESITAS CAMBIAR

El segundo paso es poder tener una visión firme de hacia dónde quieres ir. Una guía, un camino a seguir, algo que parece evidente, pero que no lo es tanto. No es fácil imaginar lo que aún no ha ocurrido. A continuación, te dejo una técnica para lograrlo.

Busca las emociones primero. Piensa en qué quieres sentir, cómo quieres percibirte y, desde esas sensaciones, recupera las memorias de cuando te has sentido así, qué situaciones, actividades y tipos de personas las propiciaron. A veces no hay referencias, no has vivido con suficiente intensidad aquello que quieres conquistar. No te preocupes.

Si tienes la capacidad de anhelarlo es porque lo tienes guardado, consciente o inconscientemente. Tu cerebro sí lo sabe. Así que céntrate en ello, imagina, crea un recuerdo nuevo. Ayúdate con tus sentidos, elige lo que pasa por ellos. Te ayudará cerrar los ojos, inventa dónde estás, trae a tu mente imágenes concretas sin perderte en los detalles. Se trata de experimentar a través de tu cuerpo, de tu respiración. Déjate invadir. Lo que proyectas te aporta desde el amor y la seguridad.

TERCER PASO: PONTE EN MARCHA

Por último, introduce en tu día a día pequeñas acciones conscientes que sumen para sentirte como has imaginado. Reflexiona qué entornos y compañías te hacen bien. Mete más de esas en tu vida. Verás que son cosas muy pequeñas, pero con gran impacto. Cuando haces esto estás controlando tu energía, diseñando tus jornadas con actos y personas que te nutren. Con ello, tu cerebro se reconfigura y empieza a establecer nuevas conexiones neuronales, igual que lo hizo en tu infancia por causa y efecto, salvo que entonces fue de forma automática y ahora lo diriges tú. Le enseñas qué debe premiar y de qué debe protegerte. Estarás construyendo nuevos patrones de conducta y de pensamiento que, esta vez, sí eliges. La clave está en que respondan a buenas emociones.

Para no desviarte del camino que te producirá más paz y bienestar, pregúntate siempre si lo que estás programando hace que te quieras más por quien eres y por quien llegarás a ser en esta continua construcción.

Desde el amor propio sano y consciente generarás lazos de amor romántico con otras personas. Ese lugar está lleno de verdad, lleno de ti y de fortaleza. No te lo puedes perder.

En conclusión, es lógico caer en relaciones de dependencia emocional y miedo si no eres capaz de elevarte y entender los hilos invisibles que han movido tu conexión con el amor desde la infancia. Pero, ahora que eres adulto y puedes decidir, no temas enfrentarte a viejas estructuras y aprende a ponerte en el centro, construyendo desde ahí: es el acto más generoso.

¿POR QUÉ NUESTRO CEREBRO NO NOS AYUDA A AMAR BIEN?

Durante millones de años, nuestra especie evolucionó en un entorno hostil. El cerebro fue afinando mecanismos para detectar peligros, buscar protección y asegurar la continuidad de la vida. Así, cuando nos vinculamos emocionalmente, no lo hacemos desde un lugar neutral: activamos zonas cerebrales muy antiguas, programadas para el apego, el miedo a la pérdida y la necesidad de control.

El sistema límbico, y en particular la amígdala, reacciona ante cualquier señal de amenaza: una mirada distante, una respuesta fría o un silencio inesperado. Lo vive como un peligro real, pero no distingue entre el abandono emocional y el asalto de un depredador.

En esos momentos, el cuerpo responde liberando cortisol, la hormona del estrés, y reduciendo la actividad de la corteza prefrontal, el área encargada del razonamiento, la empatía y la autorregulación. Por eso perdemos la capacidad de pensar con claridad. Reaccionamos. Nos cerramos. ¿Atacamos o nos retiramos? Así el amor se empaña con ansiedad, reproches o celo excesivo.

Por otro lado, cuando estamos enamorados o muy vinculados a alguien, liberamos dopamina (placer, recompensa), oxitocina (vínculo, confianza) y vasopresina (apego), lo que genera una sensación intensa de bienestar..., pero también una fuerte necesidad de mantener a esa persona cerca. Es hermoso, pero, sin equilibrio, esa combinación neuroquímica puede hacer que entremos en dependencia.

Además, el cerebro está lleno de rutas neuronales que se han reforzado con el tiempo. Si durante años hemos asociado el amor con sentimientos negativos, estos se activan automáticamente cuando amamos. Son como surcos por los que fluye la energía mental, incluso si ya no nos sirven. Cambiar esa programación requiere atención, repetición y una práctica interior consciente.

Incluso nuestras frecuencias cerebrales juegan un papel. Cuando estamos estresados por la relación, nuestro cerebro entra en ondas hibeta que son rápidas y asociadas al estado de alerta o agitación. En cambio, cuando estamos en calma profunda, en aceptación y presencia, activamos ondas alpha o theta que promueven la introspección, la empatía y la estabilidad. El amor consciente vive más en estas frecuencias lentas, que requieren silencio interno y conexión con el momento presente.

Si entendemos esto, no debemos juzgarnos por tener dificultades para amar desde la libertad. Nuestro sistema nervioso no fue diseñado para la entrega serena, sino para protegerse. A su vez, podemos entrenar a nuestra mente para calmar la amígdala, fortalecer la corteza prefrontal y crear nuevas rutas emocionales y relacionarnos así desde un lugar más sabio.

Es decir, no es una suerte genética ni un privilegio de unos pocos. Es una práctica. Y aunque nuestro cerebro más antiguo se resista, hay una inteligencia más profunda en nosotros, una inteligencia del alma que recuerda cómo amar sin miedo.

Ejercicio para entrenar el amor desde la conciencia

A continuación, te propongo un ejercicio práctico que combina neurociencia, atención plena y trabajo emocional. Está diseñado para ayudarte a cultivar un amor más consciente, sereno y libre, empezando por tu interior. Para ello, implicaremos a:

- La **corteza prefrontal** (autoconciencia, regulación emocional).
- El **sistema límbico** (emociones y memoria afectiva).
- Las **ondas cerebrales alpha** (relajación, conexión interior).
- La **neuroplasticidad** (capacidad para crear nuevas rutas emocionales).

El objetivo es calmar la reactividad automática y ansiosa ante las emociones.

1. **Detén el piloto automático (2-3 minutos).** Encuentra un lugar tranquilo. Siéntate con la espalda recta pero relajada. Cierra los ojos suavemente.

   Lleva tu atención a la respiración. No intentes cambiarla. Solo obsérvala, siente el aire entrando y saliendo por la nariz. Cada vez que tu mente se distraiga (y lo hará), solo tienes que regresar a ella.

   Este paso activa tus ondas cerebrales alpha, reduce el cortisol y apaga el «modo amenaza» del sistema límbico.
2. **Reconoce la emoción sin juicio (2-4 minutos).** Piensa en una situación reciente donde reaccionaste con ansiedad, celos, necesidad o inseguridad en una relación (pareja, amigo, familiar...).

   Permítete sentir esa emoción de nuevo, pero esta vez como un observador. Di internamente: «Esto es miedo... Esto es apego... Esto es inseguridad».

   No luches contra lo que sientes. Solo nómbralo y observa cómo se manifiesta en tu cuerpo (presión en el pecho, tensión en el cuello, nudo en el estómago...).

   Este paso activa la corteza prefrontal, que regula la amígdala y crea nuevas rutas de autorregulación emocional.
3. **Reescribe el guion (4-5 minutos).** Ahora imagina que esa situación vuelve a ocurrir, pero tú respondes desde un lugar de amor consciente y no desde el miedo. Por ejemplo:

   - En vez de revisar el teléfono, respiras profundo y te das el espacio para confiar.

- En vez de exigir una respuesta, escuchas al otro con calma y expresas lo que sientes sin culpa ni presión.
- En vez de pensar «me van a abandonar», piensas: «Puedo estar presente, aunque el otro se aleje».

Visualízate actuando así. Siente en tu cuerpo la diferencia entre la reacción automática y esta nueva forma de responder.

Este paso fortalece nuevas redes neuronales y entrena el cerebro para elegir amar en vez de temer.

4. **Afirma e interioriza (1 minuto).** Termina el ejercicio diciendo en voz baja o en tu pensamiento: «Puedo amar sin miedo. Elijo el amor que libera, no el que aprieta. Estoy aprendiendo a estar en paz».

   Coloca una mano en el pecho o en el vientre. Respira tres veces profundamente. Siéntelo. Esto ancla la experiencia emocional y fortalece el aprendizaje.

Por qué funciona

Puedes realizar este ejercicio cuando sientas que estás cayendo en una dinámica de apego o ansiedad relacional. Cuanto más lo practiques, mejor enseñas a tu cerebro a pausar, sentir, elegir conscientemente... y amar con claridad.

4. ¿POR QUÉ DUELE TANTO EL AMOR CUANDO NO ES CORRESPONDIDO Y CÓMO SUPERARLO?

—¿Por qué duele tanto querer a alguien que no siente lo mismo?
—Porque el corazón no entiende de razones y nuestro cerebro, en silencio, grita en soledad.

SPIKE JONZE, *Her* (2013)

El dolor del amor no correspondido es una experiencia universal, intensa y desgarradora. Si la has vivido ya sabes de lo que hablo. Es una sensación muy honda que, durante un tiempo, te hace creer que no serás capaz de salir de ella. Pero sí lo harás. Y es importante entender que detrás de ese sufrimiento hay procesos cerebrales complejos que nos ayudan a aceptar que es normal que nos duela tanto, y que también hacen que esa emoción desaparezca una vez pasado el duelo pertinente.

Cuando amamos, nuestra mente crea un vínculo extraordinario que se parece mucho a una necesidad básica, casi como el hambre o la sed. Nuestro cerebro identifica que amar así es un acto de supervivencia. Esta conexión genera una expectativa: queremos estar con esa persona, compartir momentos, sentirnos aceptados y queridos por ella.

Es decir, una estructura basada en circuitos neuronales relacionados con la recompensa y la motivación, que utilizan neurotransmisores como la dopamina. Ese estado de bienestar y euforia es parecido a lo que experimentamos con la comida, el sexo o incluso con ciertas adicciones.

Pero cuando nuestra esperanza no se ve cumplida y la otra persona no nos corresponde, nuestro sistema interpreta esa ausencia como abandono, como una pérdida real y nos hace sentirlo como una amenaza vital. Activamos entonces circuitos cerebrales vinculados al dolor social, que comparten zonas con los del físico y, por eso, duele de verdad, como si el corazón tuviera una herida que podemos ver y tocar.

En estas situaciones hay un ingrediente habitual y son los patrones de pensamiento obsesivo. Es muy fácil quedarnos secuestrados en bucles de ideas recurrentes que no podemos sacar de nosotros. El cerebro se queda atrapado en escenarios que se repiten: «¿Qué hice mal? ¿Por qué no me quiere?». Tenemos una respuesta cerebral para esta pregunta que, quizá, la otra persona jamás nos responda. En esa promesa amorosa en la que creímos, buscamos un «premio» con el que ya contábamos pero que no llega. Se nos niega lo que dábamos por sentado y esto nos mantiene en alerta, generando ansiedad y tristeza prolongada.

Otra razón para que suframos tanto es la vulnerabilidad. Nos hemos expuesto al otro, nos hemos abierto y nos hemos mostrado tal y como somos. Es decir, nos hemos entregado sin protección y no hemos recibido lo mismo, por lo que sentimos un rechazo muy profundo. Eso afecta a cómo nos vemos, a nuestra autoestima y a nuestra seguridad.

Amar es abrir la puerta más íntima de nuestro ser, es ofrecer sin condiciones un pedazo de alma. Y cuando ese regalo no recibe respuesta, cuando el otro no devuelve con la misma entrega, esa puerta se cierra de golpe. Nos quedamos solos, expuestos a la intemperie de nuestras emociones más crudas. Vulnerables en extremo, como si desapareciera el suelo bajo los pies. No es solo tristeza, es una mezcla de desconcierto, miedo y soledad que nos recuerda lo mucho que anhelamos ser vistos, amados, reconocidos.

Esto sucede porque, en el fondo, nuestra naturaleza humana tiene dos pilares fundamentales que nos sujetan juntos, pero no hacen nada el uno sin el otro: ser queridos y pertenecer a un grupo. O lo que es lo mismo, dignos de afecto con un sentido de identidad, pertenencia y protección comunitaria. Sin este sostén, lo que el desamor amplifica es la fractura de nuestra confianza en nosotros mismos y en el mundo que nos rodea.

Aunque parece que hablamos en abstracto de este sufrimiento, como ya hemos visto, se percibe como corporal. La ciencia ha descubierto que las áreas cerebrales que enciende son las mismas que se activan cuando sentimos dolor físico. Esto quiere decir que el corazón roto no es solo una metáfora.

La amígdala, pequeña pero poderosa, se dispara enviando señales de alerta que desencadenan reacciones en todo el sistema nervioso. Nuestro cuerpo se llena de adrenalina y cortisol, y eso genera síntomas muy reales: opresión en el pecho, dificultad para respirar, insomnio, falta de apetito o, en otros casos, un agotamiento súbito. Igual que cuando perdemos a alguien querido.

No debemos juzgarnos como débiles o exagerados cuando pasamos por todo esto, es una respuesta natural. Pero también es un llamado a la compasión hacia nosotros, a permitirnos ese tiempo y ese espacio para sanar.

Nos han sacado de nuestro centro, sin embargo, podemos recorrer el mismo camino para reencontrarnos. En el duelo y la aceptación aprendemos a mirar hacia dentro, a descubrir que el amor más importante y duradero es el que cultivamos hacia nuestro propio ser y que, desde ahí, atraeremos uno mucho más sano de parte de otros.

A veces el corazón debe romperse para dejar espacio a un amor cómplice y libre que está por llegar.

Lo sé porque lo he visto. Son tantas las personas entrenando en MindStudio que pensaban que su vida amorosa había acabado tras afrontar un desconsuelo intenso y que, más tarde, felices, mucho más felices que antes y con nuevas parejas, entendieron que ese «fracaso» previo era lo que necesitaban para poder disfrutar en el futuro.

Entender que estas experiencias son maestros, enseñanzas, oportunidades para hacernos mejores hace mucho más fácil lo inevitable. Ojalá seas capaz de agradecer a todas las almas que han pasado por ti, independientemente de cómo hayáis terminado, porque te acercan a tu verdadera forma de amar.

Ejercicio de reequilibrio emocional

Cuando sientas el peso del rechazo o el dolor que provoca un desamor, este ejercicio te ayudará a recuperar el equilibrio emocional y a fortalecer tu bienestar interior.

1. **Busca un lugar tranquilo donde puedas sentarte sin distracciones.** Respira profundamente cinco veces, concentrándote en cada inhalación y exhalación. Esto te ayudará a calmar la mente y a traer tu atención al presente.
2. **Piensa en tres cosas que sí están en tu vida y que te aportan alegría, calma o estabilidad.** Pueden ser personas que quieres, actividades que disfrutas o momentos simples que te hacen sentir bien.
3. **Repite en voz baja o mentalmente esta frase: «Este dolor es real, pero también tengo otras fuentes de bienestar que me sostienen».**

Este ejercicio te permite reconocer tu sufrimiento sin negarlo, y además te conecta con otras experiencias positivas que fortalecen tu capacidad para sobrellevar la tristeza.

Por qué funciona

Al practicar este ejercicio activas el córtex prefrontal, la zona encargada de regular nuestras emociones y controlar la intensidad del dolor emocional. Asimismo, ayudas a tu sistema nervioso a equilibrarse, promoviendo la resiliencia y mejorando tu capacidad para manejar situaciones difíciles sin dejarte dominar por lo que sientes.

5. ¿CÓMO PUEDO ENTRENAR A MI CEREBRO PARA ELEGIR MEJOR A QUIÉN AMAR?

Tus manos son mi caricia, mis acordes cotidianos,
te quiero porque tus manos trabajan por la justicia.
Si te quiero es porque sos mi amor, mi cómplice y todo,
y en la calle, codo a codo, somos mucho más que dos.

MARIO BENEDETTI, «Te quiero»,
Poemas de otros (1974)

Andábamos sin buscarnos pero sabiendo que andábamos para encontrarnos.

JULIO CORTÁZAR, *Rayuela* (1963)

Te amo sin saber cómo, ni cuándo, ni de dónde,
te amo directamente sin problemas ni orgullo:
así te amo porque no sé amar de otra manera.

PABLO NERUDA, «Soneto XVII»,
Cien sonetos de amor (1959)

Las anteriores son tres maravillosas voces, distintas con un mismo eco: el amor viene sin pedir permiso. No es algo que elegimos en el primer instante, sino una fuerza que nos arrastra y nos desarma. Llega cuando llega, nos lleva por delante, no nos deja pensar y se cuela dentro de nosotros.

Pero ¿es siempre así? Aunque lo sea al principio de la relación, no es necesariamente lo que ocurre después. Entonces sí tienes elección entre seguir dentro de ese «secuestro amoroso» o salir de él si es insano para ti y empiezas a entrever cosas que no te gustan y que antes no habías podido ver dentro de este halo de enamoramiento.

Decidimos a quién seguir amando una vez que nuestra

mirada sobre la otra persona se torna algo más objetiva. Podemos entrenar nuestra mente para reconocer vínculos más sanos y evitar caer, una y otra vez, en relaciones que nos desgastan o nos desconectan de nosotros mismos.

Si has estado ahí, en una relación insana, restrictiva para ti, por lo que sea, por grandes razones o solo porque ya no sientes lo mismo y ya no es hogar, lo cual es un gran motivo, quiero que sepas que no solo es normal, sino que debes escoger no continuar. Llega el momento de quererte a ti en primer término.

¿POR QUÉ REPETIMOS PATRONES QUE YA NOS HAN HECHO SUFRIR? ¿POR QUÉ SIGO ELIGIENDO A PERSONAS QUE ME HACEN DAÑO?

Estas preguntas o similares las he escuchado muchas veces en MindStudio. Y es que son tan humanas que es lógico hacérnoslas. La respuesta está en lo más profundo de nuestro cerebro emocional:

Repetimos patrones que nos hacen daño porque buscamos lo familiar, no necesariamente lo sano.

Si desde niños vamos grabando en nuestra memoria afectiva cómo es el «amor» a partir de nuestras primeras experiencias con las figuras que nos cuidaron, y si este fue impredecible, distante o condicionado, si nos sentimos rechazados, ignorados o con la necesidad de esforzarnos para que nos quieran, hemos normalizado aquello que dolía. Hemos convertido el dolor en hogar.

Te comparto el ejemplo de Lucía, que se entrenó con nosotros y con la que pude tratar su patrón amoroso basado hasta entonces justo en lo que acabo de contar.

Lucía creció con un padre emocionalmente ausente pero presente por lo demás. Aprendió sin querer que el afecto tenía que ser conquistado. Ahora, con 38 años, se ve una y otra vez involucrada con personas inaccesibles, bloqueadas con sus sentimientos. Ella lo nota, incluso lo habla en terapia desde hace años. Sabe que no es lo que quiere. Pero una parte de ella se siente «en casa» con esa compañía fría y distante. Lo conoce. Lo vivió. Y su mente, sin que ella lo decida de manera consciente, lo busca.

Aquí viene la paradoja:

El amor, aunque sea doloroso,
nos atrae si nos resulta familiar.

No queremos sufrir, pero nuestro sistema límbico, que regula nuestras emociones y nuestra memoria afectiva, está programado para reconocer lo que ya conoce, no lo que es más sano para nosotros.

El cerebro cree que te protege manteniéndote en situaciones conocidas; no analiza si esas situaciones son buenas para ti o no, lo que analiza es que esa situación familiar ya la has soportado y todavía sigues vivo. Para él, con eso ya es suficiente, funciona.

Con Lucía hicimos un trabajo de psicoterapia acompañado de un entrenamiento de armonización de frecuencias para poder romper estos patrones arraigados y que se construyan nuevas conexiones neuronales más flexibles. El trabajo en el frontal derecho fue especialmente exitoso para lograr identificar y acercarse a hombres más cercanos y con pautas relacionales de mayor cuidado y apego. En su caso aumentamos las ondas alpha para aumentar la empatía hacia ella y también mejorar su radar para identificar personas que le aportaban calidez, en vez de buscar frialdad, y sentirse cómoda con este cambio, que suponía una modificación de lo que aprendió desde niña.

Otro caso es el de Andrés. Tiene 45 años y, tras dos divorcios, ha empezado a darse cuenta de que siempre acaba en relaciones donde se siente poco valorado. Su madre, aunque lo amaba, era muy crítica con él: corregía constantemente su forma de hablar, de vestirse, de expresarse. Creció creyendo que el amor implicaba ser corregido, mejorado, «ajustado». Por eso cuando una pareja lo trataba con dulzura incondicional, se sentía incómodo. Le parecía falso. En cambio, si alguien lo criticaba, percibía que ahí había verdad, conexión. No lo hacía por gusto, lo hacía porque su cerebro le decía que eso es amor.

En el caso de Andrés hicimos un entrenamiento de frecuencias orientado a calmar su sistema límbico y a activar áreas del hemisferio izquierdo que le permitieron aumentar su autoestima y ser consciente de sus necesidades. Andrés ha cambiado mucho, muchísimo. La última vez que vino a MindStudio a hacer una sesión de mantenimiento nos habló de su nueva novia, por fin una mujer con un patrón amoroso mucho más cálido y empático que le estaba permitiendo ser él mismo y expresarse en libertad y confianza.

Puedes encontrarte una y otra vez en relaciones donde hay una norma que se repite: personas que no se comprometen, que no te valoran, que no te dan seguridad. Incluso puedes saber racionalmente que no es lo que te hace bien, pero aun así te cuesta soltar. Es como si algo más fuerte te empujara hacia ahí. Ese «algo» son las rutas emocionales que tu mente ha fortalecido con los años. Para tu cerebro, es un lugar seguro. Para ti, puede ser un lugar de enorme sufrimiento del que debes salir.

O como le ocurrió a Carla, que tiene 51 años y acaba de salir de un noviazgo con una persona muy parecida a su expareja de hace más de una década. A pesar del tiempo, sucede lo mismo: intensidad, idealización inicial y luego una retirada emocional súbita, seguida de largos periodos de silencio. En consulta, Carla se dio cuenta de que lo que más le dolía no era la ruptura, sino lo reconocible del abandono. Su padre, alcohólico, desaparecía durante días cuando ella era pequeña. Y cuando volvía, traía regalos. Así aprendió que el amor se va..., pero regresa si uno espera lo suficiente. Ahora entiende que su dificultad para cortar vínculos con personas intermitentes tiene raíces más profundas que su voluntad.

En el caso de Carla hicimos un entrenamiento de armonización y ejercitación de frecuencias orientado a sincronizar mejor la actividad de sus dos hemisferios cerebrales, equilibrar su mundo emocional y su capacidad de actuar y tomar decisiones. En esa nueva configuración empezó a sentirse mucho más segura interpretando señales, pidiendo lo que necesita y promoviendo relaciones más sanas. Ha aprendido a poner límites, una herramienta muy valiosa para su vida sentimental.

•••

Cuando no hemos sanado heridas del pasado (rechazos, abandonos, traiciones), es común que busquemos, de manera inconsciente, «repararlas» a través de vincularnos con personas «parecidas». Como si esperáramos que alguien distinto haga lo que otro no pudo hacer. Pero en ese intento de remendar nuestra experiencia, a menudo terminamos repitiéndola. Es un círculo vicioso. Hasta que no ves con claridad que tienes que salir de ahí, no puedes romperlo.

Sabemos lo que merecemos, pero es como si nos faltara un árbitro mediador entre nuestro cerebro y nosotros que estableciera quién tiene la razón y cómo instaurar una relación más saludable entre lo aprendido y la reproducción de los mismos errores. La parte de nuestra mente más instintiva, más emotiva, está programada para buscar conexiones que nos resulten reconocibles.

El sistema límbico, que gestiona los recuerdos afectivos, guarda huellas profundas de nuestras primeras experiencias: qué creencias desarrollamos sobre el amor, el abandono, el merecimiento. Todo eso sigue vivo, operando como una especie de «mapa» que nos sigue atrayendo hacia ciertas personas. Pero es importante entender que el «fluir» de tu biología te está llevando a la deriva. Puedes reconducirlo.

Cuando lo haces, estableces nuevos sinónimos cerebrales. Como que el deseo puede ir unido a la paz y la intensidad al cuidado. Ni temer ni desasosegarse son sinónimos de amar.

¿QUÉ PASA EN NUESTRO CEREBRO CUANDO ELEGIMOS PAREJA?

Cuando nos sentimos atraídos por alguien, se activan rutas cerebrales que están relacionadas con el placer, la motivación y la recompensa, como el circuito mesolímbico. Ahí entra en juego de nuevo la dopamina, de la que ya hemos hablado, que nos genera esa sensación de euforia inicial, de querer estar con el otro todo el tiempo. Es adictiva. Pero ese subidón no siempre indica que esa persona sea una buena elección. El cerebro emocional muchas veces actúa rápido, mientras que la corteza prefrontal, el área encargada de tomar decisiones más racionales, valorar consecuencias y regular impulsos, tarda un poco más en encenderse.

Por eso, cuando escogemos el amor desde la carencia, el vacío o la urgencia, lo hacemos desde un estado neurobiológico que no favorece la claridad. El deseo nos nubla, y la mente justifica aspectos que vistos desde una perspectiva objetiva pueden parecer injustificables. Sin entrenamiento, no seleccionamos a nuestras parejas desde un cuidado consciente.

Ya sabemos lo que es la neuroplasticidad, por tanto, podemos enseñar a nuestra mente a reconocer lo que de verdad nos hace bien. Podemos fortalecer las zonas que nos ayudan a elegir mejor, con menos ansiedad y más sabiduría. Y eso se logra con práctica, atención plena, autoconocimiento… y mucha honestidad interna.

Ejercicio para afinar la brújula emocional

Este ejercicio está diseñado para entrenar tu corteza prefrontal y activar tus decisiones conscientes, calmar tu sistema límbico y con ello la memoria emocional, fortaleciendo las conexiones neuronales asociadas al autocuidado y la claridad interior. Hacerlo regularmente te ayudará a decidir afectos más conscientemente y a reconocer los vínculos que te nutren.

1. **Espacio de pausa (2 minutos).** Busca un momento y un lugar tranquilos. Siéntate, cierra los ojos y respira profundo unas cuantas veces. Lleva la atención a tu cuerpo. Estás aquí, contigo. Solo eso ya es valioso.
2. **Autoindagación escrita (10-15 minutos).** Sin juzgar, sin filtro, escribe libremente sobre lo que sigue:

    - ¿Qué características tiene una persona con la que me he sentido en paz, respetado y cuidado?
    - ¿En qué tipo de relaciones he sentido más ansiedad, inseguridad o dependencia?
    - ¿Qué señales suelo ignorar al inicio de un vínculo que después terminan doliéndome?
    - ¿Qué creo que merezco en una relación? ¿De verdad creo que eso es lo que merezco?

    Con esta escritura se activa la corteza prefrontal, mejora tu autoconocimiento y ayudas a tu cerebro a reconocer patrones. Repetirlo de vez en cuando te permite observar cómo evolucionan tus necesidades emocionales.
3. **Enraizar una afirmación (1 minuto).** Cierra los ojos un momento y di en voz baja o mentalmente:

    «Estoy aprendiendo a elegirme para poder elegir mejor. Mi amor propio me guía».

    Este cierre activa circuitos neuronales de seguridad y pertenencia interna, y poco a poco enseña a tu cerebro que no necesitas perseguir lo que no te hace bien.

Por qué funciona

El ejercicio te permitirá hacer un mejor balance entre tu mente emocional y racional, permitiendo que ambas estén presentes y puedas sentir que dentro del no control que supone enamorarse de alguien siempre habrá una parte de ti que te cuida y te dará, en el momento adecuado, la lucidez necesaria para poder elegir si te quedas o no dentro de la relación.

Porque algo está claro y creo que es la base del amor más puro, longevo e ilusionante:

Elegir mejor a quién amar, lejos de ser egoísmo, es sabiduría.

No se trata de buscar a alguien «perfecto» o huir de todo lo que nos rete, sino de aprender a escuchar lo que sentimos desde un lugar más honesto y menos reactivo. Dejar de romantizar el sufrimiento y empezar a honrar el amor como lo que es: un espacio de crecimiento y libertad.

Empezarás a notar una gran diferencia. Ya no te seduce tanto la intensidad de la pasión, sino la presencia que te calma y sostiene.

6. OTRO PUNTO DE VISTA: EL AMOR COMO ENERGÍA

Déjame que te presente al amor desde otro lugar. En términos energéticos.

Intentar explicar este sentimiento profundo solo con palabras es alejarnos de la emoción que realmente genera.

El lenguaje no puede abarcar la magnitud de lo que sentimos. La energía que desprende solo se puede entender en un plano más amplio, apagando los límites racionales.

Voy a hablarte de él como ámbito del sentir. Desde la energía que lo genera, lo conserva, lo expande o lo disminuye.

Descubrir la fuerza que nos recorre, familiarizarse con ella es quizá uno de los mejores aprendizajes y actos conscientes que podemos hacer por nosotros. Por nuestra salud, pero sobre todo por nuestro conocimiento y disfrute.

Hay personas que tienen más facilidad y otras que necesitan más tiempo, pero descubrirse como ser energético está al alcance de todos.

De hecho, ya lo has hecho muchas veces, pero posiblemente no te has detenido a pensarlo, o, mejor dicho, a experimentarlo.

Un buen lugar para identificar esta «corriente eléctrica» son los primeros besos. Recuerda el tuyo con alguien. Cierra los ojos y transpórtate a ese momento. Intenta revivir ese fogonazo que te recorrió. Si lo consigues, posiblemente te cueste ponerle adjetivos. No lo hagas, quédate en la sensación. Entonces no te recorrió el lenguaje aprendido, sino «aquello» que se despertó en tu organismo. La energía que se origina cuando dos personas se atraen y establecen contacto físico íntimo por primera vez es algo que nuestro cuerpo y nuestra mente guardan dentro de sí, a veces para toda la vida. Si has tenido la ocasión de escuchar a alguien de edad avanzada hablando de sus romances de juventud, seguramente hayas visto ese brillo especial en sus ojos. Son como llamas que se quedan encendidas dentro.

Quizá te haya tocado vivir también situaciones muy complicadas a nivel emocional, como pérdidas de seres queridos. Lo que sientes es un impulso que oprime, pesa, le falta luz y te agota. Es una descarga muy concreta, muy incómoda, que duele y que cuesta asumir. Intentamos explicar cómo nos sentimos, pero parece que es nuestro cuerpo el que decide hablar, con lágrimas, con el pecho compungido, con sensación de cierre, hasta el corazón parece que se hace más pequeño. Muchas veces nos quedamos sin palabras. La energía que nos recorre es implacable. Hasta que logramos movilizarla un poco, aligerarla y volver a tener la sensación de respirar con normalidad.

Recuerda lo que te sucede cuando has conseguido algo que te ha costado mucho esfuerzo. Esa liberación, esa explosión de libertad que se genera dentro de ti. O la fuerza expansiva, alegre y espontánea que experimentas cuando estás riendo con un grupo de amigos. Llena tu organismo de vida y ligereza. Piensa también en el miedo, que parece que te introduce en un túnel donde los sonidos se acallan, tus latidos suenan más fuerte y tu sistema se paraliza. O en la ayuda, ese empuje que nace de ti para hacer algo por otro, porque sabes que lo necesita.

Cuántas energías nos pueden recorrer. Cuántas capaces de movilizar nuestro organismo de maneras distintas y guiar nuestros comportamientos.

Pensarnos en términos energéticos es fascinante porque nos permite entendernos en toda nuestra magnitud sensorial, sin los límites del lenguaje. Nos percibimos de una forma particular, en nuestra individualidad del sentir. Tan común a todos y a la vez tan absolutamente única. Pero de todas las formas posibles que puede adquirir, la más poderosa es la del amor. Las ondas electromagnéticas que emite un ser vivo que lo está sintiendo son las más amplias posibles.

El corazón es el órgano de nuestro cuerpo que más electricidad es capaz de generar. Nada menos que cinco mil veces más que el segundo órgano en términos energéticos, nuestro cerebro.

En realidad, somos mucho más energía que materia. Te explico esto de manera muy simple. Estamos formados por átomos, las partículas diminutas que nos componen a nosotros y a todo lo que nos rodea. Para hacerte a la idea de lo pequeños que son, imagina que si el cuerpo humano fuera del tamaño de la Tierra, serían como pelotas de golf.

Todo lo que ves de ti y lo que no ves, todo lo que tienes alrededor, son átomos que están a su vez compuestos de materia, protones y neutrones concentrados en el núcleo y electrones que giran frenéticamente alrededor de él. Pero sobre todo están hechos de energía, en un 99,9 por ciento.

Si nosotros somos básicamente átomos y estos son un 99,9 por ciento energía, podemos decir que somos energía.

Esto lo descubrieron en el siglo XX un puñado de físicos teóricos entre los que destacó Max Planck, que demostró con su teoría cuántica que las partículas subatómicas que contienen los átomos, no solo son materia, sino que vibran y emiten energía, la cual reforzó Albert Einstein solo unos años más tarde con su famosa ecuación $E = mc^2$ (E = energía, m = masa, c = velocidad de la luz en el vacío), confirmando que lo que nos construye es una condensación energética.

Esto significa que lo que percibimos como sólido es, en realidad, un entramado energético en movimiento. Me parece fascinante. La mayor parte de nuestra composición no la podemos ver: es energía. Nuestra parte invisible es la verdadera razón de nuestro ser.

La mayor parte de lo que somos no lo podemos ver y nuestra parte invisible es la verdadera razón de nuestro ser.

Cada vez que respiramos, comemos o incluso dormimos, somos transformadores. Las mitocondrias, algo así como las «fábricas de energía» en nuestras células (lo explicó Peter Mitchell, galardonado con el Premio Nobel de Química en 1978), convierten los alimentos y el oxígeno en energía útil (ATP) para que el cuerpo funcione. Esto permite que pensemos, nos movamos y vivamos. La mayor cantidad la consume nuestro cerebro que, aunque pesa un dos por ciento del total, consume alrededor del veinte por ciento debido a la intensa actividad eléctrica que ocurre en las neuronas.

Pero también producimos electricidad: nuestra mente y sistema nervioso funcionan enviando señales eléctricas que permiten, por ejemplo, que nuestro corazón lata o que movamos un dedo. Incluso cuando estamos quietos, nuestras células están trabajando, generando calor, transmitiendo impulsos y renovándose constantemente.

Y lo más asombroso es que no somos extraños en el universo, ni simples espectadores: somos parte de él en lo más profundo de nuestra esencia. Los átomos que forman tu piel, tu sangre y tus órganos no nacieron aquí, ni se generaron de la nada. Surgieron hace miles de millones de años en el interior de estrellas gigantes, en reacciones nucleares tan poderosas que desafiaban la imaginación. Cuando aquellas colapsaron y explotaron como supernovas, liberaron al espacio los elementos que hoy nos constituyen: el hierro que pasa por nuestras venas, el calcio que recorre nuestros huesos, el oxígeno que llena nuestros pulmones. Esa materia estelar viajó por el cosmos, se entrelazó con otras nubes de gas y polvo, formó planetas, océanos... y te dio lugar a ti.

Carl Sagan lo resumió en una frase inolvidable: «Somos polvo de estrellas». Y aunque esto suene poético, todo lo que eres, cada neurona, cada sinapsis que dispara tus pensamientos, está tejida con el mismo material que da forma a las galaxias. Eso significa que llevas en ti una historia cósmica de más de trece mil millones de años.

Cada respiración que tomamos, cada gesto que hacemos, es parte de un intercambio continuo de energía con tu entorno. Al alimentarnos, integramos la electricidad del sol que las plantas atraparon gracias a la fotosíntesis. Al movernos, la devolvemos en forma de acción y de vida. Somos, en esencia, máquinas de transformar energía.

Pero hay algo aún más profundo: en el corazón de toda esta red de intercambio, la energía que nos sostiene, la más poderosa y transformadora, es el amor. La neurociencia lo confirma: cuando amamos, nuestro cerebro libera oxitocina, dopamina y serotonina; nuestro corazón se regula, fortalecemos nuestro sistema inmunológico y nuestra mente se vuelve más flexible. Esto demuestra cómo el amor equilibra nuestra biología.

Por eso me gusta decir que el amor es la energía de base, el pegamento invisible que sostiene tanto las relaciones humanas como nuestro bienestar interno.

Y aquí ocurre la magia: puedes transformarla, tienes la capacidad de decidir qué haces con la energía que recibes. Una crítica puede ser resentimiento o una oportunidad para crecer. Un gesto duro puede ser rencor o comprensión. Cada emoción que pasa por ti se convierte en otra cosa cuando la devuelves al mundo, si lo haces amando podrás elevarla, refinarla, expandirla.

Esto implica un poder enorme, pero también una gran responsabilidad. Porque no se trata solo de lo que vives dentro de ti, sino de lo que emites hacia los demás. Si eliges transformar la energía de tus experiencias en amor, en calma, compasión, ternura, estás contribuyendo a un mundo más humano, más luminoso.

Al mismo tiempo, ser consciente de esto significa aprender a protegerte. No todas las personas ni todos los entornos favorecen que expresemos nuestro mejor valor energético; algunos pueden arrastrarnos hacia lo contrario. Parte de nuestra tarea es identificar qué nos nutre y qué nos intoxica, para conectarnos con lo que realmente importa.

Porque, al final, lo que eres es lo que transmites. Eres una máquina de transformación, y tu mayor capacidad es convertir cualquier energía que recibas en amor, la forma más poderosa, creativa y expansiva de energía que existe.

Y quizá ese sea el mayor privilegio de nuestra existencia: no solo llevamos dentro el polvo de estrellas, también llevamos la chispa del amor que sostiene la vida. Cuidarla, alimentarla y expandirla es la forma más auténtica de honrar el universo que vibra en ti.

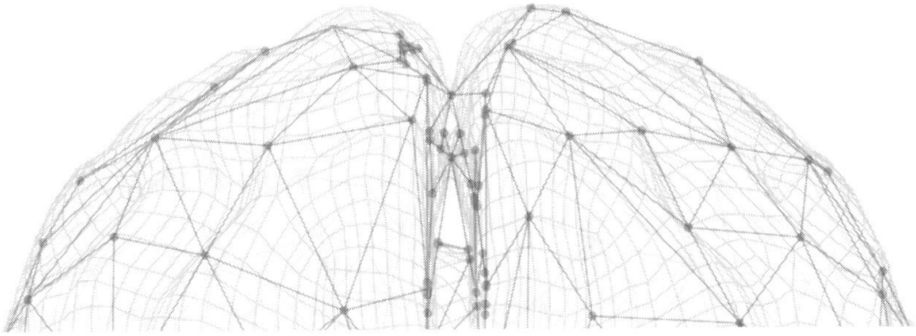

8

REGRESA A TI

LA ILUSIÓN COMO HERRAMIENTA BIOLÓGICA DE TRANSFORMACIÓN

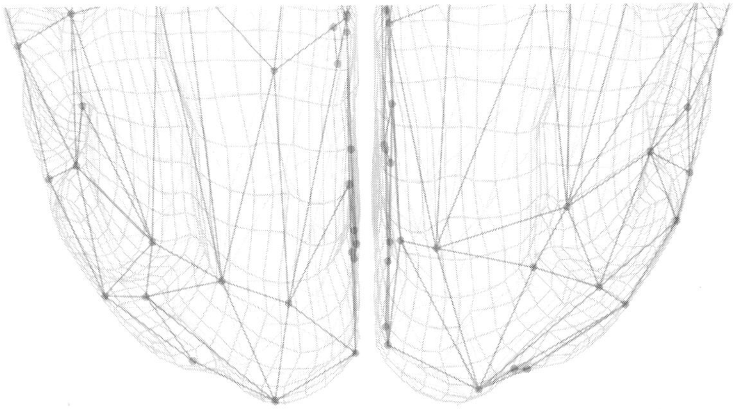

1. ¿Por qué siento que no me estoy viviendo desde lo que realmente soy?
2. ¿Cómo encuentro la fuerza para atreverme a cambiar sin miedo?
3. ¿Qué pasa cuando no sé qué me ilusiona ni hacia dónde debo mirar?
4. ¿Cómo empezar a reconectar con esa chispa que me hace vibrar?
5. ¿Por qué la ilusión tiene tanto poder en nuestro cerebro y en nuestra vida?

1. ¿POR QUÉ SIENTO QUE NO ME ESTOY VIVIENDO DESDE LO QUE REALMENTE SOY?

En lo profundo de mí, algo calla y algo despierta.

GUSTAV MAHLER, *Kindertotenlieder* (1905)

A veces sentimos que aquello que hacemos, decimos o elegimos no termina de hablar de nosotros mismos. Es una sensación de no ser exactamente uno mismo, como si algo no terminara de encajar.

Puede ser sutil. No tiene que haber ocurrido nada grave para tener esa incomodidad de no saber explicar lo que nos pasa, como si nuestra vida no estuviera alineada con quienes somos.

¿POR QUÉ SIENTO QUE NO SOY YO?

Es normal que no veamos la respuesta clara a esta pregunta, pero sí solemos tener presentimientos que notamos en el cuerpo: nos falta entusiasmo, estamos cansados de continuo, algo apáticos o sin un rumbo claro. Percibimos una distancia entre lo que mostramos y lo que sentimos realmente. Y muy a menudo entre lo que esperan de nosotros y lo que de verdad queremos.

La raíz está en algo que aprendimos desde niños sin darnos cuenta: para ser aceptados, nos adaptamos a los demás.

ES MÁS SEGURO *PARECER* QUE *SER*

Mostrar solo lo que resulta aceptable nos protege. Quizás para hacerlo, construimos un personaje que, con el tiempo, podemos confundir con nuestra identidad. Si hacemos esto, nuestro sistema nervioso se alía con esa máscara. Nuestro cerebro no está diseñado para hacernos felices, sino para mantenernos a salvo, y por eso nos premia químicamente con dopamina cada vez que encajamos en una situación, que evitamos conflictos porque hacemos «lo que se espera» que hagamos y nos alaban por ello, o que cumplimos algunas expectativas, ya sean nuestras o no. Pero no registra en cambio el coste emocional de dejar de escucharnos. De no vivir de acuerdo con como nos pide nuestra voz interior.

Así puede ir pasando nuestra vida y ese mecanismo empieza a generar un desequilibrio interno: se debilitan las conexiones con nuestra intuición y deseo auténtico y se fortalecen las que responden a la obligación, al control y la anticipación. Podemos haber aprendido a funcionar para otros, pero, en ese caso, perdemos aquello que nos conecta de verdad. No estamos mal, pero no nos sentimos realizados. Es un precio alto a pagar.

Creo que no siempre nos duele lo que nos pasa, muchas veces nos duele dejar de escucharnos.

Todos nacemos con una dirección propia, un impulso hacia la autenticidad. Cuando se tiene un hijo, quizá lo que más desean sus padres es que sea feliz, que se sienta pleno. Lo imaginamos teniendo una existencia genuina, quizá porque intuimos lo difícil que es lograrlo.

Aunque sabemos que la plenitud no es una constante ni algo fácil, a menudo seguimos anhelándola. Es una tendencia básica, tan necesaria como respirar. Sentimos que tenemos derecho a la felicidad, signifique lo que signifique esto para cada uno, y si «fracasamos» lo vivimos como una injusticia, un fallo o una señal de que algo en nosotros no funciona.

Biológicamente esto tiene una explicación. Estamos diseñados para sentir y reaccionar. El cerebro evalúa la realidad y decide si es segura o peligrosa. Si la interpreta como arriesgada, activa la alerta, la ansiedad y la necesidad de control. En cambio, si interpreta lo que nos pasa como algo seguro, enciende la motivación, la creatividad y la confianza. Si asume como seguro un lugar en el que en vez de escucharnos a nosotros mismos priorizamos lo que otros deciden que es bueno, rompemos nuestra intuición y le mostramos que el lugar donde debemos quedarnos es ese.

Nuestra vida interior refleja esos circuitos neuronales. Somos el producto de lo que la mente va programando como «a salvo».

Pero podemos y vamos a cambiar esto, aprovechando la capacidad de transformación que tiene nuestro cerebro.

Romper rutinas es agotador porque nuestro organismo ya ha automatizado aquello que hemos repetido muchas veces. Se necesita una buena dosis de energía y un horizonte prometedor para hacer que «valga la pena». El mejor combustible es la ilusión, entendida como un estado de anticipación positiva que nos da un rumbo claro y nos empodera. Como esa combinación de esperanza, motivación y proyección hacia el futuro que activa nuestro sistema emocional y cognitivo para orientarnos hacia aquello que percibimos como valioso. ¿Qué hay más valioso que conectar con nuestro auténtico yo?

La ilusión es una herramienta biológica de transformación.

Si queremos sentirnos bien en nuestra piel, debemos vincularnos con los objetivos que nos expanden y llenan de alegría y fuerza. Cuando imaginamos algo que nos motiva se liberan neurotransmisores como la dopamina, se activan zonas del cerebro relacionadas con el placer y el aprendizaje y nuestro cuerpo se prepara para avanzar.

Aunque no tengamos respuestas ni lo veamos claramente, si empezamos a recibir señales pequeñas que nos atraen o despiertan curiosidad, significa que ya estamos en el buen camino.

Volver a vivir desde lo que somos realmente no requiere de reacciones inmediatas, sino de escucha y de espacio para sentir. Cuando empezamos a «sentir», también comenzamos a recordar y allí es donde empezamos a ver nuestro yo más auténtico.

2. ¿CÓMO ENCUENTRO LA FUERZA PARA ATREVERME A CAMBIAR SIN MIEDO?

No esperes tener una respuesta clara para cambiar, los cambios empiezan con una emoción pequeña, pero valiente, que se atreve a dar el primer paso.

Como te decía, cambiar supone esforzarnos. Implica desterrar lo aprendido y sustituirlo por algo nuevo. Esa transición requiere energía. Entonces, ¿dónde podemos buscarla?

No tengo dudas: en la proyección de que ese cambio nos conduce a un estado mejor que el actual. En la alegría vital que nos produce.

Para encender nuestras ganas de trabajar necesitamos que esa mejora nos resulte atractiva, una especie de inocencia optimista que nos permita creer que el futuro merece la pena. El cerebro necesita una proyección positiva que justifique el esfuerzo, el movimiento, la lucha.

La ilusión es como un susurro interno que te revela hacia dónde pide moverse tu vida.

De niños nos gusta proyectar lo que queremos ser y lo hacemos a lo grande. Es divertido e inspirador preguntarle a un niño cómo se imagina de adulto. Al hacerlo solo conecta con la ilusión de verse en ese resultado final donde se percibe feliz, sin prever los obstáculos que vendrán. Le divierte esa imagen y se siente capaz y con derecho a convertirse en esa persona tal cual se la imagina.

Según crecemos, empezamos a ser conscientes de las dificultades y si esa ideación que hiciste en tu infancia no era lo suficientemente fuerte, casi seguro abandonarás ese destino que veías para ti. A menudo perdemos la fe en nuestras capacidades reales.

A veces, intentamos cambiar algo externo. Otras, nos exigimos tenerlo todo claro para hacer algún movimiento y al no verlo así preferimos quedarnos quietos donde estamos. Pero el camino de reencontrarnos con nosotros mismos no necesita que lo sepamos todo, ni siquiera que nos sintamos con fuerzas, sino que sintamos que se despierta una emoción nueva dentro de nosotros.

Abrir un espacio para que algo pueda moverse dentro de nosotros; para que, aunque sea de forma tímida, surja un sentido, un reflejo, una emoción o una idea. Eso que empieza a aparecer, aunque todavía no tenga una forma definida, es suficiente.

La ilusión tiene una base biológica real. Es una motivación que ayuda a nuestro cerebro a salir del modo repetición y a orientarse hacia nuevas posibilidades. Provoca que tenga ganas de cambiar porque le devuelve algo muy importante: el empuje y la conexión con el significado de nuestras vidas.

EL CUERPO «ESCUCHA» A NUESTRA ILUSIÓN

Cuando tenemos ilusión, nuestro cuerpo lo sabe. Nuestro sistema se reorganiza y nuestra mente hace algo extraordinario, que es volverse flexible a nuevas miradas.

La ilusión actúa como un motor interno que activa nuestros circuitos de recompensa al generar una neuroquímica expansiva, anticipación y energía vital. Soñar, imaginar, aspirar... son formas de supervivencia emocional tanto como fisiológica. Si no creemos que algo mejor puede darse, perdemos dirección y sentido. Nuestro cerebro se apaga. Pierde la llamada de regenerarse, de seguir mejorándose en un desarrollo continuo. Es decir, envejece, se conforma, deja de pedir novedades y no utiliza la enorme capacidad de plasticidad neuronal que poseemos.

Por eso, incluso cuando todo parece incierto, necesitamos una imagen, aunque borrosa, de algo que nos espera y que nos llama. Una promesa que les dé forma a nuestros pasos.

¿Y SI LA ILUSIÓN NO APARECE?

Nuestro sistema necesita esa visión para avanzar, que nos posibilite adentrarnos en algo nuevo.

Necesitamos ilusionarnos con nuestra autenticidad, con nuestro yo más honesto.

¿Qué ocurre cuando esa ilusión no aparece con claridad? Ahí comienza uno de los mayores desafíos, porque a menudo no sabemos hacia dónde queremos ir. Esto es completamente normal. A veces, lo que nos «iluminaba» deja de hacerlo. O, tal vez, nunca fue algo «nuestro», sino que fue una expectativa aprendida que vimos a través de otros.

Podemos reconectarnos y, para poder hacerlo, necesitamos algo que hoy escasea y por lo que debemos luchar: espacio, calma y silencio. Pedimos apartarnos del ruido, y solo así sostener el mecanismo del cambio.

3. ¿QUÉ PASA CUANDO NO SÉ QUÉ ME ILUSIONA NI HACIA DÓNDE DEBO MIRAR?

Me encuentro con muchas personas que tienen serios problemas para identificar lo que de verdad les motiva. Han dejado de escucharse.

Desde niños, hemos podido estar inmersos en entornos que valoraban más la adaptación que la autenticidad.

Nuestro cerebro sobrevalora la aceptación, da prioridad al desarrollo de circuitos neuronales que refuerzan la pertenencia y el cumplimiento de las normas externas. Cuando tomamos preferencia por algo, lo hace a expensas de poner otros aspectos en un segundo plano. La escucha y el criterio propio siempre acaban mal paradas.

La sociedad nos empuja a alcanzar nuestra «mejor versión»: triunfo académico, autonomía económica, reconocimiento social, productividad laboral. Integrarnos con éxito en ese modelo se convierte en una forma de supervivencia emocional. Es natural: el cerebro interpreta que encajar es seguro y que, por tanto, premiará con dopamina cualquier comportamiento que aumente nuestras posibilidades de aceptación. Pero se debilitan las conexiones cerebrales asociadas a la intuición, la autorreferencia y la conciencia. En definitiva, nos aleja de quienes realmente somos.

Nos convertimos en expertos en agradar y en novatos en comprendernos.

Tenemos que despertar en nosotros aquello que nos hace vibrar, que nos mueve sin esfuerzo, que nos hace decir que sí e ir hacia delante.

Cuando logramos conectar con el deseo, vivimos un aumento de motivación que hace posible el cambio sin sentirlo como una carga.

Detenernos, en contra de una cultura que premia la velocidad y la eficiencia, acostumbrando a nuestro sistema nervioso a la hiperactividad. Nos hemos entrenado tanto en el hacer, que pararnos se ha convertido en una actitud amenazante. Pararse es sentir.

Preguntarnos cosas siempre ayuda. ¿Esto lo hago por amor o por temor? ¿Por defenderme de algo o para expandirme? Es importante definir desde dónde hacemos lo que hacemos. En este sentido, siempre aconsejaré que las cosas se hagan desde un lugar de amor y de expansión. Si se hace en defensa propia, posiblemente no nos estemos escuchando bien. Démosle la vuelta e identifiquemos cómo podemos convertir esa situación en una de crecimiento y expansión para nosotros.

Incluso de las situaciones difíciles se desprenden grandes aprendizajes, posibilidades de crecimiento y demostración de que somos más de lo que crees. Centrémonos en eso, analicemos qué nos aporta esa situación, por muy complicada que nos parezca en un inicio.

Tal vez, más que felicidad al nacer, nuestros padres deberían desearnos conciencia, valentía, capacidad de cuestionar, de tener criterio propio, de saber interpretar nuestras emociones y escucharnos, de activar en nosotros rutinas de claridad y coherencia.

4. ¿CÓMO EMPEZAR A RECONECTAR CON ESA CHISPA QUE ME HACE VIBRAR?

Hay gestos mínimos, suaves, que aún guardan una llave crucial en nosotros: nos llegan en forma de una emoción que no sabemos ni nombrar, o de una imagen que vuelve y nos recuerda a algo, o una música que nos conmueve. Así vuelve a nacer aquello que perdimos, recogemos un pedacito del pasado, de nuestra vibración original. Justo en esos pequeños recuerdos se enciende la chispa «adecuada». Por eso debemos crear un espacio de silencio para que aparezca.

Nuestro cerebro necesita seguridad para abrirse a lo verdadero. No podemos pedirle, cuando está en modo defensa, que imagine, que sueñe, que conecte con el deseo. Primero hay que sosegar su actividad.

La neurociencia nos demuestra que estados de calma y presencia, como los que logramos a través de la respiración consciente, el descanso real, el contacto con la naturaleza o el arte permiten que se reactiven los circuitos prefrontales vinculados a la visión a largo plazo y la creatividad, es decir, las redes neuronales que nos permiten imaginar un futuro diferente y desearlo.

Luego, una vez que estemos mínimamente en sintonía con nosotros mismos, llegará la pregunta esencial:

Más allá de lo que se espera de mí, ¿qué deseo profundamente?

Recordemos que no buscamos respuestas inmediatas. Tranquilidad, el cuestionamiento no debe inquietar, sino expandirnos. Como es un proceso complejo, aunque no lo parezca, lo mejor es que lo veamos a través de ejemplos reales. No se trata de cambiarlo todo de golpe, sino de volver poco a poco a lo que nos da vida. No existe la prisa.

CASOS MINDSTUDIO: HISTORIAS QUE RECONECTAN

He vivido estos procesos numerosas veces en nuestros centros, lo cual me otorga el gran privilegio de identificar patrones que se repiten. Este es uno de ellos. Cuando se identifica una señal que nos conecta con algo profundo dentro de nosotros, se abre un camino de despertar gradual que si se nutre adecuadamente tiene el poder de transformar tu vida.

Comparto ahora varias de las historias de personas que me vienen a la mente. Todas ellas realizaron un entrenamiento específico donde buscamos aumentar la presencia de frecuencias alpha-theta, relacionadas con una mayor introspección y capacidad de escucha de uno mismo, y les facilitó vivir grandes claridades mientras realizaban diversas actividades. Ayudan a recobrar memorias y sensaciones pasadas ligadas a aspectos esenciales de nuestro ser.

No necesitas saber exactamente quién eres, solo empezar a acercarte, cada día, un poco más a lo que te mueve.

Luis tenía una vida en orden: trabajo estable, rutinas cumplidas, todo en su sitio. Pero por dentro... algo no resonaba. Lo notaba, aunque no pudiera verbalizarlo. Hasta que un día, viendo un documental de naturaleza, sintió algo tan sencillo como una emoción. No una grande. Una de esas que apenas se asoman, pero que dejan huella. Poco después, se apuntó a una caminata en grupo. En mitad del bosque, sin pantallas ni asuntos pendientes, respiró de otro modo. El cuerpo lo supo antes que él mismo: ese era un lugar al que necesitaba volver. No dejó su trabajo, ni se lio la manta a la cabeza. Pero colabora con una asociación ambiental y dice que por fin siente que está en un lugar que le «habla».

Clara cuidó de todos los que la rodeaban durante años. Lo hizo bien, con entrega, con amor. Pero cuando la casa se vació, le pasó lo mismo a ella. No sabía qué hacer con tanto tiempo libre. Una tarde, buscando algo en un cajón, apareció un libro de filosofía que había guardado de joven. Lo abrió. Leyó unas líneas. Se emocionó. No por lo que decía el texto, sino porque le despertó algo dentro que seguía vivo. Volvió a leer, luego a estudiar y, sin planearlo, se reencontró a sí misma. Buscaba simplemente sentirse, no saber más.

Nico tenía todo lo que se supone que hay que tener a los veinticinco años: estudios, proyección, visibilidad. Pero no tenía espacio. Vivía para rendir. Para gustar. Para cumplir. Hasta que, un día, se permitió no ir. No hacer. Canceló una reunión y entró solo a una galería de fotografía. No buscaba nada, pero, al mirar esas imágenes, sintió una calma extraña. Recordó así que de niño le gustaba hacer fotos. Ese mismo mes compró una cámara. Desde entonces sale a capturar lo que le conmueve y, por primera vez en mucho tiempo, siente que lo que hace es «suyo».

Marta dejó de escribir sin darse cuenta. Entre el trabajo y la maternidad, no había lugar para relatos, ni diarios, ni invenciones. Hasta que una noche escuchó a su hija inventar una historia y algo en ella se abrió de nuevo. Antes de irse a dormir, creó un cuento corto para leérselo a su pequeña. Sin intención, sin estilo, sin plan alguno, pero siguió haciéndolo. En ese espacio reducido —una narración antes de ir a la cama— recuperó una parte suya que siempre la había estado «esperando».

Julián nunca se creyó creativo. Es de los que piensan con lógica, desde una estructura, orientado hacia los resultados. Pero, últimamente, percibía que algo le faltaba y un día escuchó hablar de un taller de cerámica. Fue por curiosidad, casi con vergüenza. Al tocar el barro el mundo se volvió lento. Presente. Real. No pensó, hacía con las emociones. En ese silencio nuevo, algo se destensaba. Algo respiraba. Ahora va cada semana. No busca ser ceramista, sino volver a emocionarse.

Nada de esto fue un gran giro. Ninguno de ellos cambió de vida en un día. Pero sí observaron las señales y se permitieron seguirlas. Eso fue suficiente.

La clave del cambio no está en la ilusión en sí, sino en la valentía de dar el primer paso hacia ella, en esa primera acción.

Conviértete en un detective de esas pequeñas pistas que encienden tu alegría vital y no las dejes pasar. Incorpóralas, poco a poco, sin cambios bruscos, pero que se hagan presentes de alguna manera. Te estás aproximando a ti, qué conquista tan extraordinaria.

5. ¿POR QUÉ LA ILUSIÓN TIENE TANTO PODER EN NUESTRO CEREBRO Y EN NUESTRA VIDA?

> Quiero mirar a lo profundo, donde nace la vida; allí donde un solo latido sostiene al mundo.
>
> RAINER MARIA RILKE

Cuando tu cerebro experimenta ilusión repercute directamente en la satisfacción que te produce vivir y también, y más importante, en tu salud. Es mucho más que una sensación bonita o un capricho emocional. Es realmente una necesidad profunda, biológica.

El simple acto de conectar con algo que nos despierta entusiasmo activa la corteza prefrontal, encargada de planificar, decidir y proyectar. Empezamos a ver posibilidades, alternativas. Al mismo tiempo, el sistema límbico, en especial el núcleo accumbens, se pone en marcha. Aquí aparece también la dopamina, ese neurotransmisor tan conocido y, sin embargo, tan mal entendido: no aparece solo cuando conseguimos algo, sino también cuando nos movemos hacia eso que deseamos. Soñar ya es parte del viaje. Imaginar, planificar, probar... Todo eso genera pequeñas dosis.

En este proceso, la amígdala, que es la estructura que vela por nuestra seguridad frente al peligro, reduce su protagonismo y el miedo se relaja, la mente se abre, el cuerpo se prepara para avanzar.

¿Y nuestras frecuencias? El estado de exigencia extra y preocupación opera en hibeta, rápidas, tensas, centradas en la urgencia. Pero cuando, simplemente, sentimos curiosidad por algo, descendemos a alpha o incluso theta, más lentas, creativas, asociadas al bienestar.

En MindStudio hemos observado que podemos llegar primero al estado ilusionante entrenando el cerebro en esas ondas, para que después nuestras acciones se encaminen desde la calma. Es decir, lo preparamos para que escuche las señales y vea surgir esa chispa. Es como reiniciar el sistema. Es decir, podemos entrenar el cerebro para que produzca unas frecuencias determinadas que nos harán sentir ilusión solamente por ese cambio de frecuencias, y desde ese estado más ilusionado nuestras acciones se encaminan de forma natural a sentirnos más expansivos y más plenos. Este es uno de los efectos del entrenamiento cerebral que disfruto mucho al verlo en quienes se entrenan y del que yo me beneficio también enormemente en las sesiones que me realizo también en MindStudio.

Las frecuencias alpha y theta asociadas a este funcionamiento cerebral provocan una calma de la que surgen muchas inspiraciones.

No es casualidad que nuestras mejores ideas surjan cuando caminamos, cuando nos duchamos o al estar relajados, momentos especiales en los que predominan precisamente estas frecuencias.

La inspiración aparece en las pausas.

Ejercicio para conectarte con tu yo verdadero

Quiero demostraros ahora algo que es muy importante que reconozcáis:

Tu cuerpo y tus sentidos te muestran lo que tu mente no ve.

Os he hablado del papel esencial de la ilusión como motor del cambio. También de que no siempre está a mano: muchas veces se esconde detrás de años de adaptación, cansancio o rutina. No es fácil de identificar, y no por falta de confianza.

Descubriendo las pequeñas luces que encienden tu ilusión

Pensemos en esos detalles que pasamos por alto. La invitación aquí es que nos acerquemos a esos instantes, que seamos capaces de reconocerlos y que los anotemos para ir conectando, poco a poco. Vamos a estos pasos, con calma:

1. **Toma una libreta o abre una nota en tu teléfono.** Este será tu espacio para registrar esos momentos de exploración y descubrimiento.
2. **Durante un par de días (o, si quieres, una semana), presta atención a lo cotidiano** y apunta cada vez que sientas algo pequeño que te haga sentir bien o que te despierte una chispa de ilusión. No importa si es algo simple o fugaz.
3. **Algunos ejemplos para inspirarte:**

    - La sensación de tomar un café caliente por la mañana.
    - Una sonrisa inesperada de alguien.
    - El aroma de la lluvia o el sonido del viento.
    - Ese minuto en que te detienes a respirar hondo.
    - Ver un atardecer o una flor que te gusta.
    - Escuchar una canción que te mueve por dentro.
    - Reírte con alguien sin un motivo aparente.
    - Sentir tus pies descalzos sobre la tierra o el césped.

4. **Cuando anotes cada situación, intenta también escribir qué sentiste en ese momento:** ¿Calma? ¿Alegría? ¿Curiosidad? ¿Paz?
5. **Al final de esos días, revisa tus apuntes.** Observa qué tipo de circunstancias se repiten, qué emociones aparecen más frecuentemente, qué cosas sencillas están conectadas con tu esencia.
6. **Respira profundamente** con los ojos cerrados mientas visualizas esos momentos y te recreas en las sensaciones que te aportan. Imagínate realizándolas en distintos escenarios vitales.

7. **Elige una o dos de esas situaciones para hacerlas un poco más presentes en tu rutina de forma consciente.** Puede ser tan simple como dedicarte unos minutos para saborear tu café con atención o salir a caminar sin prisa fijándote en los sonidos que te rodean. Pero, sea lo que sea, disfruta de lo que eliges hacer. Cambia esas rutinas por otras cada cierto tiempo para ir incorporando de manera voluntaria lugares que te hacen sentir con conexión a ti.

Se trata de un pequeño regalo para ti, una forma amable de empezar a escuchar esas señales que quizá habías dejado de notar. Recuerda que no siempre gritan, la mayoría de las veces nos hablan en susurros.

Por qué funciona

En ocasiones, no sabemos nombrar lo que deseamos, pero sí podemos sentir cuándo algo nos trae de vuelta a casa. Nuestro cuerpo tiene un lenguaje antiguo, anterior a las palabras, que nos dice con claridad: **esto sí.**

Eso que se expande, que se aligera, que respira mejor... suele estar más cerca de lo que somos de verdad. Este ejercicio te ayudará a reconocer lo que te conmueve sin necesidad de entenderlo todo con la mente.

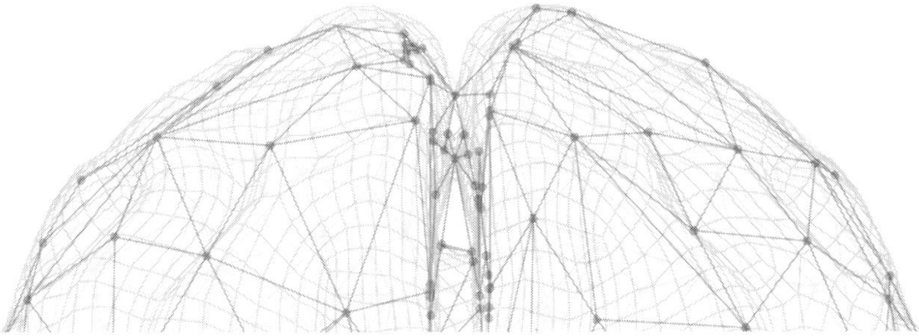

9

CONSIGUE UN SUEÑO REPARADOR

TU CEREBRO NECESITA DESCANSO
PARA OPTIMIZAR SU RENDIMIENTO

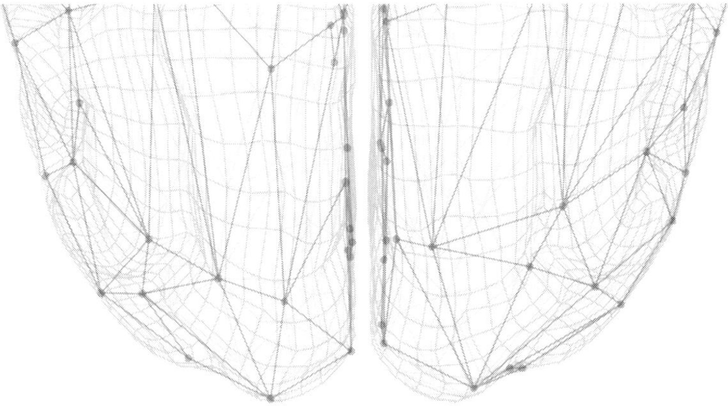

1. ¿Qué significa dormir?
2. ¿Por qué necesitamos dormir? La parte que casi nunca nos explicaron
3. ¿Por qué dormimos peor ahora que antes?
4. ¿Qué ocurre en el cerebro durante el sueño profundo?
5. ¿Por qué soñamos y para qué sirven los sueños?
6. ¿Por qué nos despertamos a mitad de la noche y qué significa realmente?

1. ¿QUÉ SIGNIFICA DORMIR?

Podemos dar muchas definiciones, pero la que mejor representa lo que pasa en nuestro cerebro sería: «Dormir es un acto de confianza absoluta». Tu parte consciente se apaga y decides entregarte a tu inconsciente para que te cuide y te permita empezar de nuevo. Dormir es un acto de valentía en el que dejamos de controlar todo y nos damos permiso para soltarnos, alejarnos un poco del mundo y centrarnos, por fin, en nosotros mismos.

Lejos de ser un parón, es un proceso activo en el que la mente se reorganiza, elimina lo que sobra, repara lo que está dañado y reajusta todo lo que te mantiene funcionando. Esa regeneración se extiende a tu cuerpo entero. Tus defensas y hormonas se recalibran y se recuperan tus tejidos. Dormir es escapar de la conciencia y entrar en ese universo más suave donde por fin podemos descansar de nosotros mismos.

Piensa en el salto enorme que supone permitirnos este abandono. Nos entrenamos para estar alerta, acelerados, eficientes, siempre disponibles, y de repente, al llegar la noche, nos decimos: «Ahora apaga todo lo que te ha mantenido vivo durante horas, olvida el control y déjate caer». ¿Cómo no va a costar? Esto explica por qué tanta gente hoy tiene problemas con el descanso. Nos hemos pasado el día programándonos para estar activos y luego esperamos poder desconectar de golpe.

En condiciones normales, pasamos por ciclos de vigilia y sueño que se regulan solos. Nos dormimos cuando cae la noche, nos despertamos cuando llega la luz y pasamos unas seis, ocho o diez horas en ese espacio protegido de inconsciencia.

Pero lo curioso es que no siempre ha sido así. Lo que hoy consideramos «normal» fue más bien una excepción moderna. Durante siglos, muchísimas culturas dormían en dos bloques, el «primer sueño» y el «segundo sueño», separados por una ventana de desvelo tranquilo a mitad de la noche. En ese rato se conversaba, se meditaba, se escribía, se alimentaba el fuego o simplemente se descansaba despierto.

Si miramos aún más atrás, hacia nuestros antepasados más remotos, vemos que lo hacían con patrones ligeros, fragmentados, muchas veces compartidos en grupo y siempre atentos a posibles peligros. Dormir era necesario, sí, pero también peligroso.

Y ese eco evolutivo sigue en nosotros. Aunque ahora lo hagamos en camas cómodas y casas seguras, sigue siendo cosa de valientes: ¿cómo le dices al estrés, al miedo o a la ansiedad que se callen? Cada noche, cuando tú te duermes, hay un pequeño gesto de entrega: tu cerebro decide que puede bajar la guardia, quedarse vulnerable y descansar sin vigilar. Por eso, cuando sientes estrés, ansiedad o miedo, el sueño desaparece. El cerebro no distingue si el peligro es un depredador, un problema de trabajo o una preocupación que no te suelta. Solo entiende «riesgo» y «alerta», y lo asocia con que no es seguro desconectar. Y si no percibe seguridad, no te va a dejar dormir o te va a despertar a mitad de la noche.

Dormir, entonces, es mucho más que cerrar los ojos. Es confiar en ti, en tu entorno, en que puedes soltar las riendas. Es permitir que tu cuerpo y tu mente tomen el mando en otro nivel mientras tú desapareces por unas horas. Un pacto silencioso entre la parte de ti que se retira y la que sigue trabajando para que despiertes renovado. Lamentablemente, para muchos parece una utopía. Pero si lo digo en términos de neurociencia quizá perciban un halo de esperanza: dormir tiene que ver con la habilidad para producir frecuencias delta. Y, como todo, se entrena. Por eso creo que es muy valioso llenarte este capítulo de ejercicios prácticos, después de que comprendamos la verdadera importancia de un «sueño reparador».

Hay cerebros que tienen más facilidad que otros para producir este tipo de frecuencias, pero la buena noticia es que es un tipo de actividad cerebral que puede entrenarse. En todos estos años entrenando a personas para optimizar su capacidad cerebral, la producción de frecuencias delta es sin duda una de las más desarrolladas y que más utilizo. Asegurarme de que un cerebro produce estas frecuencias y que gracias a ello puede dormir bien es la base de un cerebro sano y feliz. Los entrenamientos de armonización de frecuencias que realizamos en MindStudio enfocados a dormir enseñan al cerebro a fabricar estas frecuencias en mayor medida de lo normal, y el reporte tras estas sesiones específicas suele ser de gran satisfacción por un incremento notable en la calidad del sueño.

Es la puerta de muchos beneficios que se notan mucho más allá de dormir bien. Permite una regeneración cerebral profunda.

2. ¿POR QUÉ NECESITAMOS DORMIR? LA PARTE QUE CASI NUNCA NOS EXPLICARON

> Próspero.— Estamos hechos de la misma materia que los sueños, y nuestra pequeña vida está rodeada por el sueño.
>
> WILLIAM SHAKESPEARE, *La tempestad* (1611)

Ahora sabemos que dormir no es descansar, sino que es un trabajo. Pero no es cualquier trabajo, es íntimo, silencioso, hondo, algo que solo puede ocurrir cuando nos retiramos, cuando salimos del escenario del día y permitimos que nuestro cerebro entre en sus ritmos nocturnos. Mientras nos «apagamos» él se enciende. Empieza su turno de noche, moviéndose entre grandes oleajes eléctricos que marcan distintos estados de conciencia y distintas funciones vitales.

Dormir no es desconectar, es cambiar el nivel de conexión.

Cuando entramos en fase NREM, la parte del sueño en la que predominan la calma y el descanso profundo, generamos ondas delta, que son las más lentas que podemos producir. Es como si todo tu sistema bajara de velocidad para reorganizar sus redes y depurar residuos metabólicos.

Se denomina poda sináptica al proceso en que la mente decide, con muchísima precisión, qué conexiones ya no necesita y cuáles quiere fortalecer. Mientras esto sucede, zonas como el tálamo y la corteza se coordinan en un ritmo muy afinado que mantiene este estado de reparación. Incluso el hipocampo aprovecha para reajustarse, preparándose para guardar con más claridad lo que aprenderemos al día siguiente.

Más adelante llega la fase REM, que es muy distinta, activa y rápida. La frecuencia se parece muchísimo a la que tenemos cuando estamos despiertos, predominan las ondas theta, entre 4 y 8 Hz, que están muy ligadas a la creatividad, la emoción y las imágenes simbólicas del sueño. Se mezclan con ondas beta bajas, similares a las de la vigilia, que son las que hacen que tengamos esa sensación de actividad mental intensa mientras soñamos. También aparece algún destello de alpha, entre 8 y 12 Hz, que ayuda a la transición entre los dos estados. Es esta combinación —theta, beta baja y pequeñas pinceladas de alpha— la responsable de que los sueños en REM sean tan vivos, tan extraños y tan llenos de significado.

Los recuerdos y emociones se mezclan sin nuestro control, y una imagen del día se puede juntar con una intuición insólita, o una escena real transformarse en fantasía. La amígdala está muy activa mientras el hipocampo repasa lo que hemos vivido para darle otro sentido. La corteza prefrontal baja un poco el nivel de control y nos permite acceder a nuevas ideas, inesperadas, en muchos casos brillantes que no se dan de otra manera.

En esta fase no solo almacenamos información: reorganizamos y resignificamos. Tiene toda la lógica del mundo. Vamos acumulando experiencias, emociones, decisiones, cosas que dejamos pendientes, estímulos visuales, conversaciones rápidas, tensiones que ni siquiera terminamos de notar: ese pequeño caos silencioso se quedaría sin elaborar, sin separar lo que importa de lo que no, archivar lo útil y desactivar todo lo que pesa.

Cuando no lo hacemos lo suficiente, el cerebro se queda como un ordenador con demasiadas ventanas abiertas y un montón de basura temporal que nunca se elimina. Se vuelve más lento, se bloquea antes.

Por eso dormir poco no solo cansa, también duele a nivel mental. Lo notas en cómo piensas, en cómo recuerdas, en cómo prestas atención... Todo se vuelve un poco más torpe por falta de mantenimiento.

Y aquí aparece una frase que merece ser guardada, repetida y tenida muy cerca cuando haga falta:

Un cerebro privado de sueño no piensa peor por voluntad, piensa peor por estructura.

Hay datos muy curiosos que muestran aún más lo extraordinario de dormir. Durante el sueño profundo, muchas neuronas se «encogen» para dejar más espacio a los fluidos que limpian los desechos metabólicos, como si el cerebro hiciera sitio para sacar la basura acumulada durante el día. Y en la fase REM, el tronco encefálico activa un mecanismo que reduce casi a cero el tono muscular, un sistema de seguridad que evita que actúes tus sueños. Mientras tu mente construye mundos imposibles, tu cuerpo queda inmovilizado para que no salgas corriendo detrás de esas «películas nocturnas». Además, se refuerza el aprendizaje de movimientos, por eso a veces pruebas un ejercicio nuevo a nivel motor un día y lo haces mejor al siguiente sin haberlo practicado.

Ahora puedes entender mejor hasta qué punto dormir es trabajar. Pero es un trabajo que no puedes hacer conscientemente. Es tu cerebro el que lo hace por ti cuando te atreves a soltar, cuando confías, cuando te permites cerrar los ojos y dejar que tus ritmos internos se ocupen de cuidarte. Dormir es el servicio técnico más importante de tu vida. Cada noche entras en un pequeño laboratorio secreto donde se decide cómo vas a pensar, sentir y reaccionar cuando despiertes.

3. ¿POR QUÉ DORMIMOS PEOR AHORA QUE ANTES?

Lamentablemente es así. No estamos involucionando, pero poco de lo que hacemos está encaminado a priorizar el sueño.

Quizá sientes que el tiempo pasa más rápido que nunca. Se suceden los días, las semanas, y antes de que te des cuenta ha pasado otro año. Los minutos siguen durando sesenta segundos, pero los ocupamos tanto que parece que se aceleran.

Nuestro cerebro se ha acostumbrado a que saltemos de una cosa a otra, a estar muy activo. Aprende que la actividad, la eficiencia, es un lugar muy seguro desde el que vivir.

A pesar de que ahora, por suerte, ya estamos mucho más concienciados de la importancia de dormir y es raro escuchar eso de «ya dormiré cuando me muera», seguimos sin proteger nuestro «descanso».

Si nos falta sueño, nos falta la base. Lo notamos en la claridad, en la paciencia, en el estado de ánimo, en la regulación del hambre, en la energía. La National Sleep Foundation calcula que hoy dormimos entre una y dos horas menos que hace cuarenta años, y la organización Centers for Disease Control and Prevention (CDC) estima que un tercio de los adultos duerme menos de lo necesario casi todos los días.

No todo es irse a la cama: puede ser que tardes una eternidad en conciliar el sueño aunque estés agotado, o que te despiertes varias veces en mitad de la noche con la sensación de estar en alerta. Puede que te levantes por la mañana habiendo dormido las horas «correctas», pero con impresiones corporales que dicen lo contrario.

Lo que ha cambiado no es tanto el mecanismo como el entorno. En este afecta principalmente la luz, el estrés, los horarios cambiantes y la falta de transición entre día y noche. Te explico cómo funciona y a continuación te indicaré cómo mejorarlo para aumentar tu calidad de sueño.

Dormir bien no exige tener una vida perfecta ni una disciplina rígida, se trata de establecer pequeños gestos cotidianos que devuelvan a nuestro organismo las señales necesarias para que pueda bajar el ritmo.

No vas a dormir mejor por «ordenártelo», sino que necesitas un descenso progresivo de la activación que requiere un contexto; igual que no podemos frenar un coche de golpe sin distancia, tampoco podemos frenar el cerebro sin ofrecerle un tramo para hacerlo. Todas las pautas que te presentaré están construidas sobre esa lógica biológica, pequeñas señales repetidas que ayudan a nuestro sistema a encontrarse con el sueño sin lucha.

EL EFECTO DE LA LUZ PERMANENTE

La luz es una de las señales más potentes que existen para regular el sueño. Durante la mayor parte de nuestra historia, descendía poco a poco al caer la tarde y, con ese movimiento, nuestro cuerpo empezaba a reducir la actividad. La oscuridad, aunque no hablaba, enviaba un mensaje claro: «El día está terminando».

Hoy todo esto ha cambiado profundamente. Es posible que estés bajo la influencia de pantallas que te iluminan la cara como si fuera de día aunque sea de noche, o de bombillas led blancas en espacios que habitas antes de dormir. Se trata de un espectro muy rico en tonos azulados que activa unas células específicas de la retina, las células ganglionares fotosensibles, encargadas de informar al cerebro sobre la cantidad de luz ambiental.

Estas células envían un mensaje directo al reloj biológico: «Sigue despierto». Y tiene efectos inmediatos: hace que la melatonina, la hormona que indica al cuerpo que es hora de dormir y prepara el cerebro para bajar su frecuencia, se retrase, y que el cortisol, que nos mantiene en alerta y activos, descienda más lentamente. Por eso, aunque sintamos cansancio físico, nuestro sistema nervioso puede tardar bastante más en entrar en modo nocturno.

Una de las formas más eficaces de ayudarnos es crear una especie de «atardecer doméstico» dentro de nuestra propia casa. No hace falta que sea nada elaborado, basta con apagar la luz del techo y encender solo lámparas cálidas de sobremesa cuando el día empieza a cerrarse. Esa luz tenue invita al cuerpo a cambiar de estado, como si estuviéramos frente a una hoguera o un atardecer real.

Podemos acompañar esto alejando las pantallas del rostro y bajando el brillo. Si queremos mirar el móvil, mejor apoyarlo sobre una mesa que sostenerlo a pocos centímetros de los ojos. Ya solo esa distancia cambia mucho la señal que recibe la retina.

Puede ayudar también encender una vela de cera natural mientras terminamos las últimas tareas del día, ordenar la casa, preparar la ropa del día siguiente, lavarnos los dientes... Todo ello genera una atmósfera que nuestro sistema reconoce inmediatamente como nocturna. Esa luz suave establece el contraste que a veces nos falta en los hogares modernos.

La luz natural de la mañana también es una de las señales biológicas más potentes para ajustar nuestro organismo. Cuando exponemos los ojos a la luz exterior, sin cristal de por medio, se activan las mismas células fotosensibles para medir la luminosidad ambiental y enviar esa información al núcleo supraquiasmático, el reloj maestro del cerebro situado en el hipotálamo.

La luz exterior, incluso en un día nublado, es entre diez y cien veces más intensa que la luz interior, y esa diferencia es suficiente para desencadenar dos respuestas fisiológicas clave. Por un lado, produce un aumento de cortisol en el momento adecuado, que nos activa de forma saludable sin generarnos estrés, y, por otro, inicia el contador interno que determinará la liberación de melatonina nocturna. Dicho de forma simple, la manera en la que recibimos luz por la mañana condiciona la calidad, el momento y la profundidad del sueño de la noche siguiente.

Para conseguir este efecto no hace falta mirar directamente al sol ni permanecer mucho tiempo debajo de él, basta con situar la vista en el horizonte, sin esfuerzo, dejando que la luz llegue a los ojos durante unos segundos o un par de minutos. Puede ser saliendo a la calle, al balcón o a un patio interior, lo importante es estar al aire libre, porque el cristal filtra parte del espectro lumínico que nuestro organismo necesita para sincronizarse.

Regular la luz, la que vemos y la que dejamos de ver, es una de las formas más directas, eficaces y científicamente respaldadas para regular el sueño.

EL ESTRÉS QUE NO TERMINAMOS DE APAGAR

Ya sabes que el estrés no es siempre un enemigo, de hecho, es una herramienta adaptativa fundamental. Pero cuando se mantiene encendido demasiado tiempo, el cuerpo interpreta que aún queda algo que atender. El cortisol permanece elevado incluso por la noche.

Como la amígdala, en su labor de evaluar amenazas, no distingue bien entre un peligro real y una tarea pendiente que seguimos rumiando, cuando la jornada ha sido intensa este sistema puede continuar activo, incluso en momentos de aparente calma, generando una sensación interna de leve vigilancia.

Si nos vamos a la cama sin cambiar de estado, es normal que nos cueste conciliar el sueño. Además, hay que tener en cuenta que la mente y el cuerpo no se relajan al mismo ritmo. Lo más frecuente, aunque en ciertas personas ocurre al contrario, es que el cuerpo vaya por detrás de la mente. Seguimos manteniendo la respiración algo más elevada y los músculos tensos, lo que no favorece el descanso. El sistema nervioso necesita señales de cierre.

Nuestro cuerpo tiene un papel enorme en nuestra capacidad para dormir bien.

La actividad física, cómo te mueves durante el día, va a tener un impacto directo sobre tu calidad de sueño. Si haces poco ejercicio todo se complica. Algo tan simple como tener los hombros ligeramente elevados o la mandíbula un poco apretada puede interferir sin que nos demos cuenta: tu organismo se sentirá «encendido». A nivel neurofisiológico, es un cuerpo que se mantiene en beta alta, una frecuencia cerebral asociada a alerta, resolución y vigilancia.

Una opción muy accesible es modificar la respiración, porque esta controla directamente el equilibrio entre el sistema nervioso simpático y el parasimpático. Cuando hacemos una exhalación más larga que la inhalación estamos activando el nervio vago, lo que produce un descenso inmediato del ritmo cardíaco y un aumento de frecuencias alpha, vinculadas a la calma, la claridad y la transición hacia estados más reparadores. Podemos hacerlo en cualquier momento, mientras hervimos agua, en una pausa breve o incluso justo al entrar en casa.

También ayudan los micromovimientos que interrumpen la rigidez corporal acumulada. Estirar los brazos hacia arriba, girar los hombros, sacudir suavemente las manos, mover el cuello en arcos lentos o caminar unos pasos conscientes por el pasillo son formas sencillas de liberar tensiones musculares que la mente interpreta como señales de seguridad. El cuerpo envía información al cerebro a través de mecanorreceptores presentes en músculos y articulaciones, y cuando estos detectan movimiento ligero y controlado, disminuye la actividad del sistema de amenaza y aumenta la coherencia entre respiración y ritmo cardíaco.

Un recurso especialmente útil, y muy estudiado, es hacer pausas sensoriales reales, momentos de diez o veinte segundos en los que no consumimos información. Mirar un punto fijo a lo lejos, dejar que la mirada se relaje sin enfocar nada, apoyar una mano en el pecho para notar la respiración o beber agua sin acompañarlo de pantallas. Estos microespacios reducen la actividad de la red de control ejecutivo y aumentan la actividad en la red por defecto, lo que facilita la aparición de ondas alpha.

Te propongo dos ejercicios muy concretos.

Ejercicios para aumentar las ondas alpha y bajar el estrés

1. *Double inhale* o doble inhalación nasal.

- Inhala por la nariz de forma suave, pausa un instante y añade una segunda y breve inhalación que complete la capacidad pulmonar. Luego exhala largo y suelta por la boca.
- Repite entre 3 y 5 veces.

Este patrón inflama brevemente los alveolos y mejora el intercambio gaseoso, lo que reduce el CO_2 y estabiliza el sistema nervioso. Se ha comprobado que baja la activación simpática más rápido que una respiración profunda convencional.

2. *Soft gaze* o mirada suave para inducir alpha.

- Mira a lo lejos, sin enfocar ningún detalle concreto, dejando que el campo visual se haga más amplio y suave. El objetivo es abrir la visión, como cuando miramos un paisaje, no un objeto puntual.
- Mantente así entre 30 y 60 segundos.

La visión periférica activa ondas alpha en áreas occipitales y parietales. Esto produce una sensación de calma muy rápidamente.

Por qué funciona

Cuando acumulamos estos pequeños gestos, respiración reguladora, micromovimientos, pausas sensoriales y ejercicios que inducen alpha, el cuerpo llega a la noche con mucha menos tensión basal. Esto hace que tengas que perseguir mucho menos el sueño y que sea más fácil que aparezca de forma natural.

Pero no nos olvidemos de lo que ocurre, sobre todo, en la mente. La hiperestimulación que sentimos al anochecer no es un problema de emoción, sino de procesamiento. Es el resultado de haber pasado el día saltando entre tareas, pantallas, notificaciones y microdecisiones.

Cada cambio de foco enciende redes distintas en la corteza prefrontal, y esa alternancia constante deja actividad residual que el cerebro necesita ordenar. ¿Cuándo lo hará? Cuando por fin llega el silencio de la noche.

Por eso, apagar pantallas no es suficiente, son solo una parte del problema. Lo que realmente ayuda es cambiar la textura de la última hora del día: pasar de tareas que exigen velocidad, comparación, planificación o resolución a otras que nos permitan entrar en un modo más sensorial y menos analítico. Ordenar un rincón del salón, preparar una infusión, leer un par de páginas ligeras, regar una planta o doblar una camiseta no tienen carga cognitiva alta. Ese descenso en la complejidad facilita un cambio real.

También puede ayudar crear un pequeño cierre del día de forma intencional. Poner un temporizador de 10 minutos y usar ese tiempo para recoger un par de cosas, abrir el espacio visual, apagar notificaciones o dejar algo preparado para la mañana. No se trata de hacer limpieza, sino de hacer una transición despistando al cerebro de lo anterior. Para el sistema nervioso es una señal clara de que la fase de actividad cognitiva ha terminado.

•••

Ejercicio para calmar la estimulación

Este ejercicio, basado en investigaciones neurocientíficas sobre integración hemisférica y regulación emocional, utiliza el movimiento ocular lateral lento para disminuir la activación en redes cerebrales asociadas a la rumiación, la preocupación y la vigilancia.

1. Cierra los ojos con suavidad.
2. Lleva la mirada, detrás de los párpados, hacia la izquierda y mantenla 1 segundo.
3. Desplázala lentamente hacia la derecha y mantén otro segundo.
4. Continúa este movimiento de izquierda a derecha, lento y continuo, entre 60 y 90 segundos.
5. Mantén la respiración natural, sin forzar.

Esto es lo que ocurre en tu cerebro:

- Disminuye la actividad de la amígdala.
- Aumenta la comunicación entre hemisferios mediante el cuerpo calloso.

- Facilita el paso de ondas beta altas (alerta) a alpha (calma) y pre-theta.

Por qué funciona

Actúa como un interruptor suave que ayuda a bajar la actividad cognitiva cuando la mente sigue encendida. En menos de un minuto puede cambiar la sensación interna de «estoy pensando en exceso» a «estoy descendiendo», facilitando que el sueño aparezca sin esfuerzo.

LOS HORARIOS QUE CAMBIAN DEMASIADO

El sueño no depende solo del cansancio físico o mental. Depende de un reloj interno que llevamos en lo más profundo del cerebro, el ritmo circadiano, que organiza casi todo lo que hacemos sin que lo notemos. No solo marca cuándo debemos dormir, también decide cuándo tenemos más energía, cuándo estamos más atentos, cuándo digerimos mejor, cuándo regulamos la temperatura corporal y cuándo producimos ciertas hormonas. Y funciona por señales, por repetición y por pautas predecibles, igual que un director de orquesta que necesita cierta regularidad para coordinar cada instrumento.

Este reloj se adelanta o se retrasa según nuestras rutinas. Si un día nos acostamos tarde, otro muy temprano, otro más tarde aún y los fines de semana nos levantamos dos o tres horas después de lo habitual, la señal que recibe es confusa. No sabe en qué momento preparar el cuerpo para el descanso. Y cuando no lo sabe, deja de anticiparlo, y esto es clave.

Antes de dormir, el organismo realiza una serie de preparaciones silenciosas: baja el calor corporal, reduce la presión arterial, cambia el ritmo respiratorio y empieza a liberar más melatonina. Pero para que todo esto ocurra, debe reconocer un patrón. Si movemos demasiado el horario de un día para otro, estas marcas internas no llegan cuando deben.

Sin esa preparación, nuestro sueño está «despistado». Nos llega más tarde de lo esperado, cuesta más que se asiente, lo podemos notar más «ligero» o cortarse en mitad de la noche.

No se trata de vivir con una disciplina rígida que nos abrume ni de acostarnos siempre a la misma hora exacta. Se trata, más bien, de tener un mínimo de coherencia. Que las horas de dormir y de despertar se muevan dentro de un rango razonable, algo que nuestra mente pueda reconocer como un patrón y no como una serie de improvisaciones. Cuando identifica ese pequeño orden, empieza los preparativos a tiempo y dormir deja de ser un desafío.

Aparte de este consejo, te dejo otro ejercicio que involucra tres aspectos de los que ya te he hablado.

Ejercicio de transición sensorial: Descenso en tres canales

Vamos a utilizar tres vías biológicas clave, luz, cuerpo y cognición, para guiar al sistema nervioso desde el modo diurno hacia el modo nocturno. Es breve (solo dura 5 minutos), fácil y científicamente coherente con la forma en la que el cerebro procesa señales de cambio.

1. **Luz (1 minuto).** Baja la iluminación de la habitación todo lo posible. Usa una lámpara de sobremesa o una luz cálida e indirecta. Si puedes, evita la luz del techo.

   Reducir la intensidad lumínica activa la liberación de melatonina y disminuye la actividad de las áreas occipitales, facilitando la entrada en ondas alpha.
2. **Cuerpo (2 minutos).** Realiza un movimiento lento de «soltar»: eleva los hombros hacia las orejas al inhalar, y déjalos caer con fuerza al exhalar. Repite entre seis y ocho veces. Luego realiza un estiramiento suave del cuello, inclinando la cabeza a un lado y al otro de forma lenta.

   Estos movimientos activan mecanorreceptores que reducen el tono muscular y bajan la señal simpática, preparando la transición hacia la calma.
3. **Cognición (2 minutos).** Haz una actividad repetitiva que no requiera pensar: doblar una prenda, ordenar un par de objetos, preparar algo simple del día siguiente o escribir una frase breve del tipo «mañana sigo con...».

   Las tareas repetitivas activan redes cerebrales de bajo esfuerzo y disminuyen la actividad de la corteza prefrontal, favoreciendo la transición a estados de reposo mental.

Por qué funciona

Es una forma de crear una «firma sensorial» que el cerebro reconoce rápidamente como señal de que el día está terminando. Con el tiempo, esta transición de 5 minutos se convierte en un condicionamiento que el sistema nervioso anticipa, facilitando que el sueño llegue sin esfuerzo.

4. ¿QUÉ OCURRE EN EL CEREBRO DURANTE EL SUEÑO PROFUNDO?

> En los sueños entramos en un mundo que es solo nuestro.
>
> J. K. ROWLING,
> *Harry Potter y el prisionero de Azkaban* (1999)

El sueño profundo es el espacio donde el cerebro hace su trabajo más delicado. Esa fase lenta de NREM dominada por ondas delta es un acto de mantenimiento vital. Es un momento de desconexión y reparación.

Duermes todas las noches, pero ¿eres consciente de lo extraordinario que sucede dentro del cerebro mientras tanto? Es el único momento en el que trabaja exclusivamente para sí mismo, sin interrupciones externas ni demandas que atender.

EL CEREBRO BAJA LAS LUCES HACIA FUERA, PERO POR DENTRO SE ACTIVA

Las neuronas dejan atrás la actividad rápida y dispersa del día y entran en un movimiento lento y perfectamente sincronizado. Ese ritmo genera grandes oleajes eléctricos de entre 0,5 y 4 Hz que recorren la corteza como una marea constante. En esta etapa, el sistema está reorganizando prioridades y redirigiendo sus recursos hacia dentro, reduciendo interferencias y fortaleciendo la comunicación.

Todos hemos sentido alguna vez que, después de una noche de sueños vívidos e intensos, las ideas vuelven a encajar. Esa claridad nace aquí, en este estado en el que nuestra mente por fin se escucha a sí misma.

El sueño profundo es el único momento del día en el que el cerebro trabaja para sí mismo.

EL SISTEMA GLINFÁTICO: LA LIMPIEZA PROFUNDA QUE SOLO FUNCIONA MIENTRAS DORMIMOS

Se trata de un mecanismo que funciona como un lavado nocturno exclusivo del cerebro. Las células gliales se encogen ligeramente, abriendo más espacio entre las neuronas y permitiendo que el líquido cefalorraquídeo circule con fuerza. Ese flujo arrastra residuos acumulados durante la vigilia, como proteínas mal plegadas, restos de neurotransmisores, moléculas inflamatorias y beta-amiloide.

Algunos estudios muestran que es en este momento en el que el cerebro elimina más residuos, hasta un sesenta por ciento más que cuando estamos despiertos.

Es el sueño profundo el que permite que el cerebro se limpie por dentro y vuelva a funcionar con claridad.

Cuando acumulamos varias noches cortas o de mala calidad, no es raro sentir la cabeza espesa o el pensamiento lento: es acumulación real de desechos que no han podido procesarse.

LA PODA SINÁPTICA: EL ORDEN INTERNO QUE NOS PERMITE PENSAR MEJOR

Durante el día generamos redes sinápticas sin parar, porque todo lo que vemos, pensamos o sentimos crea pequeñas rutas entre neuronas. Pero si todas esas conexiones se mantuvieran intactas, el cerebro se saturaría rápidamente. En el sueño profundo ocurre un proceso de selección finísimo: una poda que destruye conexiones innecesarias y refuerza las valiosas.

Este proceso es como abrir un cajón lleno de papeles y cerrarlo con solo lo esencial dentro. Así el cerebro reduce ruido interno, evita saturaciones y conserva espacio para aprender algo nuevo mañana. Seguro que alguna vez has tenido un día cargado de información y, después de dormir bien, te has levantado con las ideas sorprendentemente ordenadas.

Durante la poda sináptica el cerebro decide qué merece quedarse y qué no.

LA MEMORIA SE CONSOLIDA: LAS EXPERIENCIAS DEL DÍA ENCUENTRAN SU LUGAR

El hipocampo actúa como un bibliotecario nocturno que revisa los recuerdos recientes y los transfiere a la corteza, donde los almacena a largo plazo. No solo limpiamos, también clasificamos, fijamos y damos forma.

Retenemos mejor las memorias, integramos lo aprendido y lo confuso empieza a tener sentido. Muchas veces entendemos algo mejor al despertar que el día anterior, y eso es fruto directo de este proceso.

Es durante la fase de sueño profundo cuando el cerebro convierte experiencia en conocimiento.

Al mezclar lo nuevo con lo antiguo, crea conexiones que no realizaríamos conscientemente y afina nuestra capacidad de pensar con claridad.

LA REGULACIÓN EMOCIONAL ENCUENTRA EQUILIBRIO

Aunque solemos vincular las emociones al sueño REM, el sueño profundo también participa en cómo nos sentimos. En esta fase la amígdala reduce su actividad, mientras el prefrontal medial aumenta la suya, generando estabilidad. De ahí que después de una mala noche las cosas pequeñas pesen más y reaccionemos con menos paciencia.

El sueño profundo baja el volumen emocional para que el día siguiente no nos desborde.

EL CUERPO SE ENFRÍA PARA PODER REPARARSE MEJOR

La temperatura interna del cuerpo desciende de manera natural, lo que permite activar procesos de recuperación muy específicos. Disminuye la inflamación, mejora la función inmunológica, los músculos se reparan con más eficiencia y estabilizamos la presión arterial.

Si alguna vez has sentido que, tras un sueño reparador, tus músculos se han recuperado incluso de esfuerzos intensos, es en gran parte gracias a este enfriamiento.

Se puede favorecer la entrada en el sueño profundo. Aunque no se puede forzar este estado, sí puede facilitarse creando las condiciones que el cerebro necesita. Aquí tienes un ejercicio basado en neurofisiología para favorecer la aparición de ondas delta.

Ejercicio para inducir estados pre-delta: Respiración 4-8 con descenso sensorial

Vamos a combinar respiración vagal o intencional con un descenso sensorial progresivo. Ambos elementos preparan el cerebro para pasar de beta-alpha a ritmos más lentos.

1. Inhala suavemente por la nariz durante 4 segundos, sin forzar.
2. Exhala por la boca durante 8 segundos.
3. Mientras exhalas, deja que tu atención se aleje del interior de la cabeza y se «suelte» hacia el cuerpo.
4. Tras cada exhalación, relaja un grupo muscular pequeño: mandíbula, hombros, manos, cuello.
5. Repite entre 6 y 10 ciclos.

Esto es lo que ocurre en el cerebro y en el cuerpo:

- La exhalación prolongada activa el nervio vago y reduce el ritmo cardíaco.
- El descenso muscular facilita la reducción de tono simpático.
- Disminuye la actividad beta y aumenta la probabilidad de que surjan ritmos alpha pre-delta.
- El cerebro interpreta esta combinación como señal de «modo noche».

Por qué funciona

Permite que el cuerpo entre más rápido en la ventana fisiológica en la que aparece el sueño profundo, reduce despertares iniciales y mejora la sensación de descanso final.

5. ¿POR QUÉ SOÑAMOS Y PARA QUÉ SIRVEN LOS SUEÑOS?

Cuanto más avanza la neurociencia, más evidente se vuelve aquella intuición preciosa: los sueños no son un adorno, son un sistema de organización emocional, cognitiva y creativa que el cerebro necesita tanto como el aire. No solo procesan lo que ya pasó, también nos preparan para lo que aún no ha ocurrido.

Si te fijas, incluso los más extraños tienen un hilo afectivo por debajo. No aparecen al azar, sino que reflejan qué nos preocupa, qué estamos aprendiendo, qué estamos intentando integrar sin darnos cuenta. Y todo esto ocurre principalmente en un estado muy particular: la fase REM.

Un cerebro despierto por dentro: así funcionan las frecuencias del sueño REM.

Una de las cosas más llamativas es su firma eléctrica. El cuerpo está profundamente dormido, pero la actividad interna se parece mucho a la vigilia. Aquí dominan tres tipos de frecuencias muy reconocibles.

Por un lado, están las ondas theta, entre 4 y 8 Hz, que son las que sostienen la creatividad, la imaginación y esas visiones simbólicas donde todo parece tener un doble sentido. También aparecen ondas beta bajas, rápidas, típicas de la actividad despierta. Y, a veces, de forma breve, se cuela alguna onda alpha, entre 8 y 12 Hz, como pequeños momentos de transición. Esta mezcla tan particular crea una suerte de crisálida: quietud total por fuera, exploración total por dentro.

Piensa en cuando sueñas algo muy vívido que te despierta con la sensación de haber experimentado una historia completa. Esa intensidad nace justo de esta combinación eléctrica. La neurociencia actual lo describe así: REM es un laboratorio interno donde el cerebro prueba, ensaya, reorganiza y proyecta.

Los sueños regulan emociones porque trabajan sin la interferencia del estrés.

Hay algo muy especial en cómo procesamos emociones en esta fase. La amígdala, que es la encargada de detonar la fuerza emotiva, está activada. Pero la noradrenalina, la molécula asociada al estrés y la alerta, prácticamente desaparece del entorno químico cerebral. Esto significa una cosa muy simple: en REM podemos revivir experiencias intensas sin que el cuerpo se active como si fueran un peligro.

Un estudio del doctor Matthew Walker y su equipo de la Universidad de California mostró que, cuando soñamos con situaciones que en el día a día nos resultan tensas, la reactividad emocional al recordarlas se reduce al día siguiente. Es como «ensayar» la emoción sin sufrirla. Una forma de terapia nocturna natural.

Los sueños no solo fijan lo aprendido: preparan el cerebro para aprender más.

La consolidación de la memoria ha sido uno de los temas más trabajados en neurociencia del sueño. Ya sabíamos que dormimos para fijar los aprendizajes, pero los estudios más recientes en modelos animales demuestran que, además, «marcamos» ciertas neuronas como candidatas para aprender al día siguiente. Son las llamadas *engram-to-be cells*, que aún no guardan un recuerdo pero están siendo seleccionadas para hacerlo.

Esto significa que soñar no solo guarda información, también abre espacio para que mañana puedas aprender mejor.

Quizá te haya pasado que un día estás espeso, no te entra nada, y tras una buena noche de sueño te sientes más receptivo, más despierto, más capaz de absorber. Tiene todo el sentido del mundo: tu cerebro estuvo preparando el terreno.

Los sueños crean mapas mentales del mundo que te rodea.

La mente reproduce patrones de activación relacionados con cómo nos movemos y por dónde lo hacemos. Se estimulan redes que representan lugares, rutas, distancias, posibilidades. Esto se ha visto especialmente en estudios con roedores, donde las neuronas de lugar se reactivan mientras duermen siguiendo la misma secuencia que usaron al explorar un entorno nuevo.

Pero ¿cómo se traduce esto a la vida cotidiana? Cuando sueñas con un sitio al que fuiste, no estás recordándolo sin más, estás fortaleciendo tu atlas interno del mundo. Se unen puntos que despiertos solo vemos separados. Es la razón por la que después de un viaje, un cambio o una experiencia nueva «vemos» más cosas cuando se nos cierran los ojos.

Los sueños afinan habilidades: el cerebro repite y mejora sin que tú lo notes.

Si has practicado algo nuevo, desde una secuencia en el piano hasta un gesto deportivo, es muy probable que esa noche aparezcan picos de actividad, llamados «husos», en las áreas cerebrales que usaste al aprenderlo. Cuantos más husos en REM y más «localizados» estén en la región correspondiente, mayor será la mejora al día siguiente. Esto se ha demostrado en estudios con tareas motoras, habilidades cognitivas y aprendizajes complejos.

Es como si, mientras tú duermes, tu cerebro siguiera entrenando.

LA NARRATIVA INTERNA SE REESCRIBE MIENTRAS SOÑAMOS

Uno de los aspectos más íntimos del sueño REM es su capacidad para organizar nuestra historia interna. Mezcla recuerdos autobiográficos, rostros, escenas, sensaciones, fragmentos que parecían inconexos. Lo hace para dar coherencia a lo que vivimos. Por eso soñamos en metáforas, símbolos e imágenes que no existen en el mundo físico, pero que representan fielmente lo que sentimos.

Los sueños son una forma de edición interior, una reescritura suave de nuestra propia biografía emocional.

QUÉ OCURRE CUANDO SOÑAMOS MENOS DE LO NECESARIO

Cuando dormimos poco o cuando nuestro sueño REM se reduce, podemos sentir que tenemos más reactividad emocional, que estamos más impulsivos, que tenemos una mente más rígida o que nos cuesta encontrar soluciones nuevas. También aprendemos peor, interpretamos peor y la sensibilidad al estrés se dispara incluso con pequeños estímulos. El cerebro necesita soñar para mantenerse flexible, equilibrado y lúcido.

FRECUENCIAS, ARMONIZACIÓN Y SUEÑOS: EL PUENTE QUE A VECES NOS FALTA

Cuando durante el día entrenamos la capacidad de modular nuestras frecuencias cerebrales, algo cambia. Por ejemplo, si ejercitamos picos de alpha, la frecuencia asociada a la calma y la claridad mental, disminuimos la beta alta, típica del estrés y el pensamiento acelerado, o favorecemos la theta, relacionada con creatividad profunda e imaginación, el cerebro llega a la noche más disponible para soñar. Es decir, aprende a moverse entre estados con más flexibilidad. Lo vemos constantemente en los entrenamientos de armonización de frecuencias de Mindstudio.

Cuando una persona trabaja la armonización de frecuencias durante el día, aparecen dos efectos muy consistentes por la noche: duerme mejor y sueña más.

Ejercicio para favorecer el sueño REM y sus funciones reparadoras

1. Respira con exhalación larga durante 1 minuto para bajar la noradrenalina.
2. Relaja la mirada detrás de los párpados como si vieras un horizonte lejano.
3. Evoca una imagen suave del día (algo mínimo).
4. Tensa todo el cuerpo 3 segundos y suelta al exhalar.

Primero activamos el nervio vago y facilitamos que el cerebro entre con más suavidad en el estado fisiológico que necesita para acceder al sueño REM. Después reducimos la vigilancia interna y la actividad en beta. Imaginamos para calmar la amígdala y activar zonas del prefrontal medial que ayudan a regular las emociones y, finalmente, la combinación de tensión y relajación muscular provoca un descenso del sistema nervioso autónomo que favorece la aparición de ritmos alpha y theta.

Por qué funciona
Ayuda a que la noche tenga ciclos REM más estables, más largos y más productivos en lo emocional y cognitivo. En personas que entrenan armonización durante el día, este ejercicio potencia aún más ese efecto.

6. ¿POR QUÉ NOS DESPERTAMOS A MITAD DE LA NOCHE Y QUÉ SIGNIFICA REALMENTE?

Desvelarse a mitad de la noche es más normal de lo que pensamos. No siempre es insomnio, ni un signo de que algo vaya mal. Soñar, por su estructura, incluye pequeños despertares entre ciclos. Son transiciones naturales, pequeñas puertas entre fases que, si el sistema está tranquilo, pasan prácticamente desapercibidas. Lo que suele preocuparnos es quedarnos despiertos más de lo que querríamos, con la mente encendida o el cuerpo demasiado alerta para volvernos a dormir.

La mente, durante la noche, realiza una serie de ajustes internos. Revisa la temperatura corporal, reorganiza la memoria, regula hormonas, comprueba tensiones musculares y vuelve a evaluar la seguridad del entorno. Es un escaneo silencioso que ocurre sin que lo notemos. Cuando detecta una pequeña señal de activación, por mínima que sea, aumenta la probabilidad de que abramos los ojos. Es nuestra propia biología protegiéndonos.

En los últimos años, la neurociencia ha puesto especial atención en un factor sorprendente: el rol de las áreas temporales interhemisféricas en los despertares nocturnos. Estas zonas funcionan como un puente entre hemisferios y participan en la integración de información sensorial, emocional y cognitiva. Cuando están en equilibrio, los cambios de fase del sueño se atraviesan con suavidad. Pero si llegan cargadas de estrés o exceso de estimulación, pueden volverse más sensibles y responder de forma exagerada. Es esa sensibilidad aumentada la que puede transformar un microdespertar normal en un despertar completo.

Lo interesante es que pueden entrenarse con armonización de frecuencias durante el día: las personas suelen notar que despiertan menos por la noche o que, cuando lo hacen, vuelven a dormirse de una manera mucho más natural. Todo apunta a que un puente interhemisférico bien equilibrado es un sistema que deja de interpretar pequeñas sensaciones internas como señales de vigilancia.

A veces creemos que es por pensar demasiado, pero la mayoría de los despertares prolongados tienen un origen fisiológico. Durante la noche el cortisol debería mantenerse bajo, pero si sube un poco porque arrastramos estrés, porque cenamos demasiado tarde, porque el cuerpo está tenso o porque la luz nocturna retrasó la melatonina, el sistema genera un pequeño impulso de alerta. Aparece en el momento equivocado. Si la mente está tranquila, seguimos durmiendo. Si está receptiva o algo activada nos quedaremos despiertos.

Despertarse, en realidad, significa que el cerebro está haciendo su trabajo. Lo importante es comprender si ese despertar es un simple paso entre ciclos o si se está transformando en una interrupción real del descanso.

Un despertar aislado no es una señal de que durmamos mal. Lo que marca la diferencia es la facilidad para volver a dormir, la sensación interna, la continuidad de los ciclos y el estado emocional al día siguiente. Cuando el sistema está bien regulado, entran y salen de manera natural, como si el sueño tuviera una respiración propia.

Ejercicio para volver a dormirse reequilibrando las áreas temporales

Se trata de una forma de ayuda a calmar la activación del puente interhemisférico y devolvernos al estado que necesitamos para continuar el ciclo de sueño. Es discreto, suave y adecuado para hacerlo en mitad de la noche, sin encender luces ni cambiar de postura.

1. Con los ojos cerrados, mueve la mirada suavemente hacia la izquierda durante 1 segundo.
2. Después, desplázala hacia la derecha durante otro segundo.
3. Repite este movimiento lento de un lado a otro entre 30 y 60 segundos.
4. Mantén la respiración natural durante todo el proceso.

Por qué funciona

Este movimiento reduce la activación de las áreas temporales, equilibra el intercambio entre hemisferios, calma la amígdala y disminuye la actividad beta asociada a la vigilancia. Al mismo tiempo, favorece la aparición de ritmos alpha y theta, para reentrar con facilidad en el sueño.

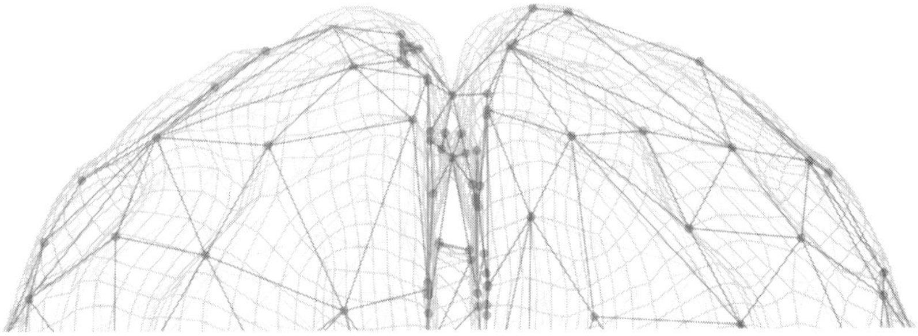

10

EMPIEZA A CREAR

DISFRUTA DE OPTIMIZAR TU ENERGÍA CREATIVA

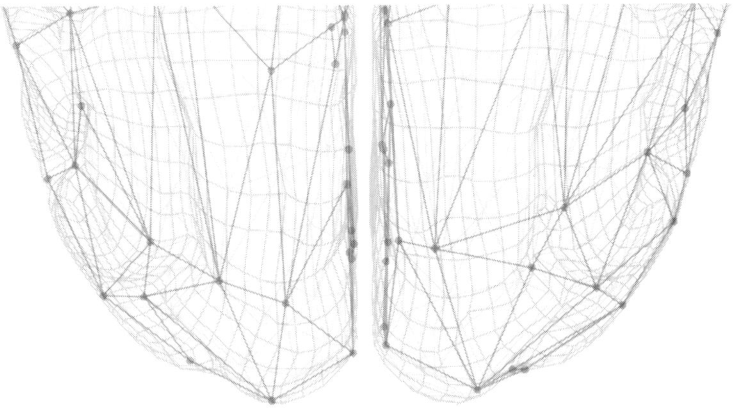

1. ¿Cuál es el estado en el que somos más creativos?
2. ¿Cómo tener ideas realmente novedosas dentro de lo que se conoce como pensamiento divergente?
3. ¿Cómo vencer la procrastinación en el proceso creativo?
4. ¿Cómo evitar ponerme demasiada presión para estar a la altura de las expectativas que he generado de mí mismo con creaciones anteriores?
5. ¿Existe algún ejercicio para activar el cerebro creativo? El cambio de foco retiniano

1. ¿CUÁL ES EL ESTADO EN EL QUE SOMOS MÁS CREATIVOS?

> No pienses, eso viene después.
> Debes escribir tu primer borrador con el corazón.
> Reescribes con la cabeza.
>
> GUS VAN SANT, *Descubriendo a Forrester* (2000)

La creatividad es un acto apasionante. Supone llenar un vacío, incorporar algo que no existía antes, desarrollar lo que nace dentro de nosotros y que ocurre en un momento y lugar específicos. Pero ¿de dónde viene esta capacidad de crear?

¿Qué neuroquímica y electricidad específicas provocan que nuestras neuronas disparen y se conecten estableciendo uniones que favorezcan que nuestro pensar, en vez de quedarse en lo cotidiano y lo conocido, decida aventurarse hacia nuevos espacios que aún no han sido explorados?

Existen distintos tipos de creatividad, y cada uno activa y estimula diferentes áreas del cerebro. Solemos asociar este acto a la creación artística, a la pintura, a la escultura, a la literatura o a la música, pero la realidad es que abarca mucho más que el arte. Se trata de idear algo inédito, abrir caminos nuevos en la mente y traer al mundo algo que antes no existía. Podemos hacerlo en el ámbito de la ciencia, de las emociones, de lo social, o en lo más cotidiano.

La creatividad artística es solo una de sus formas, la más visible, quizá, pero existen muchas otras: la creatividad científica, que conecta ideas aparentemente opuestas para descubrir algo nuevo; la creatividad emocional, que te permite reaccionar de forma diferente ante una situación que solías afrontar igual; la creatividad práctica, que resuelve problemas cotidianos con ingenio, o la creatividad social, que imagina nuevas maneras de relacionarnos, comunicar o colaborar.

Cada una de estas expresiones enciende circuitos distintos: un artista estimula más el hemisferio derecho y las zonas asociadas a la imaginación visual, el científico involucra el córtex prefrontal y las redes de pensamiento lógico, y si trabajamos con las emociones se moviliza el sistema límbico y la ínsula, donde nacen la empatía y la intuición.

En el fondo, todas las tipologías parten de un mismo principio: la capacidad de tu cerebro para romper patrones y generar conexiones nuevas. Por eso, tan creativo puede ser quien compone una sinfonía como quien encuentra una nueva forma de explicar una idea, de moverse, de resolver un conflicto o de mirar la vida. Al final, es permitir que nazca la novedad, ya sea una obra de arte, una acción o un pensamiento.

Desde el punto de vista cerebral, crear implica que nuestro cerebro quiera hacer algo de una manera nueva. Que se atreva a producir nuevas conexiones y nos aporte recursos inéditos que antes no nos había dado.

Qué acto tan extraordinario y valiente es el de crear, en el que nuestro cerebro, que tiende a ser tan conservador y repetir lo conocido, se atreve a adentrarse en lo desconocido.

¿Por qué haría este esfuerzo si para él es más cómodo y sobre todo más seguro quedarse en lo ya conocido? He reflexionado mucho sobre esto y he llegado a la conclusión de que lo hace por dos razones, que son muy distintas entre sí.

LA CREATIVIDAD POR NECESIDAD (U OBLIGACIÓN)

La primera razón es por obligación. Creamos cuando necesitamos hacerlo, cuando estamos sometidos a una presión que nos obliga a generar algo diferente. Se nos presentan situaciones, retos, proyectos o problemas que exigen que aportemos con originalidad.

Hay muchas personas que dicen que solo pueden hacerlo bajo presión, que sienten un impulso casi eléctrico de ideas, lucidez y enfoque cuando están contra las cuerdas. En esos momentos, su mente parece afinarse: baja el ruido y se logra una claridad especial que favorece el foco. La presión y la necesidad se convierten en potentes motores creativos capaces de romper la inercia y vencer la procrastinación, empujando a la acción con una energía muy particular.

No es casualidad que la sabiduría popular lo haya resumido tan bien en frases que todos conocemos. «El hambre agudiza el ingenio» o «la necesidad es la madre de la invención» son expresiones que esconden un principio neurológico real: cuando sentimos urgencia, liberamos adrenalina, dopamina y noradrenalina, sustancias que aumentan la atención, la memoria y la capacidad de asociación. Bajo cierta dosis de estrés, nuestra capacidad de planificar y resolver problemas aumenta, orquestada por nuestro córtex prefrontal, que se activa con más fuerza, y predominan las ondas beta, lo que favorece el pensamiento rápido y la resolución eficaz.

Pero... ¡cuidado! Existe una presión óptima, que estimula y concentra, y otra que bloquea. Cuando la exigencia se vuelve excesiva y la emoción que predomina es el miedo, la amígdala toma el control y entramos en modo supervivencia, reduciendo la creatividad a favor de la seguridad. Sin embargo, cuando el desafío se percibe como ilusionante o alcanzable, generamos un estado de *flow*, una mezcla perfecta entre tensión y disfrute que nos dispara.

En el primer caso, lo que ocurre es que movilizamos nuestras neuronas. Cuando percibimos que algo está en juego, se desata una cascada química diseñada para mantenernos con vida y encontrar soluciones. En términos biológicos, la necesidad se traduce como una amenaza: si no haces algo, podría pasarte algo malo.

Cuando nuestro cerebro entra en modo supervivencia se agudiza. Busca activamente cómo sacarte de ese peligro que ha identificado.

En este tipo de situaciones, estamos ante una respuesta biológica, no un lujo mental. Se encienden todos tus sistemas de alerta y acabas en un estado de máxima atención. Tus sentidos se afinan: ves y escuchas con más precisión, captas detalles que normalmente pasarías por alto. Una especie de «túnel de creación» donde toda tu energía se dirige a encontrar una salida, una solución que te devuelva al equilibrio.

En este estado, no exploramos demasiadas posibilidades: somos concretos y extremadamente eficientes. Tu mente no busca belleza ni innovación abstracta, sino resolver un problema inmediato. Lo que se necesita es reorganizar la información en segundos.

Podríamos llamarla una «creatividad de emergencia», una forma de pensar que surge del límite, del instinto de resolver. Es el cerebro en su versión más ágil y resolutiva, poniendo todos sus recursos al servicio de una única misión: salir del peligro y restablecer la seguridad. Aunque no sea el tipo que se asocia con el arte o la inspiración, es la que ha permitido a la especie humana sobrevivir, adaptarse y evolucionar.

Esta es la manera más directa de despertar la imaginación. Si quieres ser más creativo, juega con el riesgo de esperar al último minuto, por ejemplo. Aumentarás tus habilidades en las dos horas antes de entregar un proyecto respecto a los dos meses anteriores, si eres capaz de no bloquearte. Pero es importante que sepas que su esencia es principalmente enfocada. Nace del ámbito de lo conocido, se alimenta de información que tienes en capas más superficiales. Tu cerebro no tiene tiempo de darse muchas vueltas en busca de nuevas ideas, así que va a buscar a lugares dentro de él donde sabe que ya hay soluciones posibles. Podríamos decir que es una creatividad que se sitúa próxima al sentido común.

Nuestra vida está llena de momentos donde necesitamos que esta disposición cerebral nos ayude. Por eso, someternos a presión de vez en cuando es un buen ejercicio.

LA CREACIÓN POR EL DESEO DE CREAR

La segunda razón por la que nuestro cerebro haría el esfuerzo de crear en vez de quedarse en la solución conocida y ensayada es diametralmente opuesta. El placer por adentrarse en la belleza del acto creativo en sí.

Se trata del deleite que vive cuando puede navegar por nuestro subconsciente, nuestras vivencias, nuestras experiencias, nuestro sentir profundo y se permite entrar en un estado casi hipnótico donde fluye libremente por un mar de sentir, donde se conecta con algo superior a nuestro cuerpo y nuestro constructo mental.

En este caso, se da una comunión entre lo físico y lo espiritual. Es un acto de elevación, de trascender de alguna manera lo humano y vincularnos con una energía distinta que nos permite ser más de lo que somos habitualmente. Se convierte en algo próximo a un acto divino.

Por supuesto, hay grados de profundidad. Personas que logran adentrarse en este goce de forma tan magistral que consiguen hacer cosas extraordinarias se sorprenden en primer lugar a ellas mismas, además de suscitar gran admiración en los demás. Las grandes personalidades del arte, de la literatura, de la ciencia, de la creación en general, suelen tener una habilidad especial para adentrarse en este tipo de creatividad que nace del deleite.

Curiosamente, este «deleite» no significa que no sufran durante el proceso, de hecho, muchas lo hacen, y mucho, pero su sistema lo busca, se recrea a la vez con ello. Lo experimentan como una necesidad vital.

Sin llegar a estos extremos, en general, todos nosotros podemos activar esta forma de creación con base en el placer mismo. Se trata de disfrutarla por el simple hecho de llevarla a cabo.

Esta creación puede ser física, produciendo algo, pero también puede ser espiritual, interna, produciendo nuevas reflexiones y conexiones profundas dentro de ti (ideas, actos, movimientos, construcción de relaciones...). Existen muchas maneras de crear y específicamente de crear belleza.

Entonces, ¿qué tiene que ocurrir en nuestro cerebro para que suceda?

Pues deben darse varias condiciones, pero la primera de ellas es que exista un propósito hondo. Nuestra mente accede a su conocimiento inconsciente, a niveles de sensibilidad y conexión casi insondables cuando vibra con ello. Cuando lo vive como algo esencial, del alma. Es como si este hacer fuera una extensión de uno mismo. Es algo natural, inevitable. Es decir, una manera de expresar lo que uno es. Te relacionas de una forma vulnerable contigo, buceas en ti y te asombras porque no sabías lo que tenías dentro.

¿Has vivido algo parecido? Seguramente sí, y espero que así sea porque es transformador. No pienses que tiene que ser algo de gran magnitud como pintar la Capilla Sixtina o componer una ópera. Este tipo de creatividad se da cuando conectas con emociones profundas. Se da cuando tienes una conversación profunda con un amigo que lo pasa mal en la que te sientes especialmente lúcido, por ejemplo. Los padres y las madres están llenos de momentos creativos impulsados por el disfrute de ver a sus hijos movidos por el placer de conectar con ellos. Esa carta de amor que escribiste también es un acto de este tipo.

El propósito profundo es uno de los motores que encienden esta creatividad. Pero no es el único.

Este tipo también se enciende sin esta conciencia de profundidad. Nuestro cerebro, solamente por la presencia de ondas cerebrales muy específicas ligadas a la creación, puede activarlo. Es decir, si nuestro cerebro produce una electricidad específica como consecuencia de su actividad neuronal y esa actividad genera una química cerebral que despierta este tipo de creatividad, te sentirás dentro de este mundo hipnótico de creación maravillosa sin que tú hayas tenido un propósito previo. Te explico cómo funciona. Existe un rango de ondas cerebrales que promueven esta creatividad. Cuando entramos en frecuencias alpha y theta, experimentamos unos niveles de conectividad abisal, donde nos es difícil discernir si estamos despiertos o dormidos, porque nos despegamos un poco de las sensaciones corporales y la relación habitual con el entorno y nos quedamos inmersos en un mundo propio. Parece que fluyeras en una dimensión espacio-tiempo distinta. Es el «trance» que describen los grandes genios, apartados de la realidad, durante el cual han podido estar muchas horas sin sentir lo corporal ni sus necesidades y solo existía esa energía especial para crear, no pensada, no meditada, sin esfuerzo, dejándose llevar como si estuvieran poseídos.

Históricamente, muchos artistas, músicos y creadores han tratado de alcanzar este mismo estado a través de sustancias psicoactivas, como el LSD, la mescalina, el éxtasis (MDMA) o incluso el cannabis. Todas ellas alteran la actividad eléctrica cerebral, generando patrones parecidos a los de alpha y theta, que provocan expansión mental, conexión y percepción ampliada.

Sin embargo, esta última vía no es inocua. Aunque pueda producir experiencias intensas o aparentemente creativas, el cerebro no las integra de forma estable ni saludable. La activación de frecuencias por medio de estas sustancias rompe el equilibrio natural del sistema nervioso, generando desajustes emocionales, alteraciones en los neurotransmisores y, a largo plazo, trastornos de ansiedad, depresión o dependencia. En algunos casos, incluso puede derivar en crisis psicóticas o daños cognitivos.

El entrenamiento cerebral, en cambio, nos permite acceder desde el control consciente y la autorregulación, sin necesidad de recurrir a estímulos externos. Si la mente aprende a entrar por sí misma en esos niveles de frecuencia, lo hace de forma más profunda y segura, manteniendo su equilibrio neuroquímico y emocional. Es la diferencia entre forzar una puerta con violencia o encontrar la llave para abrirla.

Ejercicio para activar la creatividad aumentando las frecuencias alpha-theta

El momento más propicio del día para activar estas frecuencias es al despertar. Esto ocurre porque, justo en ese instante, tu cerebro ya se encuentra naturalmente inmerso en una combinación de ondas delta, theta y alpha, un estado intermedio entre el sueño y la vigilia que favorece enormemente la creatividad.

Durante el sueño profundo predominan las delta, responsables del descanso y la reparación neuronal. Cuando comienzas a abrir los ojos, van siendo reemplazadas por theta, que te mantienen en ese estado de duermevela lleno de imágenes, intuiciones y sensaciones, y por alpha, que facilitan la transición hacia la mente consciente. Ese cóctel te deja especialmente receptivo a la inspiración.

Este ejercicio consiste en aprovechar ese momento para enseñar a tu cerebro a reconocer y disfrutar esas frecuencias, asociándolas a sensaciones placenteras. De esa manera, tu sistema nervioso las registrará como algo positivo y deseará volver a reproducirlas con más facilidad más adelante.

1. **Cuando despiertes, no te levantes de inmediato.** Quédate unos minutos con los ojos cerrados e imagina que estás dentro de una burbuja cálida y agradable, un espacio seguro donde el tiempo se detiene. Respira lentamente dentro de ella y busca conectar con una emoción profunda y positiva: puede ser agradecimiento, amor, orgullo, alegría o serenidad. No importa cuál elijas, lo importante es que te resulte sincera y significativa.
2. **Mientras mantienes esa sensación, tu cerebro estará asociando la producción de ondas alpha y theta con una emoción positiva.** Esto crea una huella neuroemocional muy poderosa: tu mente recordará que en ese estado creativo se siente bien y tenderá a buscarlo de nuevo.
3. **Con la práctica, podrás reactivar ese mismo estado en cualquier momento del día.** Bastará con cerrar los ojos, respirar profundo y evocar la imagen y la emoción que entrenaste. Se reproducirá la misma electroquímica

que se da cuando estamos inspirados: calma, claridad y conexión.

Por qué funciona
Este ejercicio es una forma sencilla pero muy eficaz de despertar tu creatividad desde el deleite, entrenando a tu cerebro para entrar voluntariamente en las frecuencias donde nacen las ideas, la intuición y la inspiración.

2. ¿CÓMO TENER IDEAS REALMENTE NOVEDOSAS DENTRO DE LO QUE SE CONOCE COMO PENSAMIENTO DIVERGENTE?

Esta es una pregunta que me hacen muy a menudo en el ámbito profesional cuando, en mis conferencias, hablo del cerebro de los líderes. Un líder suele tener ideas que otros no tienen. Este es un gran elemento diferenciador y que genera mucho orgullo.

Pero ¿cómo lograr esto? ¿Tenemos que haber nacido con esta habilidad o podemos adquirirla más adelante? Hay personas que tienen esta capacidad de forma natural y que disfrutan mucho de ella, y una facilidad innata para pensar «fuera de la caja» y salirse de lo común. Por suerte, aunque no la traigas de nacimiento, se puede entrenar. Nuestro cerebro tiene una gran habilidad para generar ideas fuera de lo común si le damos el espacio adecuado para hacerlo.

Para ello se tienen que cumplir dos requisitos: disfrutar generando ese tipo de pensamientos y sentirse seguro haciéndolo. Me explico.

Si queremos que nuestro cerebro nos regale su máxima brillantez tiene que pasarlo bien, no puede hacerlo desde el sufrimiento o desde el esfuerzo, aunque en ocasiones puede surgir algo de allí. Sin embargo, hemos podido comprobar que, cuando una persona se siente a gusto con lo que está haciendo, su mente se conecta de forma mucho más óptima porque se activa su circuito de recompensa, especialmente el núcleo accumbens y el córtex prefrontal, que liberan dopamina y te hacen sentir placer, motivación y bienestar. Estas zonas evalúan lo que te gusta y refuerzan el deseo de repetirlo, mientras la amígdala y la ínsula añaden la emoción positiva. En ese estado, las ondas alpha aumentan y las theta se intensifican cuando la experiencia es profunda o creativa. Todo se traduce en estar relajado pero despierto, enfocado en el momento y con una sensación real de satisfacción. Esta activación es tremendamente fértil para la creación.

El segundo requisito para generar ideas fuera de lo común es que tu sistema se sienta a salvo generándolas. Si siente que existe una amenaza, como puede ser sentirte juzgado, estar presionado para dar con una buena solución o cualquier tipo de restricción, lo que hará es bloquearse y priorizar mantenerte a salvo. Apagará el circuito dopaminérgico. Tendrás pensamientos habituales, automáticos, que de alguna manera ya sabe que «terminan» bien.

¿CÓMO GENERAR EL PENSAMIENTO DIVERGENTE?

Este tipo de ideación que se sale de lo común, de lo establecido y ya automatizado, y que genera realidades nuevas no experimentadas antes se denomina pensamiento divergente. Y se basa en el disfrute y la sensación de seguridad.

Bien, para lograrlo, la manera más rápida que conozco es hacer una lluvia de ideas que se salga de lo convencional. En este caso se trata de hacerlas brotar, pero de una manera un poco alocada. Una lluvia de ideas supone lanzar conceptos muy diversos sobre un tema del que quieres obtener algo distinto. En este caso añado que tiene que ser «alocada» porque lo interesante aquí es que se salga del sentido común, por lo que debemos premiar lo más improbable, no tanto lo factible, que no tenga por qué ser realizable. Es «útil» incorporar aspectos de distintos ámbitos, no lógicos, sin temor a que generen sorpresa. Así se recompensa la diversión, el dejarte ir sin límites, sin moldes. Una vez que tengamos este tipo de pensamientos, ya podremos destilarlos en posibilidades reales. Por mi experiencia, de cualquier idea, por loca y poco factible que nos parezca, se pueden sacar información y detalles que podremos convertir en algo brillante si se moldea un poco.

Pero, esto es importante, que nuestro cerebro se sienta seguro en esta incursión novedosa. La expectativa no es dar con la solución, sino encontrar algo que no hayas pensado antes, una auténtica ocurrencia. En ese sentido, si se hace en grupo se abrirá el espacio a la risa, al absurdo y a la admiración por lo menos evidente. Si aseguramos ese entorno, esas mentes se precipitarán mucho más allá de lo conocido. Además, se generarán sincronías, mezclando distintos tipos de inteligencias, potenciándose entre sí.

Esta es una herramienta increíblemente potente para estimular el pensamiento divergente, tanto a nivel individual como en grupo. Por sí sola ya tiene un gran impacto, pero cuando se aplica en equipo, el resultado se multiplica. Varias mentes pensando de este modo al mismo tiempo mezclan sus distintas formas de inteligencia, crean sincronías, se potencian entre sí y acaban llegando a ideas realmente extraordinarias. Por eso, en muchos de mis entrenamientos de alto rendimiento profesional, esta suele ser una de las sesiones más provechosas. Siempre me sorprende ver hasta dónde llegamos y la satisfacción tan profunda que genera, tanto en el grupo como en cada persona por separado.

Te animo a que lo experimentes y disfrutes con tu pensamiento divergente.

3. ¿CÓMO VENCER LA PROCRASTINACIÓN EN EL PROCESO CREATIVO?

> La procrastinación es el ladrón del tiempo;
> que año tras año roba, hasta que todo se ha ido,
> y deja a las misericordias de un momento
> los vastos asuntos de una escena eterna.
>
> EDWARD YOUNG, *The complaint: or night-thoughts on life, death and immortality* (1742)

La procrastinación, esa incómoda sensación de postergar continuamente. Es una trampa en la que es muy fácil caer dentro del proceso creativo. Es lógico. Crear supone un esfuerzo para nuestro cerebro, más acostumbrado a repetir lo conocido y a no tener que pensar demasiado en nuevas rutas neuronales. Crear es justamente lo contrario, supone ir hacia lo desconocido y establecer nuevos caminos de comunicación cerebral. Parece natural encontrar cierta resistencia. No nos olvidemos de que, además, le gusta ahorrar energía y si puede automatizar un proceso, lo hará. La procrastinación en el fondo es una resistencia de nuestro cerebro a dar el paso hacia la acción. Prefiere quedarse en un lugar más cómodo, de menor energía, más inactivo.

Los dos salvavidas que te permitirán salir de la procrastinación son:

- Que el cerebro encuentre en salir de ella algo atractivo, porque le reporta un beneficio claro.
- Aumentar la energía utilizando el cuerpo.

En primer lugar, si quieres adquirir energía nueva para poder movilizar tu cerebro y salir de la procrastinación, vas a tener que ver cuál es el atractivo detrás de ello. Vas a tener que interiorizar la ganancia de ese acto. Para ello, lo que te aconsejo es que visualices cómo te sientes después de haberlo hecho, el orgullo de haber avanzado, el disfrute final. Así activas el circuito dopaminérgico.

Al imaginar la satisfacción o el placer que experimentarás después de crear algo, tu córtex prefrontal envía señales a una región profunda (el área tegmental ventral) para que inicie la liberación de esta hormona, y enciende el núcleo accumbens que es el centro de la motivación placentera. El impacto es directo: una sensación de expectativa positiva, un pequeño impulso químico que despierta el deseo de actuar y te pone en marcha para conseguir esa recompensa real. En el fondo, al visualizar haces que tu cerebro tenga ganas de lograr ese beneficio que le has mostrado.

También entran en juego la amígdala, que actúa como un radar detectando lo que te resulta agradable o amenazante, y la ínsula, que traduce esas emociones en sensaciones corporales y refuerza las ganas de revivirlas. Al mismo tiempo, el corte cingulado anterior, una zona que funciona como un puente entre la emoción y la atención, ayuda a mantener el foco y a reducir la lucha interna entre «quiero hacerlo» y «me da pereza hacerlo».

Al visualizar las sensaciones positivas de haber creado algo, no estás solo imaginando: estás encendiendo las mismas rutas dopaminérgicas que se activan cuando logras tus metas, entrenando a tu cerebro para asociar el acto de empezar con placer en lugar de con esfuerzo.

El segundo salvavidas para salir de la procrastinación es aumentar tu energía mental utilizando lo corporal. Movernos es una de las formas más rápidas y naturales de hacerlo. A menudo se nos olvida que la electricidad de la mente se genera desde el cuerpo. Cuando estés bloqueado, con la cabeza dándole vueltas a todo menos a lo que quieres hacer, no te quedes quieto.

Cuando tus músculos se arrancan, tu sistema nervioso se activa, tu corazón bombea más rápido, entra más oxígeno en el cerebro y este empieza a liberar dopamina, serotonina y noradrenalina, todos ellos neurotransmisores que te empujan hacia la acción. El cambio físico que implica levantarte, estirarte, caminar o bailar, promueve la transición de ondas lentas, alpha, más propias de la relajación y la pasividad, a un ritmo de ondas beta, que indican atención, energía y enfoque. Es como si encendieras una luz verde interior que le dice a tu sistema: «Vale, ya estamos listos para crear».

No hace falta complicarlo mucho, basta que sea divertido. Puedes poner una canción que te dé energía, esa que inevitablemente te hace mover los pies, y moverte al son un par de minutos, sin pensar demasiado. Mientras lo haces, puedes imaginar lo que vas a crear o visualizar el momento de lograrlo. Esa combinación genera una oleada de fuerza creativa muy real.

También puedes optar por caminar unos minutos al aire libre, hacer respiraciones profundas, estirarte o incluso mover los brazos con fuerza para soltar tensión. Lo importante es activar la circulación y el ritmo corporal: cuando tu cuerpo se mueve, tu cerebro recibe el mensaje de que estás vivo, alerta y preparado.

Cuando te sientas atascado, no te obligues a pensar más: muévete primero. Deja que tu cuerpo sea el interruptor que despierte a tu mente. Verás cómo, en muy poco tiempo, esa sensación de pesadez mental empieza a disminuir y tienes más ganas de comenzar.

OTRA MIRADA SOBRE LA PROCRASTINACIÓN

A veces somos demasiado duros con nosotros mismos cuando nos demoramos en hacer algo. Pensamos que estamos perdiendo el tiempo o que nos falta disciplina, pero, en realidad, no siempre es algo malo. Hay momentos en los que esa pausa, ese pequeño aplazamiento, es una forma natural que tiene el cerebro de procesar más profundamente. Cuando decides no actuar de inmediato, no significa que no estés haciendo nada; en segundo plano, el subconsciente sigue trabajando, conectando y buscando soluciones que todavía no logras ver.

Tu cerebro necesita esos espacios de «no hacer» para integrar lo que sabe y reorganizar la información. De hecho, estudios en neurociencia, como los de la Universidad de British Columbia, muestran que, cuando te aburres o desconectas un poco, se activa la red neuronal por defecto, un sistema implicado en la creatividad, la memoria y la resolución de problemas. Dicho de otra forma: cuando no estás concentrado en una tarea, tu cerebro sigue pensando, solo que de un modo más libre.

Por eso, muchas veces las mejores ideas surgen en la ducha, conduciendo o dando un paseo. Tu mente está relajada, y en ese estado subimos inconscientemente ideas a la superficie con una comprensión más profunda. A eso podríamos llamarlo una «procrastinación inteligente».

Ahora bien, hay que reconocer cuándo esa pausa deja de ser útil. Si te sientes frustrado o culpable, ya no estás procesando: estás atascado. En ese punto, ya sabes, ponte en movimiento.

Pero si no estás en ese punto, dale otro sentido a la pausa. Tal vez tu sistema solo te está pidiendo un poco más de tiempo para digerir, conectar y madurar una idea. No se trata de pereza; es tu cerebro preparándose para rendir mejor. Así que la próxima vez que te descubras aplazando algo, en lugar de castigarte, escucha lo que esa pausa intenta decirte. Puede que, sin darte cuenta, estés dándole a tu mente justo el espacio que necesita para crear algo realmente bueno, ideas más profundas y brillantes.

4. ¿CÓMO EVITAR PONERME DEMASIADA PRESIÓN ENCIMA PARA ESTAR A LA ALTURA DE LAS EXPECTATIVAS QUE HE GENERADO DE MÍ MISMO CON CREACIONES ANTERIORES?

Algo muy normal entre los creativos del ámbito que sea es el miedo a la «página en blanco», al «por dónde empiezo», sobre todo si ya has creado algo con anterioridad que ha tenido buena aceptación y tienes la sensación de que has generado unas expectativas altas.

Lo que has podido hacer antes, desde un lugar de libertad y de no tener que responder a la presión, se puede volver en tu contra porque no quieres decepcionar y sientes que debes cubrir —si no exceder— lo que se espera de ti.

Ayuda saber que esto es muy frecuente en todas las personas inmersas en procesos creativos, y no significa que seas un impostor, que seas malo en lo que haces, o que tuviste un momento de lucidez que no va a volver a repetirse. De hecho, es algo que se puede explicar desde el punto de vista cerebral y, en realidad, muy lógico.

Aquí podemos aprender de los griegos, que se cuidaban muy bien del bloqueo creativo por altas expectativas. En la antigua Grecia, ante las creaciones extraordinarias, asignaban esa brillantez y capacidad a que esa persona había sido tocada por algo divino: su *daimon*.

El *daimon* era entendido como una especie de espíritu guía o chispa de los dioses que habitaba en cada persona, una voz interior que la conectaba con su propósito y su talento más profundo. Para ellos, el artista no era el dueño de su genialidad, sino el canal a través del cual se manifestaba la voluntad de «los de arriba». En este sentido, les despojaba de toda responsabilidad, porque ellos solo habían vehiculado aquella gran idea. Por tanto, no ponían en duda su capacidad de crear porque no se la asignaban a ellos, pensando que estaban siendo «iluminados». Al despojarse de esa presión, su propio cerebro se desbloqueaba y podían conectar la creatividad desde lugares más idóneos.

Ahí está la lección: no tienes que estar «iluminado» para crear algo tan bueno como lo anterior. No tienes que forzarte a ser brillante. La verdadera creatividad surge cuando tu energía está alineada con el disfrute y el sentido. Si algo nos enseñan los griegos es que no nace del control, sino de la confianza. Confía en que dentro de ti hay una inteligencia, tu propio *daimon*, que sabe el camino. No debes forzarla, sino generar las condiciones para que pueda hablarte: calma, curiosidad y placer. Desde ahí, la inspiración deja de ser una obligación y vuelve a ser lo que siempre fue: un regalo que se manifiesta cuando le das espacio.

5. ¿EXISTE ALGÚN EJERCICIO PARA ACTIVAR EL CEREBRO CREATIVO? EL CAMBIO DE FOCO RETINIANO

Aquí tienes un ejercicio diferente y muy potente, y la mejor forma de despedirnos, que activa el cerebro creativo. Su eficacia está demostrada en estudios con EEG, donde se observa un aumento notable en la coherencia de las ondas alpha y beta, especialmente en las zonas frontales y prefrontales del hemisferio derecho, además de una mayor sincronización entre ambos hemisferios, una de las claves de la creatividad.

Es muy simple y favorece que salgamos del modo de enfoque cerrado, que produce concentración sin libertad, y pasemos a un enfoque abierto que expande nuestra amplitud de mirada, lo que nos ayuda a tener un acceso mayor a esas ideas inéditas que buscamos en el pensamiento «fuera de lo común».

Ejercicio para mejorar la creatividad: el cambio de foco retiniano

Solo te tomará entre 3 y 5 minutos, y lo ideal es hacerlo antes de iniciar una tarea creativa, una reunión de ideas o cualquier proceso que requiera pensamiento flexible.

1. **Busca un punto lejano.** Siéntate o ponte de pie frente a una ventana o en un espacio donde puedas mirar a lo lejos. Fija la mirada en un punto distante (por ejemplo, el horizonte, una montaña, un edificio lejano...). Mantén la atención ahí unos segundos y nota cómo tu respiración se vuelve más profunda y tu mente se relaja.
2. **Cambia el foco a un punto cercano.** Ahora elige algo muy próximo, como puede ser tu mano, un objeto sobre la mesa, la textura de una tela..., y obsérvalo con detalle. Percibe sus colores, las formas, las sombras, las imperfecciones. Mantén la vista ahí durante unos segundos.
3. **Alterna entre ambos.** Cambia la mirada entre el punto lejano y el cercano unas cuantas veces, de forma suave, sin forzar. Cada cambio debe ir acompañado de una respiración profunda y lenta.

   Cuando miras lejos, el cerebro entra en un estado más abierto y asociativo, favoreciendo las ondas alpha, relacionadas con la calma y la creatividad global. Cuando lo haces de cerca, activas las ondas beta y la concentración del córtex prefrontal, el área que traduce las ideas en acción. Este juego entre ambas distancias crea un «efecto de integración cerebral»:

mientras un hemisferio se relaja, el otro se enciende, y esa alternancia mejora la conexión entre ellos.

4. **Cierra los ojos y observa.** Después de unos minutos, cierra los ojos. Notarás que tu mente se siente más despejada, con más imágenes, más asociaciones. Respira y deja que surjan pensamientos sin juzgarlos.

Por qué funciona

La retina forma parte directa del sistema nervioso central. Cuando alternas el enfoque entre lo lejano y lo cercano, modificas la entrada visual y el patrón de activación cortical, lo que estimula simultáneamente las áreas de atención, memoria visual y creatividad. Es como si «sacudieras» tu cerebro suavemente para sacarlo del modo automático y llevarlo a uno más flexible y creativo.

También puedes hacer este ejercicio con música instrumental ligera o sonidos naturales (olas, viento, lluvia). La combinación potencia el efecto alpha y facilita la entrada en un estado de *flow*.

AGRADECIMIENTOS

Este libro ha nacido gracias al apoyo de mi querida editora, ahora también amiga, Ángeles Aguilera. Ángeles, sin tu entusiasmo y las palabras justas para seducirme, este proyecto no hubiera sido posible. Simplemente, la vida hubiera ocupado aquellos espacios que, gracias a ti, he sabido aislar para la escritura. Eres una mujer y una profesional extraordinaria. Muchas gracias por tu compañía, tu aliento, tus consejos y por hacerme tan partícipe de la familia de Planeta. Me siento muy afortunada de estar entre vosotros y disfruto enormemente de cada encuentro con el equipo y con los colegas escritores.

Muchas gracias, Cristina Carrera, por toda la ayuda en la edición, por tus comentarios y por tu paciencia con mis plazos de entrega. No te lo he puesto muy fácil y, sin embargo, tú me has devuelto siempre comprensión y facilidades. Gracias a Paula Calviño por mostrarme que este era el momento para conectarme con la escritura.

Gracias a todo mi equipo de MindStudio, sois mi orgullo y ya sabéis que me cuesta contener la emoción cuando os miro, veo lo que estamos logrando y respiro en vosotras la misma pasión que siento yo por la neurociencia y la mente humana. Gracias a vuestro gran trabajo puedo crecer, llegar a más lugares, seguir investigando, escribir libros, divulgar y seguir diseñando horizontes para llegar a más personas. Todo parte de la confianza de que *en casa,* en nuestra casa MindStudio, está todo bien. Eso es gracias a vosotras. Marta Mozas, Almudena Blasco, María Coloma, Paola Stefani, Ainhoa Barrionuevo, María Cano, Korina Cicio, Gaelle Dudek, Ángela Ballesteros, Nerea Fernández, Patricia Ferrer, Raquel Salvador, Silvia Babot, Irene Berto, Diana Alemán, Carlos Beceiro y Jorge Raposo. GRACIAS.

Muchas gracias a Mónica, mi hermana y mi directora de comunicación, que lidia con el aluvión de peticiones, que hace que yo llegue a donde sola sería imposible llegar, y que me cuida como la mejor hermana que existe en nuestros viajes de divulgación por el mundo. GRACIAS, Mónica, qué enorme suerte tenerte conmigo, te quiero mucho.

Gracias a todo el equipo de investigación de MindStudioLab, capitaneado por Jordi Zanca, Agustín Iglesias y Xavi Martí. Os admiro y os celebro. Juntos no tenemos límites. No puedo esperar a ver todo lo que nos queda por vivir en nuestros proyectos. GRACIAS por compartir vuestro enorme talento conmigo.

GRACIAS de corazón a todos los que habéis leído *Sorprende a tu mente*; cuesta hacerse a la idea de que algo que nace en la escritura en soledad pueda crear tantas conversaciones, unión, complicidad y cercanía. Cada mensaje que recibo me anima a seguir esforzándome y se cuela bajo mi piel, recordándome que la conexión humana profunda, constructiva y amorosa es un tesoro al que no quiero renunciar nunca. Lamento mucho no poder responder a todos los mensajes, pero los agradezco enormemente y me llenan de fuerza.

Muchas gracias a todos los que os entrenáis en MindStudio: sin duda, lo que más disfruto es la conexión de uno a uno y seguir desarrollando nuestros entrenamientos. Me llena de responsabilidad y me hace mejorar cada día. Cada uno de vosotros sois únicos a mis ojos y así quiero que os hagamos sentir siempre. Gracias a vuestra confianza para que os ayudemos a alcanzar vuestras metas; tengo una razón diaria para ver mucho más allá de mí misma, uno de los grandes pilares para sentir plenitud y desarrollo. Qué enorme regalo me hacéis.

Un inmenso gracias a todo mi círculo cercano, a mis amigos, amigas, familia, y en especial a mi hermano Javier, cómplice de tantas conversaciones y miradas del mundo. Me alimento de vuestra energía, amor, comprensión, paciencia, aliento, complicidad, inspiración. Me permitís ser simplemente yo y sentirme querida por el hecho de existir. Sois los cimientos de mi felicidad, GRACIAS.

Y, por último, aunque sois siempre los primeros, gracias a Olivier, Chloé y Olivia. Me hacéis sentir comprendida, apoyada y muy amada. La vida a vuestro lado es siempre un viaje fascinante. Disfruto de los momentos felices y también de los momentos difíciles que nos toca vivir. En todos nos moldeamos juntos, somos cómplices y crecemos unidos. El orgullo y el amor que siento por vosotros traspasa cualquier medida y cualquier palabra. Sois mi inspiración, mi sostén, mi fuerza y mi hogar. GRACIAS, mis amores. Mi mejor yo lo persigo y lo quiero ser siempre para vosotros.